U0255898

高等职业教育机电类系列教材

机械工业出版社精品教材

模 具 制 造 工 艺 学

第 2 版

主编　李云程

参编　窦君英

主审　王化培

机 械 工 业 出 版 社

本书主要内容包括制定模具制造工艺规程的基础知识，模具零件的机械加工（含成形磨削、高速铣削、数控加工），模具零件的特种加工、快速成形、挤压加工和铸造成形工艺，模具型腔的抛光和表面强化技术，模具装配工艺等。在内容上注重适用性，内容简明、通俗。

本书可作为高等职业技术院校模具设计及制造专业的教学用书，亦可供自学者及相关技术人员参考。

图书在版编目（CIP）数据

模具制造工艺学/李云程主编 . —2 版 . —北京：机械工业出版社，2008
（2024.1 重印）
高等职业教育机电类系列教材 . 机械工业出版社精品教材
ISBN 978-7-111-08541-6

Ⅰ. 模… Ⅱ. 李… Ⅲ. 模具-制造-工艺-高等学校：技术学校-教材
Ⅳ. TG760.6

中国版本图书馆 CIP 数据核字（2008）第 105552 号

机械工业出版社（北京市百万庄大街 22 号 邮政编码 100037）
策划编辑：郑 丹 责任编辑：张双国 责任校对：李秋荣
封面设计：马精明 责任印制：邓 博
北京盛通数码印刷有限公司印刷
2024 年 1 月第 2 版第 19 次印刷
184mm×260mm · 15.5 印张 · 379 千字
标准书号：ISBN 978-7-111-08541-6
定价：45.00 元

电话服务 网络服务
客服电话：010-88361066 机 工 官 网：www.cmpbook.com
010-88379833 机 工 官 博：weibo.com/cmp1952
010-68326294 金 书 网：www.golden-book.com
封底无防伪标均为盗版 机工教育服务网：www.cmpedu.com

第2版前言

本书是根据全国机械职业教育"模具设计及制造专业"教学指导委员会的指导性文件及高等职业技术教育"模具制造工艺学"课程教学大纲编写的，是高等职业技术院校模具设计及制造专业的教学用书，也可供相关工程技术人员参考。

本书第1版自2001年出版以来，先后重印10余次，深受广大高职院校师生的欢迎和好评。此次修订，全书内容仍按模具制造工艺规程制定，模具零件的各种加工方法，模具装配工艺的顺序安排。模具零件的各种加工方法按其成形机理分别安排在第二～第五章。第二章模具零件的机械加工新增了滚动导向模架方面的内容以及高速铣削、挤压抛光、机械加工精度和加工表面质量等，并对成形磨削和数控加工的内容进行了适当的修改。第三章特种加工中的电火花加工和电火花线切割加工删去了部分内容，增加了小孔电火花加工和数控线切割自动编程方面的知识。第四章快速成形技术制模为新增内容。模具零件的加工方法充分考虑了不同的生产条件和行业需要，不仅有传统加工技术的新发展，也有较新的模具制造技术。各章均安排有适当的作业与思考题。全书在内容结构上比较符合加工的生产实际，简明、通俗，实用性强。

为方便教学，本书配有电子课件，凡选用本书作为教材的教师均可登录机械工业出版社教材服务网 www.cmpedu.com 注册后下载。咨询邮箱 cmpgaozhi@sina.com，咨询电话010－88379375。

本书由重庆工业职业技术学院李云程主编，重庆工学院王化培主审。全书共六章，其中绪论及第一、二、四、六章由李云程编写，第三、五章由包头职业技术学院窦君英编写。

由于编者水平有限，书中难免有疏漏、错误之处，恳请广大读者批评指正。

编　者

第1版前言

本书是根据全国机械职业教育"模具设计及制造专业"教学指导委员会的指导性文件及高等职业技术教育"模具制造工艺学"课程教学大纲编写的,是高等职业技术院校模具设计及制造专业的教学用书,也可供有关工程技术人员参考。

本书除绪论外,主要讲述制定模具制造工艺规程的基础知识;模架组成零件及模具工作零件的加工工艺和加工方法;模具装配的基本知识和工艺。在讲述模具工作零件的加工时,围绕凸模、凹模型孔和型腔的制造,叙述了这些零件的机械加工(含成形磨削、数控加工)、特种加工、铸造成形、挤压成形等制造技术。全书以机械加工、电火花加工及数控线切割加工为重点,从生产实际出发突出实用性,内容简明、通俗。

本书由重庆工业职业技术学院李云程主编,重庆工学院王化培主审。全书共五章,其中绪论及一、二、五章由李云程编写,第三、四章由包头职业技术学院窦君英编写。

由于编者水平有限,书中难免有疏漏、错误之处,恳请广大读者批评指正。

编者

目　　录

目 录

绪　论

在现代工业生产中，模具是重要的工艺装备之一，它在铸造、锻造、冲压、塑料、橡胶、玻璃、粉末冶金、陶瓷制品等生产行业中得到了广泛应用。由于采用模具进行生产能提高生产效率、节约原材料、降低成本，并可保证一定的加工质量要求，所以，汽车、飞机、拖拉机、电器、仪表、玩具和日常用品等产品的零部件很多都采用模具进行加工。随着科学技术的发展，工业产品的品种和数量不断增加，产品的改型换代加快，对产品质量、外观不断提出新的要求，对模具质量的要求也越来越高。模具设计、制造工业部门肩负着为相关企业和部门提供商品（模具）的重任。显然，如果模具设计及制造水平落后，产品质量低劣，制造周期长，必将影响产品的更新换代，使产品失去竞争能力，阻碍生产和经济的发展。因此，模具设计及制造技术在国民经济中的地位是显而易见的。

由于模具是一种生产效率很高的工艺装备，其种类很多（按其用途分为冷冲模、塑料模、陶瓷模、压铸模、锻模、粉末冶金模、橡胶模、玻璃模等），组成各种不同用途模具的零件更是多种多样。模具生产多为单件生产，这就给模具生产带来许多困难，为了减少模具设计和制造的工作量，模具零件的标准化工作尤为重要。标准化了的模具零件可以组织批量生产，并向市场提供模具的标准零件和组件。制造一种新模具只需制造那些非标准零件，而将它和标准零件装配起来便成为一套完整的模具，从而使模具的生产周期缩短，制造成本降低。我国已制定了冷冲模、塑料注射模、压铸模、锻模、橡胶模等的国家标准。模架、模板、导柱导套等模具的标准零件，也开始了小规模的专业化生产。

世界上一些工业发达国家的模具工业的发展很迅速。据有关资料介绍，某些国家的模具总产值已超过了机床工业的总产值，其发展速度超过了机床、汽车、电子等工业。模具工业在这些国家已摆脱了从属地位而发展成为独立的行业，是国民经济的基础工业之一。模具技术，特别是制造精密、复杂、大型、长寿命模具的技术，已成为衡量一个国家机械制造水平的重要标志之一。为了适应工业生产对模具的需求，在模具生产中采用了许多新工艺和先进加工设备，不仅改善了模具的加工质量，也提高了模具制造的机械化、自动化程度。电子计算机的应用给模具设计和制造开辟了新的前景。

近年来，随着我国经济的腾飞和产品制造业的蓬勃发展，模具制造业也相应进入了高速发展的时期。据统计，我国除台湾、香港、澳门地区外，现有模具生产厂点已超过20000家，从业人员有60多万人，模具年产值在1亿元以上的企业已达十多家。尽管我国模具工业已有了极大的发展，但随着我国经济的高速发展，必将对模具产生更为大量、更为迫切的需求。特别是我国加入世界贸易组织以来，模具制造业随之面临国际市场日益激烈的竞争。我国的模具制造工业面临着发展机遇，同时也面临着更大的挑战。与国外模具工业相比，我国模具企业无论是在生产设备能力与先进技术应用方面，还是在人才的技术素质与培养方面，普遍存在差距。要改变这一现状，势必在增添先进设备及采用先进的模具制造技术（如 CAD/CAE/CAM、高速切削、快速成形与快速制模等）之外，更急需的是能掌握各种模具设计、制造技术，且能熟练应用这些高新技术的专业人才。"模具制造工艺学"是为培养模具设计及制造专业人才而设置的专业课程之一。主要讲授以下内容：制定模具制造工艺，加工模具零件的各种工艺方法（如切削加工、特种加工、铸造加工、挤压及超塑成形、快速成形及快速制模等）及模具典型零件的加工，模具的装配工艺。

通过本课程教学，并配合其他教学环节使学生初步掌握工艺规程的制定，掌握一定的基础理论知识，具有一定的分析、解决工艺技术问题的能力，为进一步学习本专业新工艺、新技术打下必要的基础。

"模具制造工艺学"涉及的知识面广，是一门综合性较强的课程。金属材料及热处理、数控技术、机械制造工艺及设备等课程的有关内容都将在"模具制造工艺学"课程中得到综合应用。制定任何模具零件的工艺路线，都需要具备较广泛的机械加工方面的专业知识和技术基础知识。因此，在学习中善于综合应用相关课程的知识，对于学好"模具制造工艺学"是十分重要的。

"模具制造工艺学"是一门实践性极强的课程。任何模具零件的工艺路线和所采用的工艺方法都和实际生产条件密切相关，在处理工艺技术问题时一定要密切联系生产实际。对于同一个加工零件，在不同的生产条件下可以采用不同的工艺路线和工艺方法达到工件的技术要求。要注意在生产过程中学习、积累模具生产的有关知识和经验，以便能更好地处理生产中的有关技术问题。

模具制造技术和其他科学技术一样，也在不断的发展和进步。在制定工艺路线时要充分考虑一些新工艺、新技术应用的可行性，并加以应用，以不断提高模具制造工艺技术水平。

"模具制造工艺学"和其他学科一样，有它自己的规律和内在联系。如加工一个零件所产生的加工误差，直接受加工设备、毛坯情况和其他工艺因素的综合影响，它们之间存在着一定的内在联系。一个零件的工艺路线各工序间也存在着相互联系和影响，所以在学习本课程时要善于进行深入的分析和思考，掌握工艺过程的内在联系和规律，并运用这些规律处理工艺技术问题。

第一章 模具制造工艺基础

第一节 概 述

一、生产过程

将原材料转变为成品的全过程称为生产过程。它主要包括：

(1) 产品投产前的生产技术准备工作 包括产品的试验研究和设计、工艺设计和专用工艺装备的设计及制造、各种生产资料和生产组织等方面的准备工作。

(2) 毛坯制造 如毛坯的锻造、铸造和冲压等。

(3) 零件的加工过程 如机械加工、特种加工、焊接、热处理和表面处理等。

(4) 产品的装配过程 包括部件装配、总装配、检验和调试等。

(5) 各种生产服务活动 包括原材料、半成品、工具的供应、运输、保管以及产品的油漆和包装等。

二、工艺过程及其组成

生产过程中为改变生产对象的形状、尺寸、相对位置和性质等，使其成为成品或半成品的过程称为工艺过程。若采用机械加工方法来完成上述过程，则称其为机械加工工艺过程。

机械加工工艺过程由一个或若干个按顺序排列的工序所组成，毛坯依次经过这些工序而变为成品。

1. 工序

工序是一个或一组工人，在一个工作地点对同一个或同时对几个工件进行加工所连续完成的那一部分工艺过程。它是组成工艺过程的基本单元，又是生产计划和经济核算的基本单元。划分工序的依据是工作地（设备）、加工对象（工件）是否改变以及加工是否连续完成，如果其中之一有改变或者加工不是连续完成的，则应另外划分一道工序。

如何判断一个工件在一个工作地点的加工过程是否连续呢？现以一批工件上某孔的钻、铰加工为例说明。如果每一个工件在同一台机床上钻孔后就接着铰孔，则该孔的钻、铰加工过程是连续的，应算作一道工序。若在该机床上将这批工件都钻完孔后再逐个铰孔，对一个工件的钻铰加工过程就不连续了，钻、铰加工应该划分成两道工序。

图1-1所示的压入式模柄的机械加工工艺过程划分为3道工序，见表1-1。

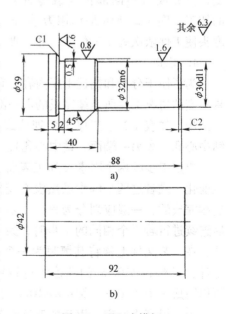

图1-1 压入式模柄
a) 零件图 b) 毛坯图

表 1-1 模柄的工艺过程

工序编号	工 序 内 容	设 备
1	车两端面、钻中心孔	车床
2	车外圆（φ32mm 留磨削余量）、车槽并倒角	车床
3	磨 φ32mm 外圆	外圆磨床

2. 安装

工件在加工之前，应使其在机床上（或夹具中）处于一个正确的位置并将其夹紧。工件具有正确位置及夹紧的过程称为装夹。工件经一次装夹后所完成的那一部分工序称为安装。在一道工序中，有时工件需要进行多次装夹，如表 1-1 中的工序 1，当车削第一端面、钻中心孔时要进行一次装夹，调头车另一端面、钻中心孔时又需要重新装夹工件，所以完成该工序，工件要进行两次装夹。多一次装夹，不单增加了装卸工件的辅助时间，同时还会产生装夹误差。因此，在工序中应尽量减少装夹次数。

3. 工位

为了完成一定的工序部分，一次装夹工件后，工件与夹具或设备的可动部分一起，相对于刀具或设备的固定部分所占据的每一个位置称为工位。在加工中为了减少工件的装夹次数，常采用一些不需要重新装卸就能改变工件位置的夹具或其他机构来实现工件加工位置的改变，以完成对不同部位（或零件）的加工。图 1-2 所示是利用万能分

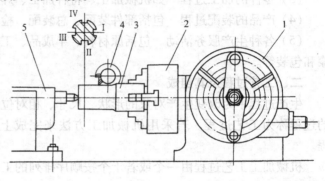

图 1-2 多工位加工
1—分度头 2—三爪自定心卡盘 3—工件 4—铣刀 5—尾座

度头使工件依次处于工位 Ⅰ、Ⅱ、Ⅲ、Ⅳ来完成对凸模槽的铣削加工。

4. 工步

为了便于分析和描述工序内容，有必要把工序划分为工步。工步是在加工表面和加工工具不变的情况下，所连续完成的那一部分工序。一个工序可以包含几个工步，也可能只有一个工步。如表 1-1 中工序 1 可划分成 4 个工步（车端面、钻中心孔、车另一端面、钻中心孔）。

决定工步的两个因素（加工表面、加工工具）之一发生变化，或者这两个因素虽然没有变化，但加工过程不是连续完成的，一般应划分为另一工步。当工件在一次装夹后连续进行若干个相同的工步时，为了简化工序内容的叙述，在工艺文件上常将其填写为一个工步。如图 1-3 所示零件，对 4 个 φ10mm 的孔连续进行钻削加工，在工序中可以写成一个工步——钻 4×φ10mm 孔。

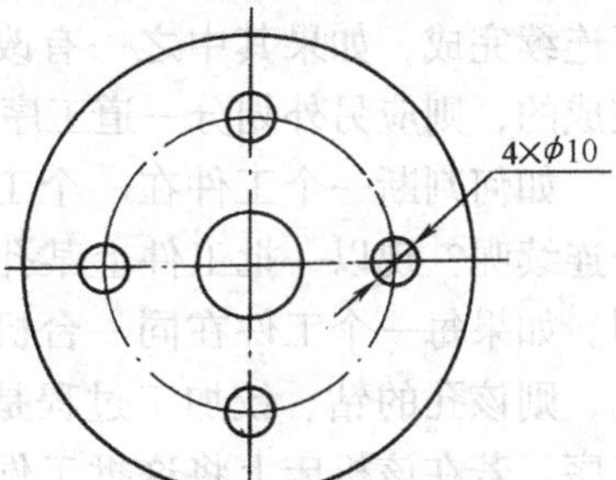

4×φ10

图 1-3 具有 4 个相同孔的工件

为了提高生产率，用几把刀具或者用复合刀具同时加工同一工件上的几个表面，称为复合工步。在工艺文件上，复合工步应视为一个工步。图 1-4 所示是用钻头和车刀同时加工内

孔和外圆的复合工步。图 1-5 所示是用复合中心钻钻孔、锪锥面的复合工步。

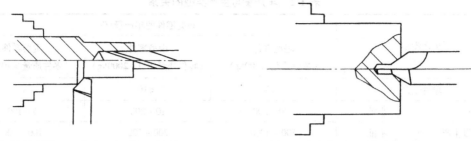

图 1-4　同时加工内孔和外圆的复合工步　　　　图 1-5　钻孔、锪锥面的复合工步

5. 进给

有些工步，由于需要切除的余量较大或其他原因，需要对同一表面进行多次切削，刀具从被加工表面每切下一层金属层即称为一次进给。因此一个工步可能只一次进给，也可能要几次进给。

三、生产纲领和生产类型

1. 生产纲领

企业在计划期内应生产的产品量（年产量）和进度计划称为生产纲领。

某种零件的年产量可用以下公式计算

$$N = Qn\,(1 + \alpha\% + \beta\%)$$

式中　N——零件的年产量，单位为件/年；

　　　Q——产品的年产量，单位为台/年；

　　　n——每台产品中该零件的数量，单位为件/台；

　　$\alpha\%$——零件的备品率；

　　$\beta\%$——零件的平均废品率。

2. 生产类型的确定

企业（或车间、工段、班组、工作地）生产专业化程度的分类称为生产类型。一般按年产量划分为以下三种类型：

（1）单件生产　单件生产的基本特点是产品品种繁多，每种产品仅生产一件或数件，各个工作地的加工对象经常改变，而且很少重复生产。例如：重型机械产品的制造、新产品的试制等多属于这种生产类型。一般工厂的工具车间所进行的专用模具、夹具、刀具、量具的生产也多属于单件或小批生产。

（2）成批生产　成批生产的基本特点是产品品种多，同一产品有一定的数量，能够成批进行生产，或者在一段时间之后又重复某种产品的生产。例如机床制造、机车制造等多属于成批生产。一次投入或生产的同一产品（或零件）的数量称为生产批量。按照批量的大小，成批生产又分为小批生产、中批生产和大批生产。小批生产在工艺方面接近单件生产，二者常常相提并论。中批生产的工艺特点介于单件生产和大量生产之间。大批生产在工艺方面接近大量生产。

（3）大量生产　大量生产的基本特点是产品品种单一而固定，同一产品产量很大，大多数工作地长期进行一个零件某道工序的加工，生产具有严格的节奏性。例如：汽车、自行车、轴承制造，常常是以大量生产的方式进行的。

表 1-2 所列是按产品年产量划分的生产类型，供确定生产类型时参考。

表 1-2　年产量与生产类型的关系

生产类型		同类零件的年产量/件		
		轻型零件 （零件质量 <100kg）	中型零件 （零件质量 100~2000kg）	重型零件 （零件质量 >2000kg）
单件生产		<100	<10	<5
成批生产	小批	100~500	10~200	5~100
	中批	500~5000	200~500	100~300
	大批	5000~50000	500~5000	300~1000
大量生产		>50000	>5000	>1000

生产类型对工厂的生产过程和生产组织起决定性的作用。各种生产类型的工艺特征见表 1-3。

表 1-3　各种生产类型的工艺特征

特点 ＼ 类型	单件生产	成批生产	大量生产
加工对象	经常改变	周期性改变	固定不变
毛坯的制造方法及加工余量	铸件用木模，手工造型；锻件用自由锻。毛坯精度低，加工余量大	部分铸件用金属模，部分锻件采用模锻。毛坯精度中等，加工余量中等	铸件广泛采用金属模机器造型。锻件广泛采用模锻以及其他高生产率的毛坯制造方法。毛坯精度高，加工余量小
机床设备及其布置形式	采用通用机床。机床按类别和规格大小采用"机群式"排列布置	采用部分通用机床和部分高生产率的专用机床。机床设备按加工零件类别分"工段"排列布置	广泛采用高生产率的专用机床及自动机床。按流水线形式排列布置
工艺装备	多用标准夹具，很少采用专用夹具，靠划线及试切法达到尺寸精度 采用通用刀具与万能量具	广泛采用专用夹具部分靠划线进行加工 较多采用专用刀具和专用量具	广泛采用先进高效夹具，靠夹具及调整法达到加工要求 广泛采用高生产率的刀具和量具
对操作工人的要求	需要技术熟练的操作工人	操作工人需要一定的技术熟练程度	对操作工人的技术要求较低，对调整工人的技术要求较高
工艺文件	有简单的工艺过程卡片	有较详细的工艺规程，重要零件需编制工序卡片	有详细编制的工艺文件
零件的互换性	广泛采用钳工修配	零件大部分有互换性，少数用钳工修配	零件全部有互换性，某些配合要求很高的零件采用分组互换
生产率	低	中等	高
单件加工成本	高	中等	低

生产类型是制定工艺规程的主要依据之一。我们应依据生产类型合理地选择零件加工的工艺方法、毛坯、加工设备、工艺装备以及生产的组织形式。

四、工艺规程

规定产品或零部件制造工艺过程和操作方法等的工艺文件称为工艺规程。机械加工工艺规程一般应规定工件加工的工艺路线、工序的加工内容、检验方法、切削用量、时间定额以及所采用的设备和工艺装备等。不同的生产类型对工艺规程的要求也不相同,大批、大量生产的工艺规程比较详细,单件、小批生产则比较简单。编制工艺规程是生产准备工作的重要内容之一,合理的工艺规程对保证产品质量、提高劳动生产率、降低原材及动力消耗、改善工人的劳动条件等都有十分重要的意义。

1. 工艺规程的作用

在生产过程中工艺规程有如下几方面的作用:

1)工艺规程是指导生产的重要技术文件。合理的工艺规程是在总结广大工人和技术人员长期实践经验的基础上,结合工厂具体生产条件,根据工艺理论和必要的工艺试验而制定的。按照它进行生产,可以保证产品的质量、较高的生产效率和经济性。经批准生效的工艺规程在生产中应严格执行,否则,往往会使产品质量下降、生产效率降低。但是,工艺规程也不应是固定不变的,工艺人员应注意及时总结广大工人的革新创造经验,及时吸收国内、外先进工艺技术,对现行工艺规程不断地予以改进和完善,使其能更好地指导生产。

2)工艺规程是生产组织和生产管理工作的基本依据。有了工艺规程,在产品投产之前就可以根据它进行原材料、毛坯的准备和供应;机床设备的准备和负荷的调整,专用工艺装备的设计和制造;生产作业计划的编排;劳动力的组织以及生产成本的核算等,使整个生产有计划地进行。

3)工艺规程是新建或扩建工厂或车间的基本资料。在新建或扩建工厂、车间的工作中,根据产品零件的工艺规程及其他资料,可以统计出所建车间应配备机床设备的种类和数量,算出车间所需面积和各类人员的数量,确定车间的平面布置和厂房基建的具体要求,从而提出有根据的筹建或扩建计划。

制定工艺规程的基本原则是:保证以最低的生产成本和最高的生产效率,可靠地加工出符合设计图样要求的产品。因此在制定工艺规程时,应从工厂的实际条件出发充分利用现有设备,尽可能采用国内、外的先进技术和经验。

2. 工艺规程的种类

工艺规程是生产中使用的重要工艺文件,为了便于科学管理和交流,其格式都有相应的标准(见 JB/Z 187.3—1988)。常用的有以下两种:

(1)机械加工工艺过程卡片 以工序为单位简要说明零件加工过程的一种工艺文件。它以工序为单位列出零件加工的工艺路线(包括毛坯、机械加工和热处理),是制定其他工艺文件的基础。机械加工工艺过程卡片主要用于单件小批生产和中批生产的零件,其格式见表1-4。

(2)机械加工工序卡片 在机械加工工艺过程卡片的基础上,按每道工序编制的一种工艺文件。机械加工工序卡片一般绘有工序简图,并详细说明该工序每个工步的加工内容、工艺参数、操作要求以及使用的设备和工艺装备等,见表1-5。

机械加工工序卡片主要用于大批、大量生产中的加工零件,中批生产以及单件小批生产中的某些复杂零件。

表1-4 机械加工工艺过程卡片

（厂　　名）	机械加工工艺过程卡片		产品型号			零（部）件图号			共　页
			产品名称			零（部）件名称			第　页
材料牌号		毛坯种类		毛坯外型尺寸		每毛坯件数	每台件数		每坯质量
工序号	工序名称	工序内容		车间	工段	设备	工艺装备	工　时	
								准终	单件
描图									
描校									
底图号									
装订号									
							编制（日期）	审核（日期）	会签（日期）
标记	处数	更改文件号	签字	日期	标记	处数	更改文件号	签字	日期

3. 对工艺规程的要求

一个产品合理的工艺规程要体现出以下几方面的基本要求：

（1）产品质量的可靠性　工艺规程要充分考虑和采取一切确保产品质量的必要措施，以期能全面、可靠和稳定地达到设计图样上所要求的精度、表面质量和其他技术要求。

（2）工艺技术的先进性　工艺规程的先进性指的是在工厂现有条件下，除了采用本厂成熟的工艺方法外，尽可能地吸收适合工厂情况的国内、外同行的先进工艺技术和工艺装备，以提高工艺技术水平。

（3）经济性　在一定的生产条件下，要采用劳动量、物资和能源消耗最少的工艺方案，从而使生产成本最低，使企业获得良好的经济效益。

（4）有良好的劳动条件　制定的工艺规程必须保证工人具有良好而安全的劳动条件。尽可能采用机械化或自动化的措施，以减轻某些繁重的体力劳动。

制定工艺规程时应具有相关的原始资料，主要有：产品的零件图和装配图，产品的生产纲领，有关手册、图册、标准、类似产品的工艺资料和生产经验，工厂的生产条件（机床设备、工艺设备、工人技术水平等）以及国内、外有关工艺技术的发展情况等。这些原始资料是编制工艺规程的出发点和依据。

表 1-5　机械加工工序卡片

（厂　　名）	机械加工工序卡片	产品型号		零（部）件图号		共　页
		产品名称		零（部）件名称		第　页

（工序图）	工　序　号		工　序　名　称		
	车　间	工　段		材料牌号	
	毛坯种类	毛坯外形尺寸	每坯件数		每台件数
	设备名称	设备型号	设备编号		同时加工件数
	夹具编号		夹具名称		切削液
				工时定额	
				准终	单件

	工步号	工步内容	工艺装备	主轴转速 /r·min⁻¹	切削速度 /m·min⁻¹	进给量 /mm·r⁻¹	背吃刀量 /mm	进给次数	工时定额	
									机动	辅助
描图										
描校										
底图号										
装订号										
							编制（日期）	审核（日期）	会签（日期）	
	标记	处数	更改文件号	签字	日期	标记	处数	更改文件号	签字	日期

4. 编制工艺规程的步骤

1）研究产品的装配图和零件图进行工艺分析。分析产品零件图和装配图，熟悉产品用途、性能和工作条件。了解零件的装配关系及其作用，分析制定各项技术要求的依据，判断其要求是否合理、零件结构工艺性是否良好。通过分析找出主要的技术要求和关键技术问题，以便在加工中采取相应的技术措施。如有问题，应与有关设计人员共同研究，按规定的手续对图样进行修改和补充。

2）确定生产类型。

3）确定毛坯。在确定毛坯时，要熟悉本厂毛坯车间（或专业毛坯厂）的技术水平和生产能力，各种钢材、型材的品种规格。应根据产品零件图和加工时的工艺要求（如定位、夹紧、加工余量和结构工艺性）确定毛坯的种类、技术要求及制造方法。必要时，应和毛坯车间技术人员一起共同确定毛坯图。

4）拟定工艺路线。工艺路线是指产品或零部件在生产过程中，由毛坯准备到成品包装入库，经过企业各有关部门或工序的先后顺序。拟定工艺路线是制定工艺规程十分关键的一步，需要提出几个不同的方案进行分析对比，寻求一个最佳的工艺路线。

5）确定各工序的加工余量，计算工序尺寸及其公差。

6）选择各工序使用的机床设备及刀具、夹具、量具和辅助工具。

7）确定切削用量及时间定额。

8）填写工艺文件。生产中常见的工艺文件的格式有：机械加工工艺过程卡片、机械加工工艺卡片和机械加工工序卡片，它们分别适合于不同的生产情况采用。

下面分别对上述主要问题进行讨论。

第二节　零件的工艺分析

制定零件的机械加工工艺规程，首先要对零件进行工艺分析，以便从加工制造的角度出发分析零件结构的工艺性是否良好、技术要求是否恰当；从中找出主要的技术要求和关键技术问题，以便采取相应的工艺措施，为合理制定工艺规程作好必要的准备。

一、零件结构的工艺分析

任何零件从形体上分析都是由一些基本表面和特殊表面组成的。基本表面有内、外圆柱表面、圆锥表面和平面等，特殊表面主要有螺旋面、渐开线齿形表面及其他一些成形表面。研究零件结构，首先要分析该零件是由哪些表面所组成，因为表面形状是选择加工方法的基本因素之一。例如，对外圆柱面一般采用车削和外圆磨削进行加工；而内圆柱面（孔）则多通过钻、扩、铰、镗、内圆磨削和拉削等方法获得。除了表面形状外，表面尺寸大小对工艺也有重要影响。例如，对直径很小的孔宜采用铰削加工，不宜采用磨削加工；深孔应采用深孔钻进行加工。它们在工艺上都有各自的特点。

分析零件结构，不仅要注意零件各构成表面的形状尺寸，还要注意这些表面的不同组合。机械制造中通常按照零件结构和工艺过程的相似性，将各种零件大致分为轴类零件、套类零件、盘环类零件、叉架类零件以及箱体等。正是这些不同组合形成了零件结构工艺上的特点，如圆柱套筒上的孔，可以采用钻、扩、铰、镗、拉、内圆磨削等方法进行加工。箱体零件上的孔则不宜采用拉削和内圆磨削加工。模具零件中的模柄、导柱等零件和一般机械零件的轴类零件在结构或工艺上有许多相同或相似之处。导套是一个典型的套类零件。整体结构的圆形凹模和一般机械零件的盘类零件相类似，但其上的型孔加工则比一般盘类零件要复杂得多，所以圆盘形凹模又具有不同于一般盘类零件的工艺特点。

许多功能、作用完全相同而结构不同的两个零件，它们的加工方法与制造成本常常有很大的差别。零件结构的工艺性是指所设计的零件在满足使用要求的前提下制造的可行性和经济性。零件结构的工艺性好是指零件的结构形状在满足使用要求的前提下，按现有的生产条件能用较经济的方法方便地加工出来。在不同的生产条件下对零件结构的工艺性要求也不一样。

表 1-6 列出了几种零件的结构并对零件结构的工艺性进行了对比。

表 1-6 零件结构的工艺性比较

序号	结构的工艺性不好	结构的工艺性好	说　明
1			键槽的尺寸、方位相同，可在一次装夹中加工出全部键槽，提高生产率
2			退刀槽尺寸相同，可减少刀具种类，减少换刀时间
3			3 个凸台表面在同一平面上，可在一次进给中加工完成
4			小孔与壁距离适当，便于引进刀具
5			方形凹坑的四角加工时无法清角，影响配合
6			型腔淬硬后，骑缝销孔无法用钻铰方法配作
7			销孔太深，增加铰孔工作量，螺钉太长，没有必要

（续）

序号	结构的工艺性不好	结构的工艺性好	说　明
8	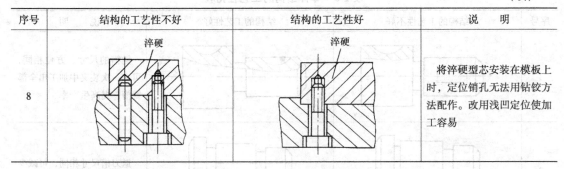		将淬硬型芯安装在模板上时，定位销孔无法用钻铰方法配作。改用浅凹定位使加工容易

二、零件的技术要求分析

零件的技术要求包括被加工表面的尺寸精度、几何形状精度、各表面之间的相互位置精度、表面质量、零件材料、热处理及其他要求，这些要求对制定工艺方案往往有重要影响。例如，对尺寸相同的两个外圆柱面 $\phi32h10$ 及 $\phi32h7$ 的加工，前者只需经过车削加工即可达到精度要求，后者在车削后再进行外圆磨削加工则较为合理。

通过分析，应明确有关技术要求的作用，判断其可行性和合理性。

综合上述分析结果，才能合理地选择零件的各种加工方法和工艺路线。

第三节　毛坯的选择

毛坯是根据零件（或产品）所要求的形状、工艺尺寸等而制成的供进一步加工用的生产对象。正确选择毛坯有重要的技术经济意义。因为它不仅影响毛坯制造的工艺、设备及费用，而且对零件材料的利用率、劳动量消耗、加工成本等都有重大影响。

一、毛坯的种类和选择

模具零件常用的毛坯主要有锻件、铸件、焊接件、各种型材及板料等。选择毛坯要根据下列各影响因素综合考虑：

（1）零件材料的工艺性及其组织和力学性能要求　零件材料的工艺性是指材料的铸造和锻造等性能，所以零件的材料确定后其毛坯已大体确定。例如，当材料具有良好的铸造性能时，应采用铸件作毛坯。如模座、大型拉深模零件，其原材料常选用铸铁或铸钢，它们的毛坯制造方法也就相应的被确定了。

对于采用高速工具钢、Cr12、Cr12MoV、6W6Mo5Cr4V 等高合金工具钢制造模具零件时，由于热轧原材料的碳化物分布不均匀，必须对这些钢材进行改锻。一般采用镦拔锻造，经过反复的镦粗与拔长，使钢中的共晶碳化物破碎，分布均匀，以提高钢的强度，特别是韧性，进而提高零件的使用寿命。

（2）零件的结构形状和尺寸　零件的形状尺寸对毛坯选择有重要影响。例如对阶梯轴，如果各台阶直径相差不大，可直接采用棒料作毛坯，使毛坯准备工作简化。当阶梯轴各台阶直径相差较大，宜采用锻件作毛坯，以节省材料和减少机械加工的工作量。在这里锻造的目的在于获得一定形状和尺寸的毛坯。

（3）生产类型　选择毛坯应考虑零件的生产类型。大批、大量生产宜采用精度高的毛坯，并采用生产率比较高的毛坯制造工艺，如模锻、压铸等。用于毛坯制造的工装费用，可由毛坯材料消耗减少和机械加工费用降低来补偿。模具生产属于单件小批生产，可采用精度低的毛坯，如自由锻造和手工造型铸造的毛坯。

（4）工厂生产条件　选择毛坯应考虑毛坯制造车间的工艺水平和设备情况，同时应考虑采用先进工艺制造毛坯的可行性和经济性。注意提高毛坯的制造水平。

二、毛坯形状与尺寸的确定

由于毛坯制造技术的限制，零件被加工表面的技术要求还不能从毛坯制造直接得到，所以毛坯上某些表面需要有一定的加工余量，通过机械加工达到零件的质量要求。毛坯尺寸与零件的设计尺寸之差称为毛坯余量或加工总余量，毛坯尺寸的制造公差称为毛坯公差。毛坯余量和公差的大小与零件材料、零件尺寸及毛坯制造方法有关，可根据有关手册或资料确定。一般情况下将毛坯余量叠加在加工表面上即可求得毛坯尺寸。

毛坯的形状尺寸不仅和毛坯余量大小有关，在某些情况下还要受工艺需要的影响。为了便于毛坯制造和便于机械加工，对某些形状比较特殊或小尺寸的零件，单独加工比较困难，可将两个或两个以上的零件制成一个毛坯，经加工后再切割成单个的零件。如图1-6所示，毛坯长度

$$L = 20n + (n-1)B$$

式中　n——切割零件的个数；

　　　B——切口宽度。

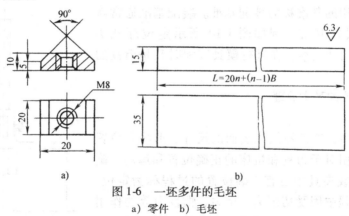

图1-6　一坯多件的毛坯
a）零件　b）毛坯

第四节　定位基准的选择

一、基准及其分类

基准是用来确定生产对象上几何要素间的几何关系所依据的那些点、线、面。根据基准作用的不同，可将其分为设计基准和工艺基准。

1. 设计基准

在设计图样上所采用的基准称为设计基准。如图1-7所示零件，其轴心线 $O\text{-}O$ 是外圆和内孔的设计基准。端面 A 是端面 B、C 的设计基准，内孔 $\phi20H8$ 的轴心线是 $\phi28k6$ 外圆柱面径向圆跳动的设计基准。这些基准是从零件使用性能和工作条件要求出发，适当考虑零件结构工艺性而选定的。

2. 工艺基准

在工艺过程中采用的基准称为工艺基准。工艺基准按用途的不同又分为工序基准、定位基准、测量基准和装配基准。

（1）工序基准　在工序图上用来确定本工序被加工表面加工后的尺寸、形状、位置的基准称为工序基准。工序图是一种工艺附图，加工表面用粗实线表示，其余表面用细实线绘制，如图1-8所示。外圆柱面的最低母线 *B* 为工序基准。模具生产属单件小批生产，除特殊情况外一般不绘制工序图。

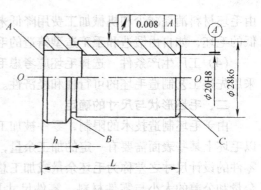

图1-7　设计基准

（2）定位基准　在加工时，为了保证工件相对于机床和刀具之间的正确位置（即将工件定位）所使用的基准称为定位基准。关于定位基准将在后文中作详细的叙述。

（3）测量基准　测量时所采用的基准称为测量基准，如图1-9所示。用游标深度尺测量槽深时，平面 *A* 为测量基准。

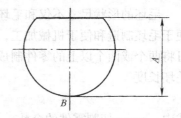

图1-8　工序基准

（4）装配基准　装配时用来确定零件或部件在产品中的相对位置所采用的基准称为装配基准。装配基准通常就是零件的主要设计基准。例如图1-10所示定位环孔 *D*（H7）的轴线是设计基准，在进行模具装配时又是模具的装配基准。

二、工件定位的基本原理

1. 工件定位

在机械加工中，工件被加工表面的尺寸、形状和位置精度取决于工件相对于刀具和机床的正确位置和运动。确定工件在机床上或夹具中占有正确位置的过程称为定位。为防止在加工过程中因受切削力、重力、惯性力等的作用而破坏定位，工件定位后应将其固定，使其在加工过程中保持定位位置不变的操作称为夹紧。将工件在机床上或夹具中定位、夹紧的过程称为装夹。制定零件的机械加工工艺规程时，必须选择工件上一组（或一个）几何要素（点、线、面）作为定位基准，将工件装夹在机床或夹具上以实现正确定位。

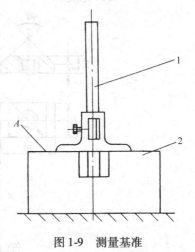

图1-9　测量基准
1—工件　2—游标深度尺

工件正确定位应满足以下要求：

1）应使工件相对于机床处于一个正确的位置。如加工图1-11所示零件，为了保证被加工表面（φ45r6）相对于内圆柱面的圆跳动要求，工件定位时必须使设计基准内圆柱面的轴心线 *O-O* 与机床主轴的回转轴线重合，加工后内、外圆柱面的圆跳动方能达到要求。

图1-12所示凸模固定板，在加工凸模固定孔时为了保证孔和Ⅰ面垂直，必须使Ⅰ面与机床的工作台面平行。为了保证尺寸 *a*、*b*、*c*，应使Ⅱ、Ⅲ侧面分别和机床工作台的纵向和横向运动方向平行。当工件处于这样的理想状态时即认为工件相对于机床处于了正确位置（定位）。

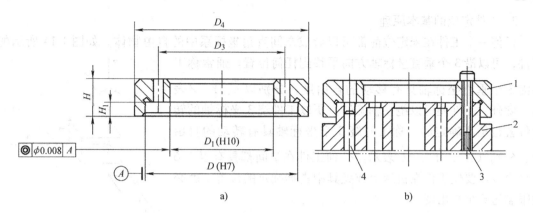

图 1-10　装配基准

a) 定位环　b) 装配好的定位环

1—定位环　2—凹模　3—螺钉　4—销钉

2) 要保证加工精度, 位于机床或夹具上的工件还必须相对于刀具有一个正确位置。在生产中工件、刀具之间的相对位置常用试切法或调整法来保证。

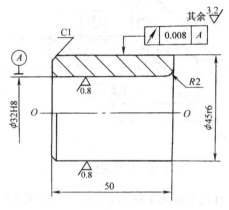

图 1-11　导套

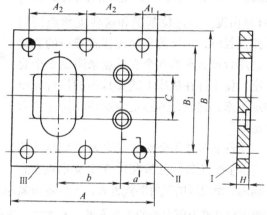

图 1-12　凸模固定板

试切法是一种通过试切—测量—调整—再切, 反复进行到被加工尺寸达到要求为止的加工方法。图 1-13a 所示为试切法加工。要获得尺寸 l, 加工之前工件和刀具的轴向位置并未确定, 而是经过多次切削、测量、调整刀具位置得到的。

调整法是先调整好刀具和工件在机床上的相对位置, 并在一批零件的加工过程中保持这个位置不变, 以保证工件被加工尺寸的方法。图 1-13b 所示是用调整法加工一批工件获得工序尺寸 l。通过反装的三爪确定工件轴向位置, 用挡铁调整好刀具与工件的相对位置, 并保持挡铁位置不

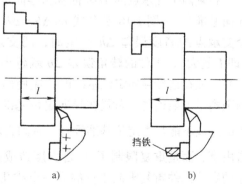

图 1-13　零件加工

a) 试切法加工　b) 调整法加工

变, 加工每一个工件时使其有相同的轴向位置, 以保证尺寸 l。

调整法多用于成批和大量生产。模具生产属于单件小批生产, 一般用试切法来保证加工尺寸。

2. 工件定位的基本原理

任何一个工件在未定位前都可以看成空间直角坐标系中的自由物体。如图 1-14 所示的工件，可以沿 3 个垂直坐标轴方向平移到任何位置。通常称工件沿 3 个垂直坐标轴具有移动的自由度，分别以 $\vec{X}$、$\vec{Y}$、$\vec{Z}$ 表示。此外，工件还可以绕三轴旋转，所以工件绕 3 坐标轴的转角位置也是不确定的。称工件绕 3 个坐标轴具有转动的自由度，分别以 $\hat{X}$、$\hat{Y}$、$\hat{Z}$ 表示。任何工件在空间都具有以上 6 个自由度。要使工件在机床上或夹具中占据确定的位置，就必须限制这 6 个自由度。

为了限制工件的自由度，可使工件上一组选定的几何要素（定位基准）和夹具上的定位元件（或机床的工作台面）接触，如图 1-15 所示。XOY 面上的 3 个支承点限制了工件的 $\hat{X}$、$\hat{Y}$、$\vec{Z}$ 3 个自由度。YOZ 面上的两个支承点限制了工件的 $\hat{Z}$、$\vec{X}$ 两个自由度。XOZ 面上的一个支承点限制了工件的 $\vec{Y}$ 自由度。当定位基准和这些支承点同时保持接触时，工件的空间位置就唯一的确定了。用合理分布的 6 个支承点来限制 6 个自由度，使工件在机床上或夹具中的位置完全确定下来，这就是六点定位原理，简称"六点定则"。

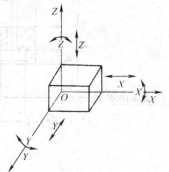

图 1-14　工件的六个自由度

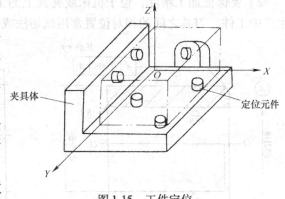

工件上布置 3 个支承点的 XOY 面称为主要定位基准（简称主基准）。3 个支承点布置得越远，所组成的三角形就越大，工件定位就越稳定，有利于保证工件的定位精度。应该指出，主要定位基准上所布置的 3 个支承点不能在一条直线上，否则就不能限制 $\hat{X}$（或 $\hat{Y}$）自由度。

图 1-15　工件定位

布置两个支承点的 YOZ 面称为导向定位基准（简称导向基准），由图 1-16 及公式 $\tan\Delta\theta = \Delta h/L$ 可知：当两个支承点的高度误差 Δh 一定时，两支承点距离越远（即 L 越大），工件的转角误差 $\Delta\theta$ 就越小，定位精度就越高。故在选择导向定位基准时，应使两个支承点之间的距离尽可能远些。布置在导向定位基准上的两个支承点的连线不能与主定位基准垂直，否则它就不能限制 $\hat{Z}$ 自由度，而是重复限制了 $\hat{Y}$ 自由度造成过定位（夹具上的定位元件重复限制工件的同一个或几个自由度称过定位）。过定位使工件不能正确定位，所以当出现过定位时应采取技术措施来消除其影响。

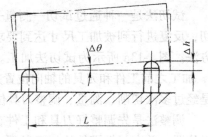

图 1-16　导向定位支承与
转角误差的关系

工件上布置一个支承点的 XOZ 面称为止推定位基准，它只和一个支承点接触。工件加工时要承受加工过程中的切削力，因此，可选工件上与切削力方向相对的表面作为止推定位基准。

在应用六点定则来分析工件定位时，应把工件看成不产生变形的刚体，同时把工件看成几何要素及几何关系是完全正确的（不存在任何误差）几何体，其实际存在的误差或可能产生的变形应放在工件定位精度分析及夹紧时予以考虑。

在图 1-15 中，6 个支承点限制了工件的全部自由度，称为完全定位。有些工件根据加工要求，并不需要限制其全部自由度。如在普通车床上镗孔时，工件绕孔的轴线旋转的自由度就不需要限制，这种根据加工要求不需要限制工件全部自由度的定位，称为不完全定位。在满足加工要求的前提下，采用不完全定位是允许的。但对于应该限制的自由度，没有布置适当的支承点加以限制时称为欠定位。欠定位不能保证加工要求，是不允许的。

三、定位基准的选择

定位基准的选择不仅会影响工件的加工精度，而且对同一个被加工表面选用不同的定位基准，其工艺路线也可能不同。所以选择工件的定位基准是十分重要的。机械加工的最初工序只能用工件毛坯上未经加工的表面作定位基准，这种定位基准称为粗基准。用已经加工过的表面作定位基准则称为精基准。在制定零件机械加工工艺规程时，总是先考虑选择怎样的精基准定位把工件加工到设计要求，然后考虑选择什么样的粗基准定位，把用作精基准的表面加工出来。

1. 粗基准的选择

选择粗基准主要应考虑如何保证各加工表面都有足够的加工余量，保证不加工表面与加工表面之间的位置尺寸要求，同时为后续工序提供精基准。一般应注意以下几个问题。

1）为了保证加工表面与不加工表面的位置尺寸要求，应选不加工表面作粗基准。

图 1-17 以不加工表面定位

如图 1-17 所示零件，外圆柱面 1 为不加工表面，选择柱面 1 为粗基准加工孔和端面，加工后能保证孔与外圆柱面间的壁厚均匀。

2）若要保证某加工表面切除的余量均匀，应选该表面作粗基准。

如图 1-18 所示工件，当要求从表面 A 上切除的余量厚度均匀，可选 A 面自身作粗基准加工 B 面，再以 B 面作定位基准加工 A 面即可保证 A 面上的加工余量均匀。

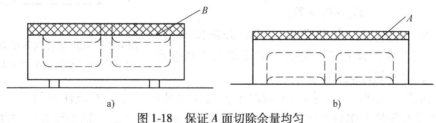

图 1-18 保证 A 面切除余量均匀

a) 以 A 面定位加工 B 面　b) 再以 B 面定位加工 A 面

3）为保证各加工表面都有足够的加工余量，应选择毛坯余量小的表面作粗基准。

毛坯的尺寸、形状、位置误差较大，选择余量大的表面作粗基准加工余量小的表面，由于大的毛坯误差会引起大的定位误差，余量小的表面无足够加工余量时将使工件报废。以余量小的表面作粗基准尽管有较大的定位误差，被加工表面能有足够加工余量。

4）选作粗基准的表面，应尽可能平整，不能有飞边、浇注系统、冒口或其他缺陷，以使工件定位稳定可靠，夹紧方便。

5）一般情况下粗基准不重复使用。

一般毛坯，由于表面粗糙、精度低，如果两次装夹中重复使用同一粗基准，会造成相当大的定位误差。例如图 1-19 所示的小轴，如重复使用毛坯表面 B 定位分别加工表面 A 和 C，必然使 A、C 之间产生较大的同轴度误差。但在某些加工中，当零件的主要定位要求已由精基准保证，还需要限制某个自由度，且定位精度要求不高时，在无精基准可以选用的情况下，也可以选用粗基准来限制这个自由度。

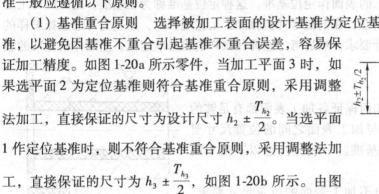

图 1-19　小轴的加工

2. 精基准的选择

选择精基准，主要应考虑如何减少定位误差，保证加工精度，使工件装夹方便、可靠、夹具结构简单。因此，选择精基准一般应遵循以下原则。

（1）基准重合原则　选择被加工表面的设计基准为定位基准，以避免因基准不重合引起基准不重合误差，容易保证加工精度。如图 1-20a 所示零件，当加工平面 3 时，如果选平面 2 为定位基准则符合基准重合原则，采用调整法加工，直接保证的尺寸为设计尺寸 $h_2 \pm \dfrac{T_{h_2}}{2}$。当选平面 1 作定位基准时，则不符合基准重合原则，采用调整法加工，直接保证的尺寸为 $h_3 \pm \dfrac{T_{h_3}}{2}$，如图 1-20b 所示。由图可知当定位基准与设计基准不重合时，设计尺寸 $h_2 \pm \dfrac{T_{h_2}}{2}$ 的尺寸公差不仅受 h_3 的尺寸公差 T_{h_3} 的影响，而且还受 h_1 的尺寸公差 T_{h_1} 的影响。T_{h_1} 对 h_2 产生影响是由于基准不重合引起的，称 T_{h_1} 为基准不重合误差。为了保证尺寸 h_2 的精度要求，则必须满足以下关系

$$T_{h_3} + T_{h_1} \leqslant T_{h_2}$$

在 T_{h_2} 为一定值时，由于 T_{h_1} 的出现，必然使 $T_{h_3} < T_{h_2}$。可见，当基准重合时工序的加工精度要求比基准不重合时的低，容易保证加工精度。

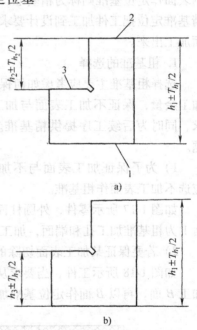

图 1-20　基准重合与不重合的示例
a）以平面 2 定位　b）以平面 1 定位

（2）基准统一原则　应选择几个被加工表面（或几道工序）都能使用的定位基准为精基准。例如轴类零件大多数工序都可以采用两端中心孔定位（即以轴心线为定位基准），以保证各主要加工表面的尺寸精度和位置精度。

基准统一不仅可以避免因基准变换而引起的定位误差，而且在一次装夹中能加工出较多的表面，既便于保证各个被加工表面间的位置精度，又有利用提高生产率。

（3）自为基准原则　有些精加工或光整加工工序要求加工余量小而均匀，这时应尽可能用加工表面自身为精基准。该表面与其他表面之间的位置精度应由先行工序予以保证。

例如采用浮动铰刀铰孔、圆拉刀拉孔以及用无心磨床磨削外圆表面等，都是以加工表面本身作为定位基准。

（4）互为基准原则　当两个被加工表面之间位置精度较高，要求加工余量小而均匀时，多以两表面互为基准进行加工。如图 1-21a 所示导套在磨削加工时为保证 ϕ32H8 与 ϕ42k6 的内外圆柱面间的圆跳动要求，可先以 ϕ42k6 的外圆柱面作定位基准，在内圆磨床上加工 ϕ32H8 的内孔，如图 1-21b 所示。然后再以 ϕ32H8 的内孔作定位基准，在心轴上磨削 ϕ42k6 的外圆，则容易保证各加工表面都有足够的加工余量，达到较高的圆跳动要求，如图 1-21c 所示。

上述基准选择原则，每一条都只说明一个方面的问题，在实际应用时有可能出现相互矛盾的情况，所以在实际应用时一定要全面考虑、灵活应用。

工件定位时，究竟应限制几个自由度应根据工序的加工要求分析确定。如图 1-11 及图 1-12 所示零件在加工孔时应限制的自由度如图 1-22⊖所示。导套孔加工需限制 $\vec{Y}$、$\vec{Z}$、$\hat{Y}$、$\hat{Z}$ 4 个自由度，属不完全定位。加工凸模固定板应限制 $\vec{X}$、$\vec{Y}$、$\vec{Z}$、$\hat{X}$、$\hat{Y}$、$\hat{Z}$ 6 个自由度，即需要完全定位。

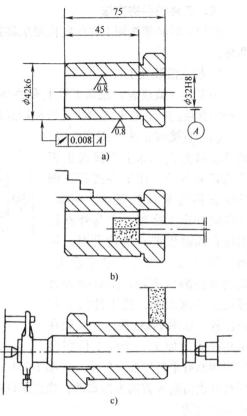

图 1-21　采用互为基准磨内孔和外圆

a）工件简图　b）用三爪自定心卡盘磨内孔　c）在心轴上磨外圆

必须指出，定位基准选择不能仅考虑本工序定位、夹紧是否合适，而应结合整个工艺路线进行统一考虑，使先行工序为后续工序创造条件，使每个工序都有合适的定位基准和夹紧方式。

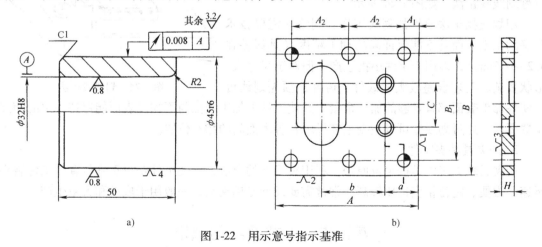

图 1-22　用示意号指示基准

a）导套　b）凸模固定板

⊖　图中符号 "＿∧＿" 为定位基准的示意符号，尖角所指为定位基准，右下角数码表示该基准所限制自由度的个数。

四、工件的装夹方法

在加工时必须按照工件的定位要求将其装夹在机床上，工件在机床上的装夹方法有以下两种。

1. 找正法装夹工件

用工具（或仪表）根据工件上有关基准，找出工件在机床上的正确位置并夹紧。目前生产中常用的找正法有直接找正法和划线找正法。

（1）直接找正法 用百分表、划针或目测在机床上直接找正工件的有关基准，使工件占有正确的位置称为直接找正法。例如，在内圆磨床上磨削一个与外圆柱表面有同轴度要求的内孔时，可将工件装夹在四爪单动卡盘上，缓慢回转磨床主轴，用百分表直接找正外圆表面，使工件获得正确位置，如图1-23a所示。又如在牛头刨床上加工一个同工件底面

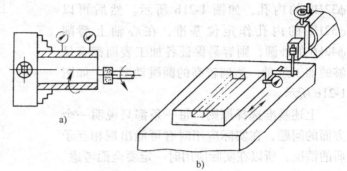

图 1-23 找正法装夹工件
a) 在内圆磨床上找正工件 b) 在刨床上找正工件

与右侧面有平行度要求的槽，如图1-23b所示。可使工件的下平面和机床的工作台面贴合，用百分表沿箭头方向来回移动，找正工件的右侧面使其与主运动方向平行，即可使工件获得正确的位置。

直接找正法所能达到的定位精度和装夹速度取决于找正所使用的工具和工人的技术水平，此法的主要缺点是效率低，多用于单件和小批生产。

（2）划线找正法 在机床上用划线盘按毛坯或半成品上预先划好的线找正工件，使工件获得正确的位置称划线找正法，如图1-24所示。

用划线找正法要增加划线工序，划线又需要技术熟练的工人，而且不能保证高的加工精度（其误差在0.2~0.5mm），多用于单件小批生产。但对于尺寸大、形状复杂、毛坯误差较大的锻件、铸件，预先划线可

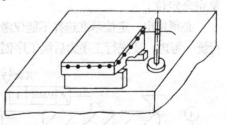

图 1-24 划线找正法

以使各加工表面都有足够的加工余量，并使工件上加工表面与不加工表面能保持一定的相互位置要求。通过划线还可以检查毛坯尺寸及各表面间的相互位置。

2. 用夹具装夹工件

用夹具装夹工件是按定位原理，利用夹具上的定位元件使工件获得正确位置。工件装夹迅速、方便、定位精度也比较高，常常需要设计专用夹具，一般用于成批和大量生产。

第五节 工艺路线的拟定

工艺路线是工艺设计的总体布局，其主要任务是选择零件表面的加工方法、确定加工顺序、划分工序。根据工艺路线，可以选择各工序的工艺基准，确定工序尺寸、设备、工装、

切削用量和时间定额等。在拟定工艺路线时应从工厂的实际情况出发充分考虑应用各种新工艺、新技术的可行性和经济性。多提几个方案，进行分析比较，以便确定一个符合工厂实际情况的最佳工艺路线。

一、表面加工方法的选择

一个有一定技术要求的零件表面，一般不能用一种工艺方法一次加工就能达到设计要求，所以对于精度要求较高的表面，在选择加工方法时总是根据各种工艺方法所能达到的加工经济精度和表面粗糙度等因素来选定它的最后加工方法。然后再选定前面一系列准备工序的加工方法和顺序，经过逐次加工达到其设计要求。以上因素中的加工经济精度是指在正常的加工条件下（采用符合质量标准的设备、工艺装备和标准技术等级工人、不延长加工时间）所能保证的加工精度。每一种加工方法，加工的精度越高其加工成本也越高。反之，加工精度越低其加工成本也越低。但是，这种关系只在一定的范围内成立。一种加工方法的加工精度达到一定的程度后，即使再增加加工成本，加工精度也不易提高。反之，当加工精度降低到一定程度后，即使加工精度再低，加工成本也不随之下降。经济精度就是处在上述两种情况之间的加工精度。选择加工方法理所当然地应使其处于经济精度的加工范围内。常见的加工方法所能达到的经济精度及表面粗糙度可以查阅有关工艺手册。表 1-7 ～ 表 1-12 是部分摘录。

表 1-7　外圆柱表面的加工方法及加工精度

序号	加 工 方 法	经济精度 （公差等级表示）	经济粗糙度 $R_a/\mu m$	适 用 范 围
1	粗车	IT11 ～ 13	12.5 ～ 50	适用于淬火钢以外的各种金属
2	粗车→半精车	IT8 ～ 10	3.2 ～ 6.3	
3	粗车→半精车→精车	IT7 ～ 8	0.8 ～ 1.6	
4	粗车→半精车→精车→滚压（或抛光）	IT7 ～ 8	0.025 ～ 0.2	
5	粗车→半精车→磨削	IT7 ～ 8	0.4 ～ 0.8	主要用于淬火钢，也可用于未淬火钢，但不宜加工有色金属
6	粗车→半精车→粗磨→精磨	IT6 ～ 7	0.1 ～ 0.4	
7	粗车→半精车→粗磨→精磨→超精加工（或轮式超精磨）	IT5	0.012 ～ 0.1 （或 R_z0.1）	
8	粗车→半精车→精车→精细车（金刚车）	IT6 ～ 7	0.025 ～ 0.4	主要用于要求较高的有色金属加工
9	粗车→半精车→粗磨→精磨→超精磨（或镜面磨）	IT5 以上	0.006 ～ 0.025 （或 R_z0.05）	极高精度的外圆加工
10	粗车→半精车→粗磨→精磨→研磨	IT5 以上	0.006 ～ 0.1 （或 R_z0.05）	

表 1-8　孔的加工方法及加工精度

序号	加 工 方 法	经济精度 （公差等级表示）	经济粗糙度 $R_a/\mu m$	适 用 范 围
1	钻	IT11 ～ 13	12.5	加工未淬火钢及铸铁的实心毛坯，也可用于加工有色金属。孔径小于 15 ～ 20mm
2	钻→铰	IT8 ～ 10	1.6 ～ 6.3	
3	钻→粗铰→精铰	IT7 ～ 8	0.8 ～ 1.6	
4	钻→扩	IT10 ～ 11	6.3 ～ 12.5	加工未淬火钢及铸铁的实心毛坯，也可用于加工有色金属。孔径大于 15 ～ 20mm
5	钻→扩→铰	IT8 ～ 9	1.6 ～ 3.2	
6	钻→扩→粗铰→精铰	IT7	0.8 ～ 1.6	
7	钻→扩→机铰→手铰	IT6 ～ 7	0.2 ～ 0.4	

22

（续）

序号	加 工 方 法	经济精度 （公差等级表示）	经济粗糙度 $R_a/\mu m$	适 用 范 围
8	钻→扩→拉	IT7～9	0.1～1.6	大批大量生产（精度由拉刀的精度而定）
9	粗镗（或扩孔）	IT11～13	6.3～12.5	除淬火钢外各种材料，毛坯有铸出孔或锻出孔
10	粗镗（粗扩）→半精镗（精扩）	IT9～10	1.6～3.2	
11	粗镗（粗扩）→半精镗（精扩）→精镗（铰）	IT7～8	0.8～1.6	
12	粗镗（粗扩）→半精镗（精扩）→精镗→浮动镗刀精镗	IT6～7	0.4～0.8	
13	粗镗（扩）→半精镗→磨孔	IT7～8	0.2～0.8	主要用于淬火钢，也可用于未淬火钢，但不宜用于有色金属
14	粗镗（扩）→半精镗→粗磨→精磨	IT6～7	0.1～0.2	
15	粗镗→半精镗→精镗→精细镗（金刚镗）	IT6～7	0.05～0.4	主要用于精度要求高的有色金属加工
16	钻→（扩）→粗铰→精铰→珩磨；钻→（扩）→拉→珩磨；粗镗→半精镗→精镗→珩磨	IT6～7	0.025～0.2	精度要求很高的孔
17	以研磨代替上述方法中的珩磨	IT5～6	0.006～0.1	

表1-9　平面的加工方法及加工精度

序号	加 工 方 法	经济精度 （公差等级表示）	经济粗糙度 R_a 值$/\mu m$	适 用 范 围
1	粗车	IT11～13	12.5～50	端面
2	粗车→半精车	IT8～10	3.2～6.3	
3	粗车→半精车→精车	IT7～8	0.8～1.6	
4	粗车→半精车→磨削	IT6～7	0.2～0.8	
5	粗刨（或粗铣）	IT11～13	6.3～25	一般不淬硬平面（端铣表面粗糙度 R_a 值较小）
6	粗刨（或粗铣）→精刨（或精铣）	IT8～10	1.6～6.3	
7	粗刨（或粗铣）→精刨（或精铣）→刮研	IT6～7	0.1～0.8	精度要求较高的不淬硬平面，批量较大时宜采用宽刃精刨方案
8	以宽刃精刨代替上述刮研	IT7	0.2～0.8	
9	粗刨（或粗铣）→精刨（或精铣）→磨削	IT7	0.2～0.8	精度要求高的淬硬平面或不淬硬平面
10	粗刨（或粗铣）→精刨（或精铣）→粗磨→精磨	IT6～7	0.025～0.4	
11	粗铣→拉	IT7～9	0.2～0.8	大量生产，较小的平面（精度视拉刀精度而定）
12	粗铣→精铣→磨削→研磨	IT5 以上	0.006～0.1 （或 $R_z0.05$）	高精度平面

表 1-10　外圆和内孔的几何形状精度

（括号内的数字是新机床的精度标准）　　　　　（单位：mm）

机床类型			圆度误差	圆柱度误差
卧式车床	最大直径	≤400	0.02 (0.01)	100: 0.015 (0.01)
		≤800	0.03 (0.015)	300: 0.05 (0.03)
		≤1600	0.04 (0.02)	300: 0.06 (0.04)
高精度车床			0.01 (0.005)	150: 0.02 (0.01)
外圆磨床	最大直径	≤200	0.006 (0.004)	500: 0.011 (0.007)
		≤400	0.008 (0.005)	1000: 0.02 (0.01)
		≤800	0.012 (0.007)	0.025 (0.015)
无心磨床			0.01 (0.005)	100: 0.008 (0.005)
珩磨机			0.01 (0.005)	300: 0.02 (0.01)
卧式镗床	镗杆直径	≤100	外圆 0.05 (0.025) 内孔 0.04 (0.02)	200: 0.04 (0.02)
		≤160	外圆 0.05 (0.03) 内孔 0.05 (0.025)	300: 0.05 (0.03)
		≤200	外圆 0.06 (0.04) 内孔 0.05 (0.03)	400: 0.06 (0.04)
内圆磨床	最大孔径	≤50	0.008 (0.005)	200: 0.008 (0.005)
		≤200	0.015 (0.008)	200: 0.015 (0.008)
		≤800	0.02 (0.01)	200: 0.02 (0.01)
立式金刚镗			0.008 (0.005)	300: 0.02 (0.01)

表 1-11　平面的几何形状和相互位置精度

（括号内的数字是新机床的精度标准）　　　　　（单位：mm）

机床类型			平面度误差	平行度误差	垂直度误差	
					加工面对基面	加工面相互间
卧式铣床			300: 0.06 (0.04)	300: 0.06 (0.04)	150: 0.04 (0.02)	300: 0.05 (0.03)
立式铣床			300: 0.06 (0.04)	300: 0.06 (0.04)	150: 0.04 (0.02)	300: 0.05 (0.03)
插床	最大插削长度	≤200	300: 0.05 (0.025)		300: 0.05 (0.025)	300: 0.05 (0.025)
		≤500	300: 0.05 (0.03)		300: 0.05 (0.03)	300: 0.05 (0.03)
平面磨床	立卧轴矩台			1000: 0.025 (0.015)		
	高精度平磨			500: 0.009 (0.005)		100: 0.01 (0.005)
	卧轴圆台			0.02 (0.01)		
	立轴圆台			1000: 0.03 (0.02)		
牛头刨床	最大刨削长度		加工上面	加工侧面		
	≤250		0.02 (0.01)	0.04 (0.02)	0.04 (0.02)	0.06 (0.03)

（续）

机 床 类 型		平面度误差		平行度误差	垂直度误差	
					加工面对基面	加工面相互间
牛头刨床	≤500	0.04 (0.02)	0.06 (0.03)	0.06(0.03)		0.08(0.05)
	≤1000	0.06 (0.03)	0.07 (0.04)	0.07(0.04)		0.12(0.07)

表 1-12　孔的相互位置精度

加 工 方 法	工 件 的 定 位	两孔中心线间或孔中心线到平面的距离误差/mm	在 100mm 长度上孔中心线的垂直度误差/mm
立式钻床上钻孔	用钻模	0.1 ~ 0.2	0.1
	按划线	1.0 ~ 3.0	0.5 ~ 1.0
车床上钻孔	按划线	1.0 ~ 2.0	—
	用带滑座的角尺	0.1 ~ 0.3	—
铣床上镗孔	回转工作台	—	0.02 ~ 0.05
	回转分度头	—	0.05 ~ 0.1
坐标镗床上钻孔	光学仪器	0.004 ~ 0.015	—
卧式镗床上钻孔	用镗模	0.05 ~ 0.08	0.04 ~ 0.2
	用块规	0.05 ~ 0.10	—
	回转工作台	0.06 ~ 0.30	—
	按划线	0.4 ~ 0.5	0.5 ~ 1.0

选择零件表面加工方法应着重考虑以下问题：

1）被加工表面的精度和零件的结构形状。一般情况下所采用加工方法的经济精度，应能保证零件所要求的加工精度和表面质量。例如，材料为钢，尺寸精度为 IT7，表面粗糙度 $R_a = 0.4\mu m$ 的外圆柱面，用车削、外圆磨削都能加工。但因为上述加工精度是外圆磨削的加工经济精度，而不是车削加工的经济精度，所以应选用磨削加工方法作为达到工件加工精度的最终加工方法。

被加工表面的尺寸大小对选择加工方法也有一定影响。例如，孔径大时宜选用镗孔和磨孔，如果选用铰孔，将使铰刀直径过大，制造、使用都不方便。而加工直径小的孔，则采用铰孔较为适当，因为小孔进行镗削和磨削加工，将使刀杆直径过小，刚性差，不易保证孔的加工精度。

选择加工方法还取决于零件的结构形状。如多型孔（圆孔）冲孔凹模上的孔，不宜采用车削和内圆磨削加工。因为车削和内圆磨削工艺复杂，甚至无法实施，为保证孔的位置精度，宜采用坐标镗床或坐标磨床加工。又如箱体上的孔，不宜采用拉削加工，多采用镗削和铰削加工。

2）零件材料的性质及热处理要求。对于加工质量要求高的有色金属零件，一般采用精细车、精细铣或金刚镗进行加工，应避免采用磨削加工，因磨削有色金属易堵塞砂轮。经淬火后的钢质零件宜采用磨削加工和特种加工。

3）生产率和经济性要求。所选择的零件加工方法，除保证产品的质量和精度要求外，应有尽可能高的生产率。尤其在大批量生产时，应尽量采用高效率的先进加工方法和设备，以达到大幅度提高生产效率的目的。例如，采用拉削方法加工内孔和平面；采用组合铣削、磨削，同时加工几个表面。甚至可以改变毛坯形状，提高毛坯质量，实现少切屑、无切屑加工。但在单件小批生产的情况下，如果盲目采用高效率的先进加工方法和专用设备，会因投资增大、设备利用率不高，使产品成本增高。

4）现有生产条件　选择加工方法应充分利用现有设备，合理安排设备负荷，同时还应重视新工艺、新技术的应用。

二、工艺阶段的划分

从保证加工质量、合理使用设备及人力等因素考虑，工艺路线按工序性质一般分为粗加工阶段、半精加工阶段和精加工阶段。对那些加工精度和表面质量要求特别高的表面，在工艺过程中还应安排光整加工阶段。

（1）粗加工阶段　其主要任务是切除加工表面上的大部分余量，使毛坯的形状和尺寸尽量接近成品。粗加工阶段的加工精度要求不高，切削用量、切削力都比较大，所以粗加工阶段主要考虑如何提高劳动生产率。

（2）半精加工阶段　为主要表面的精加工作好必要的精度和余量准备，并完成一些次要表面的加工（如钻孔、攻螺纹、切槽等）。对于加工精度要求不高的表面或零件，经半精加工后即可达到要求。

（3）精加工阶段　使精度要求高的表面达到规定的质量要求。要求的加工精度较高，各表面的加工余量和切削用量都比较小。

（4）光整加工阶段　其主要任务是提高被加工表面的尺寸精度和减小表面粗糙度，一般不能纠正形状和位置误差。对尺寸精度和表面粗糙度要求特别高的表面才安排光整加工。

将工艺过程划分阶段有以下作用：

1）保证产品质量。在粗加工阶段切除的余量较多，所选择的切削用量大，产生的切削力和切削热较大，工件所需要的夹紧力也大，因而使工件产生的内应力和由此引起的变形也大，所以粗加工阶段不可能达到高的加工精度和较小的表面粗糙度。完成零件的粗加工后，再进行半精加工、精加工，逐步减小切削用量、切削力和切削热。可以逐步减小或消除先行工序的加工误差，减小表面粗糙度，最后达到设计图样所规定的加工要求。

由于工艺过程分阶段进行，在各加工阶段之间有一定的时间间隔，相当于自然时效，使工件有一定的变形时间，有利于减少或消除工件的内应力。由变形引起的误差，可由后继工序加以消除。

2）合理使用设备。由于工艺过程分阶段进行，粗加工阶段可以采用功率大、刚度好、精度低、效率高的机床进行加工，以提高生产率。精加工阶段可采用高精度机床和工艺装备，严格控制有关的工艺因素，以保证加工零件的质量要求。所以粗、精加工分开，可以充分发挥各类机床的性能、特点，做到合理使用，延长高精度机床的使用寿命。

3）便于热处理工序的安排，使热处理与切削加工工序配合更合理。机械加工工艺过程分阶段进行，便于在各加工阶段之间穿插安排必要的热处理工序，既可以充分发挥热处理的效果，也有利于切削加工和保证加工精度。例如，对一些精密零件，粗加工后安排去除内应力的时效处理，可以减小工件的内应力，从而减小内应力引起的变形对加工精度的影响。在半精加工后安排淬火处理，不仅能满足零件的性能要求，也使零件的粗加工和半精加工容易，零件因淬火产生的变形又可以通过精加工予以消除。对于精密度要求更高的零件，在各加工阶段之间可穿插进行多次时效处理，以消除内应力，最后再进行光整加工。

4）便于及时发现毛坯缺陷和保护已加工表面。由于工艺过程分阶段进行，在粗加工各表面之后，可及时发现毛坯缺陷（气孔、砂眼和加工余量不足等），以便修补或发现废品，以免将本应报废的工件继续进行精加工，浪费工时和制造费用。

应当指出，拟定工艺路线一般应遵循工艺过程划分加工阶段的原则，但是在具体运用时又不能绝对化。当加工质量要求不高，工件的刚性足够，毛坯质量高，加工余量小时可以不划分加工阶段。在自动机床上加工的零件以及某些运输、装夹困难的重型零件，也不划分加工阶段，而在一次装夹下完成全部表面的粗、精加工。对重型零件可在粗加工之后将夹具松开以消除夹紧变形，然后再用较小的夹紧力重新夹紧，进行精加工，以利于保证重型零件的加工质量。但是对于精度要求高的重型零件，仍要划分加工阶段，并适时进行时效处理以消除内应力。上述情况在生产中需按具体条件来决定。

工艺路线划分加工阶段是对零件加工的整个工艺过程而言的，不是以某一表面的加工或某一工序的加工而论。例如，有些定位基面在半精加工阶段甚至粗加工阶段就需要精确加工，而某些钻小孔的粗加工，又常常安排在精加工阶段。

三、工序的划分

根据所选定的表面加工方法和各加工阶段中表面的加工要求，可以将同一阶段中各表面的加工组合成不同的工序。在划分工序时可以采用工序集中或分散的原则。如果在每道工序中安排的加工内容多，则一个零件的加工可集中在少数几道工序内完成，工序少，称为工序集中。在每道工序所安排的加工内容少，一个零件的加工分散在很多道工序内完成，工序多，称为工序分散。

工序集中具有以下特点：

1）工件在一次装夹后，可以加工多个表面，能较好地保证表面之间的相互位置精度；可以减少装夹工件的次数和辅助时间；减少工件在机床之间的搬运次数，有利于缩短生产周期。

2）可减少机床数量、操作工人，节省车间生产面积，简化生产计划和生产组织工作。

3）采用的设备和工装结构复杂、投资大，调整和维修的难度大，对工人的技术水平要求高。

工序分散具有以下特点：

1）机床设备及工装比较简单，调整方便，生产工人易于掌握。

2）可以采用最合理的切削用量，减少机动时间。

3）设备数量多，操作工人多，生产面积大。

在一般情况下，单件小批生产采用工序集中，大批、大量生产则工序集中和分散二者兼有；需根据具体情况，通过技术经济分析来决定。

四、加工顺序的安排

1. 切削加工工序的安排

零件的被加工表面不仅有自身的精度要求，而且各表面之间还常有一定的位置要求，在零件的加工过程中要注意基准的选择与转换。安排加工顺序应遵循以下原则：

1）当零件分阶段进行加工时一般应遵守"先粗后精"的加工顺序，即先进行粗加工，再进行半精加工，最后进行精加工和光整加工。

2）先加工基准表面，后加工其他表面。在零件加工的各阶段，应先把基准面加工出来，以便后继工序用它定位加工其他表面。

3）先加工主要表面，后加工次要表面。零件的工作表面、装配基面等应先加工，而键槽、螺孔等往往和主要表面之间有相互位置要求，一般应安排在主要表面之后加工。

4）先加工平面，后加工内孔。箱体、模板类零件平面轮廓尺寸较大，用它定位，稳定可靠，一般总是先加工出平面，以平面作精基准，然后加工内孔。

2. 热处理工序的安排

热处理工序在工艺路线中的安排主要取决于零件热处理的目的。

1）为改善金属组织和加工性能的热处理工序，如退火、正火和调质等，一般安排在粗加工前后。

2）为提高零件硬度和耐磨性的热处理工序，如淬火、渗碳淬火等，一般安排在半精加工之后，精加工、光整加工之前。渗氮处理温度低、变形小，且渗氮层较薄，渗氮工序应尽量靠后，如安排在工件粗磨之后，精磨、光整加工之前。

3）时效处理工序，时效处理的目的在于减小或消除工件的内应力，一般在粗加工之后，精加工之前进行。对于高精度的零件，在加工过程中常进行多次时效处理。

3. 辅助工序安排

辅助工序主要包括检验、去毛刺、清洗、涂防锈油等。其中检验工序是主要的辅助工序。为了保证产品质量、及时去除废品，防止浪费工时并使责任分明，检验工序应安排在：

1）零件粗加工或半精加工结束之后。

2）重要工序加工前后。

3）零件送外车间（如热处理）加工之前。

4）零件全部加工结束之后。

钳工去毛刺常安排在易产生毛刺的工序之后，检验及热处理工序之前。

第六节　加工余量的确定

一、加工余量的概念

1. 工序余量和加工总余量

工序余量是相邻两工序的工序尺寸之差，是被加工表面在一道工序中切除的金属层厚度。

若以 Z_i 表示工序余量（i 表示工序号），对于图 1-25 所示加工表面，则有

$Z_2 = A_1 - A_2$　（图 1-25a）

$Z_2 = A_2 - A_1$　（图 1-25b）

式中　A_1——前道工序的工序尺寸；

A_2——本道工序的工序尺寸。

图 1-25 所示加工余量是单边余量。对于对称表面或回转体表面，其加工余量是对称分布的，是双边余量，如图 1-26 所示。

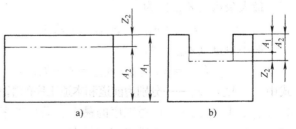

图 1-25　单边加工余量

a）加工后尺寸减小　b）加工后尺寸增大

对于轴 $2Z_2 = d_1 - d_2$（图 1-26a）

对于孔 $2Z_2 = D_2 - D_1$（图 1-26b）

式中　$2Z_2$——直径上的加工余量；

　　　　d_1、D_1——前道工序的工序尺寸（直径）；

　　　　d_2、D_2——本道工序的工序尺寸（直径）。

加工总余量是毛坯尺寸与零件图的设计尺寸之差，也称毛坯余量。它等于同一加工表面各道工序的余量之和，即

$$Z_{总} = \sum_{i=1}^{n} Z_i$$

式中　$Z_{总}$——总余量；

　　　　Z_i——第 i 道工序的余量；

　　　　n——工序数目。

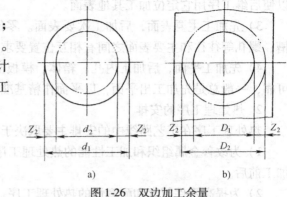

图 1-26　双边加工余量
a) 外圆柱面　b) 孔

图 1-27 所示为轴和孔的毛坯余量及各工序余量的分布情况。图中还给出了各工序尺寸及毛坯尺寸的制造公差。工序尺寸的公差一般规定在零件的入体方向（使工序尺寸的公差带处在被加工表面的实体材料方向）。对于被包容面（轴），基本尺寸为最大工序尺寸；对于包容面（孔），基本尺寸为最小工序尺寸。毛坯尺寸的公差一般采用双向标注。

2. 基本余量、最大余量、最小余量

由于毛坯尺寸和工序尺寸都有制造公差，总余量和工序余量都是变动的。所以加工余量有基本余量、最大余量和最小余量三种情况。如图 1-28 所示的外表面加工，则：

基本余量（Z_i）为

$$Z_i = A_{i-1} - A_i$$

最大余量（$Z_{i\max}$）为

$$Z_{i\max} = A_{(i-1)\max} - A_{i\min} = Z_i + T_i$$

最小余量（$Z_{i\min}$）为

$$Z_{i\min} = A_{(i-1)\min} - A_{i\max} = Z_i - T_{(i-1)}$$

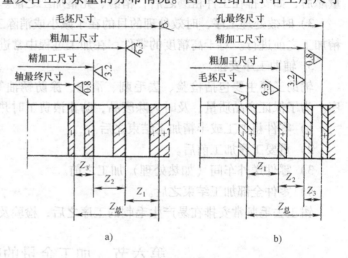

图 1-27　工序余量和毛坯余量
a) 轴　b) 孔

式中　A_{i-1}、A_i——分别为前道和本道工序的基本工序尺寸；

　　　　$A_{(i-1)\max}$、$A_{(i-1)\min}$——前道工序的最大、最小工序尺寸；

　　　　$A_{i\max}$、$A_{i\min}$——本道工序的最大、最小工序尺寸；

　　　　$T_{(i-1)}$、T_i——分别为前道和本道工序的工序尺寸公差。

加工余量的变化范围称为余量公差（T_{zi}）。它等于前道工序和本道工序的工序尺寸公差之和，即

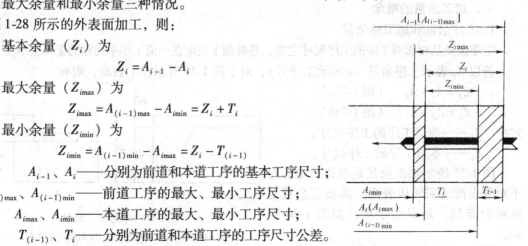

图 1-28　基本余量、最大余量、最小余量

$$T_{Zi} = Z_{imax} - Z_{imin} = (Z_i + T_i) - (Z_i - T_{i-1}) = T_i + T_{i-1}$$

二、影响加工余量的因素

加工余量的大小直接影响零件的加工质量和成本。余量过大会使机械加工的劳动量增加，生产率下降。同时也会增加材料、工具、动力的消耗，使生产成本提高。余量过小不易保证产品质量，甚至出现废品。确定工序余量的基本要求是：各工序所留的最小加工余量能保证被加工表面在前道工序所产生的各种误差和表面缺陷被相邻的后续工序去除，使加工质量提高。以车削图1-29a所示圆柱孔为例，分析影响加工余量大小的因素。如图1-29b、c所示，图中尺寸 d_1、d_2 分别为前道和本道工序的工序尺寸。影响加工余量的因素包含：

1）被加工表面上由前道工序产生的微观不平度 R_{a1} 和表面缺陷层深度 H_1。

2）被加工表面上由前道工序产生的尺寸误差和几何形状误差。一般形状误差 η_1 已包含在前道工序的工序尺寸公差 T_1 范围内，所以只将 T_1 计入加工余量。

3）前道工序引起的被加工表面的位置误差 ρ_1。

4）本道工序的装夹误差 ε_2。这项误差会影响切削刀具与被加工表面的相对位置，所以也应计入加工余量。

由于 ρ_1 和 ε_2 在空间有不同的方向，所以在计算加工余量时应按两者的矢量和进行计算。

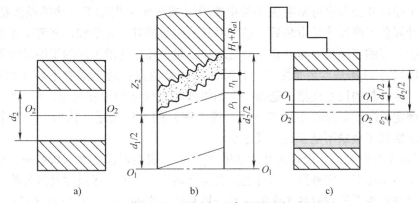

图1-29 影响加工余量的因素

a）加工工件 b）前道工序产生的各种误差 c）本道工序的装夹误差

O_2O_2—回转轴心线 O_1O_1—加工前孔的轴心线

按照确定工序余量的基本要求，对于对称表面或回转体表面，工序的最小余量应按下列公式计算

$$2Z_2 \geq T_1 + 2 (R_{a1} + H_1) + 2 | \rho_1 + \varepsilon_2 |$$

对于非对称表面其加工余量是单边的可按下式计算

$$Z_2 \geq T_1 + R_{a1} + H_1 + | \rho_1 + \varepsilon_2 |$$

三、确定加工余量的方法

1. 经验估计法

根据工艺人员和工人的长期生产实际经验，采用类比法来估计确定加工余量的大小。此方法简单易行，但有时为经验所限；为防止余量不够产生废品，估计的余量一般偏大；多用于单件小批生产。

2. 分析计算法

以一定的试验资料和计算公式为依据，对影响加工余量的诸因素进行逐项的分析计算以确定加工余量的大小。此方法所确定的加工余量经济合理，但要有可靠的实验数据和资料，计算较繁杂，仅在贵重材料及某些大批生产和大量生产中采用。

3. 查表修正法

以有关工艺手册和资料所推荐的加工余量为基础，结合实际加工情况进行修正以确定加工余量的大小。此法应用较广。查表时应注意表中数值是单边余量还是双边余量。

第七节 工序尺寸及其公差的确定

某工序加工应达到的尺寸称为工序尺寸。正确确定工序尺寸及其公差是制定零件工艺规程的重要工作之一。工序尺寸及其公差的大小不仅受到加工余量大小的影响，而且与工序基准的选择有密切关系。下面分两种情况进行讨论。

一、工艺基准与设计基准重合时工序尺寸及其公差的确定

这是指工艺基准与设计基准重合时，同一表面经过多次加工才能达到精度要求及如何确定各道工序的工序尺寸及其公差。一般外圆柱面和内孔加工多属这种情况。

要确定工序尺寸首先必须确定零件各工序的基本余量。生产中常采用查表法确定工序的基本余量。工序尺寸公差也可从有关手册中查得（或按所采用加工方法的经济精度确定）。按基本余量计算各工序尺寸是由最后一道工序开始向前推算。对于轴，前道工序的工序尺寸等于相邻后续工序的工序尺寸与其基本余量之和；对于孔，前道工序的工序尺寸等于相邻后续工序的工序尺寸与其基本余量之差。计算时应注意两点：对于某些毛坯（如热轧棒料）应按计算结果从材料的尺寸规格中选择一个相等或相近尺寸为毛坯尺寸。对于后一种情况，在毛坯尺寸确定后应重新修正粗加工（第一道工序）的工序余量；精加工工序余量应进行验算，以保证精加工余量不至于过大或过小。

例 1-1 加工外圆柱面，设计尺寸为 $\phi 40^{+0.050}_{+0.034}$ mm，表面粗糙度 $R_a < 0.4 \mu m$。加工的工艺路线为：粗车 → 半精车 → 磨外圆。用查表法确定毛坯尺寸、各工序尺寸及其公差。

先从有关资料或手册查取各工序的基本余量及各工序的工序尺寸公差（见表 1-13）。公差带方向按入体原则确定。最后一道工序的加工精度应达到外圆柱面的设计要求，其工序尺寸为设计尺寸 $\phi 40^{+0.050}_{+0.034}$ mm。其余各工序的工序基本尺寸为相邻后续工序的基本尺寸，加上该后续工序的基本余量。经过计算得各工序的工序尺寸见表 1-13。

表 1-13 加工 $\phi 40^{+0.050}_{+0.034}$ 外圆柱面的工序尺寸计算 （单位：mm）

工序	工序余量	工序尺寸公差	工序尺寸
磨外圆	0.6	0.016（IT6）	$\phi 40^{+0.050}_{+0.034}$
半精车	1.4	0.062（IT9）	$\phi 40.6^{0}_{-0.062}$
粗　车	3	0.25（IT12）	$\phi 42^{0}_{-0.25}$
毛　坯	5		$\phi 45$

验算磨削余量：

直径上最大余量 $(40.6 - 40.034)$ mm $= 0.566$mm

直径上最小余量 $(40.538 - 40.050)$ mm $= 0.488$mm

验算结果表明，磨削余量是合适的。

二、工艺基准与设计基准不重合时工序尺寸及其公差的确定

1. 工艺尺寸链及其极值解法

根据加工的需要，在工艺附图或工艺规程中所给出的尺寸称为工艺尺寸。它可以是零件的设计尺寸，也可以是设计图上没有而检验时需要的测量尺寸或工艺过程中的工序尺寸等。当工艺基准和设计基准不重合时，要将设计尺寸换算成工艺尺寸就需要用工艺尺寸链进行计算。

（1）工艺尺寸链的概念　在零件的加工过程中，被加工表面以及各表面之间的尺寸都在不断的变化，这种变化无论是在一道工序内，还是在各工序之间都有一定的内在联系。运用工艺尺寸链理论去揭示这些尺寸间的相互关系是合理确定工序尺寸及其公差的基础，已成为编制工艺规程时确定工艺尺寸的重要手段。

如图 1-30a 所示零件，平面 1、2 已加工，要加工平面 3，平面 3 的位置尺寸 A_2 的设计基准为平面 2。若选择平面 1 为定位基准，就会出现设计基准与定位基准不重合的情况。在采用调整法加工时，工艺人员需要在工序图 1-30b 上标注工序尺寸 A_3，供对刀和检验时使用，以便直接控制工序尺寸 A_3，间接保证零件的设计尺寸 A_2。尺寸 A_1、A_2、A_3 首尾相连构成一封闭的尺寸组合。在机械制造中称这种相互联系且按一定顺序排列的封闭尺寸组合为尺寸链，如图 1-30c 所示。由工艺尺寸所组成的尺寸链称为工艺尺寸链。尺寸链的主要特征是封闭性，即组成尺寸链的有关尺寸按一定顺序首尾相连构成封闭图形，没有开口。

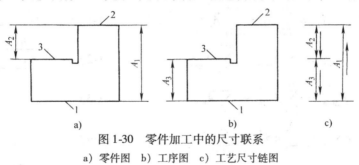

图 1-30　零件加工中的尺寸联系

a) 零件图　b) 工序图　c) 工艺尺寸链图

（2）工艺尺寸链的组成　组成工艺尺寸链的每一个尺寸称为工艺尺寸链的环。图 1-30c 所示尺寸链有三个环。

在加工过程中直接保证的尺寸称为组成环，用 A_i 表示，如图 1-30 中的 A_1、A_3。

在加工过程中间接得到的尺寸称为封闭环，用 A_Σ 表示，如图 1-30c 中的 A_2。

由于工艺尺寸链是由一个封闭环和若干个组成环所组成的封闭图形，故尺寸链中组成环的尺寸变化必然引起封闭环的尺寸变化。当某组成环增大（其他组成环保持不变），封闭环也随之增大时，则该组成环称为增环，以 $\vec{A_i}$ 表示，如图 1-30c 中的 A_1。当某组成环增大（其他组成环保持不变），封闭环反而减小，则该组成环称为减环，以 $\overleftarrow{A_i}$ 表示，如图 1-30c 中的 A_3。

为了迅速确定工艺尺寸链中各组成环的性质，可先在尺寸链图上平行于封闭环沿任意方向画一箭头，然后沿此箭头方向环绕工艺尺寸链，平行于每一个组成环依次画出箭头，箭头指向与环绕方向相同，如图 1-30c 所示。箭头指向与封闭环箭头指向相反的组成环为增环（如图中 A_1），指向相同的组成环为减环（如图中 A_3）。

应着重指出：正确判断出尺寸链的封闭环是解工艺尺寸链最关键的一步。如果封闭环判断错了，整个工艺尺寸链的解算也就错了。所以在确定封闭环时，要根据零件的工艺方案紧

紧抓住间接得到的尺寸这一要点。

（3）工艺尺寸链的计算　计算工艺尺寸链的目的是要求出工艺尺寸链中某些环的基本尺寸及其上、下偏差。其计算方法有极值法（或称极大、极小法）和概率法两种。这里主要讲极值法。

用极值法解工艺尺寸链，是以尺寸链中各环的最大极限尺寸和最小极限尺寸为基础进行计算的。

图 1-31 给出了有关工艺尺寸及其偏差之间的关系。表 1-14 列出了计算工艺尺寸链用到的尺寸及偏差（或公差）符号。

表 1-14　工艺尺寸链的尺寸及偏差符号

环　　名	符　　号　　名　　称						
	基本尺寸	最大尺寸	最小尺寸	上偏差	下偏差	公　差	平均尺寸
封 闭 环	A_Σ	$A_{\Sigma\max}$	$A_{\Sigma\min}$	ESA_Σ	EIA_Σ	T_Σ	$A_{\Sigma m}$
增　　环	$\vec{A}_i$	$\vec{A}_{i\max}$	$\vec{A}_{i\min}$	$ES\vec{A}_i$	$EI\vec{A}_i$	$\vec{T}_i$	$\vec{A}_{im}$
减　　环	$\overleftarrow{A}_i$	$\overleftarrow{A}_{i\max}$	$\overleftarrow{A}_{i\min}$	$ES\overleftarrow{A}_i$	$EI\overleftarrow{A}_i$	$\overleftarrow{T}_i$	$\overleftarrow{A}_{im}$

工艺尺寸链计算的基本公式如下：

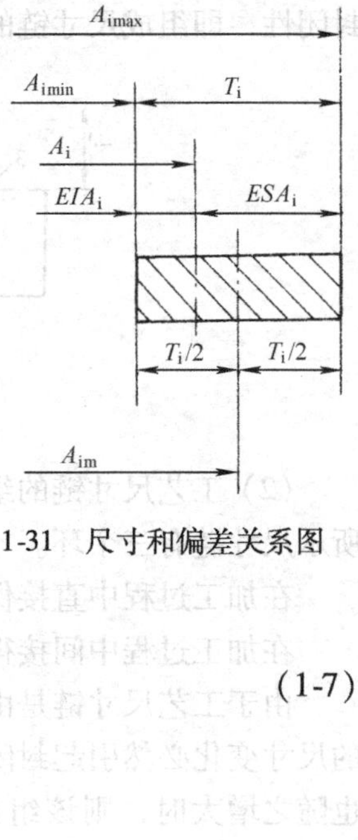

图 1-31　尺寸和偏差关系图

$$A_\Sigma = \sum_{i=1}^{m} \vec{A}_i - \sum_{i=m+1}^{n-1} \overleftarrow{A}_i \qquad (1\text{-}1)$$

$$A_{\Sigma\max} = \sum_{i=1}^{m} \vec{A}_{i\max} - \sum_{i=m+1}^{n-1} \overleftarrow{A}_{i\min} \qquad (1\text{-}2)$$

$$A_{\Sigma\min} = \sum_{i=1}^{m} \vec{A}_{i\min} - \sum_{i=m+1}^{n-1} \overleftarrow{A}_{i\max} \qquad (1\text{-}3)$$

$$ESA_\Sigma = \sum_{i=1}^{m} ES\vec{A}_i - \sum_{i=m+1}^{n-1} EI\overleftarrow{A}_i \qquad (1\text{-}4)$$

$$EIA_\Sigma = \sum_{i=1}^{m} EI\vec{A}_i - \sum_{i=m+1}^{n-1} ES\overleftarrow{A}_i \qquad (1\text{-}5)$$

$$T_\Sigma = \sum_{i=1}^{n-1} T_i \qquad (1\text{-}6)$$

$$A_{\Sigma m} = \sum_{i=1}^{m} \vec{A}_{im} - \sum_{i=m+1}^{n-1} \overleftarrow{A}_{im} \qquad (1\text{-}7)$$

式中　A_{im}——各组成环平均尺寸，$A_{im} = \dfrac{A_{i\max} + A_{i\min}}{2}$；

　　　n——包括封闭环在内的尺寸链总环数；

　　　m——增环数目；

　　$n-1$——组成环（包括增环和减环）的数目。

2. 用尺寸链计算工艺尺寸

（1）定位基准与设计基准不重合的尺寸换算

例 1-2　如图 1-32a 所示零件，各平面及槽均已加工，求以侧面 K 定位钻 $\phi10$mm 孔的工序尺寸及其偏差。

由于孔的设计基准为槽的中心线，钻孔的定位基准 K 与设计基准不重合，工序尺寸及其偏差应按工艺尺寸链进行计算。解算步骤如下：

1）确定封闭环。在零件加工过程中直接控制的是工序尺寸（40±0.05）mm 和 A，孔的位置尺寸（100±0.2）mm 是间接得到的，故尺寸（100±0.2）mm 为封闭环。

2）绘出工艺尺寸链图。自封闭环两端出发，把图中相互联系的尺寸首尾相连即得工艺尺寸链，如图1-32b 所示。

3）判断组成环的性质。从封闭环开始，按顺时针环绕尺寸链图，平行于各尺寸画出箭头，如图1-32b 所示，尺寸 A 的箭头方向与封闭环的相反，其为增环，尺寸40mm 为减环。

4）计算工序尺寸 A 及其上、下偏差。

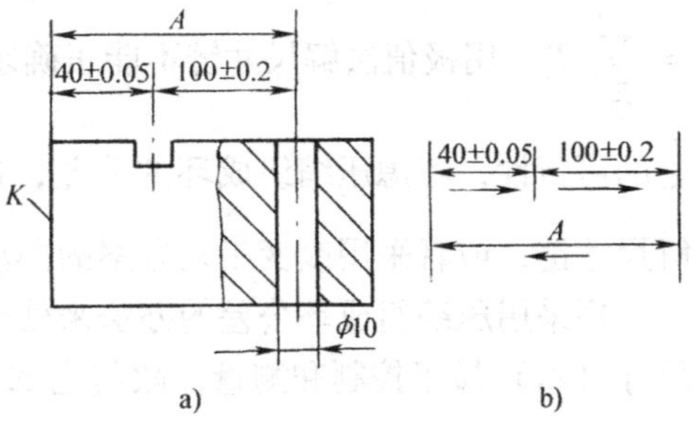

A 的基本尺寸：根据式（1-1）可得

$$100mm = A - 40mm$$

得
$$A = 140mm$$

根据式（1-4）、（1-5）计算 A 的上、下偏差

$$0.2mm = ESA - (-0.05)\,mm$$

得
$$ESA = 0.15mm$$

$$-0.2mm = EIA - 0.05mm$$

得
$$EIA = -0.15mm$$

图 1-32　定位基准与设计基准
不重合的尺寸换算

a）零件图　b）工艺尺寸链简图

5）验算：用极值法解尺寸链时，各组成环的尺寸公差与封闭环尺寸公差间应满足式（1-6）。因此，可用该式来验算结果是否正确。

根据式（1-6）得

$$[0.2 - (-0.2)]\,mm = [0.05 - (-0.05)]\,mm + [0.15 - (-0.15)]\,mm$$

得
$$0.4mm = 0.4mm$$

各组成环公差之和等于封闭环的公差，计算无误。故以侧面（K）定位钻孔 $\phi10$mm 的工序尺寸为（140±0.15）mm。可以看出本工序尺寸公差0.3mm 比设计尺寸（100±0.2）mm 的公差小0.1mm，工序尺寸精度提高了。本工序尺寸公差减小的数值等于定位基准与设计基准之间距离尺寸的公差（±0.05）mm，它就是本工序的基准不重合误差。

（2）测量基准与设计基准不重合的尺寸换算

例1-3　加工零件的轴向尺寸（设计尺寸）如图1-33a 所示。在加工内孔端面 B 时，设计尺寸 $3_{-0.1}^{0}$mm 不便测量，因此在加工时以 A 面为测量基准，直接控制尺寸 A_2 及 $16_{-0.11}^{0}$ mm。而端面 B 的设计基准为 C，使得测量基准和设计基准不重合。在这种情况下，必须利用尺寸链，根据相关的工艺尺寸换算出测量尺寸 A_2。

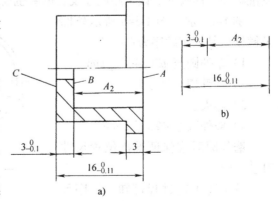

图 1-33　设计基准与测量基准
不重合的尺寸计算

a）零件图　b）工艺尺寸链图

$3_{-0.1}^{\;\;0}$mm 是间接保证的尺寸，为尺寸链的封闭环。自封闭环两端出发依次绘出相关尺寸，得尺寸链如图 1-33b 所示。由图 1-33b 可知，尺寸 $16_{-0.11}^{\;\;0}$mm 为增环，A_2 为减环。

由于该尺寸链中封闭环的公差（0.1mm）小于组成环（$16_{-0.11}^{\;\;0}$mm）的公差，不满足 $T_\Sigma = \sum\limits_{i=1}^{n-1} T_i$，用极值法解尺寸链不能正确求得 A_2 的尺寸偏差。在这种情况下，应根据工艺实施的可行性，考虑压缩组成环的公差，使关系式 $T_\Sigma = \sum\limits_{i=1}^{n-1} T_i$ 得到满足，以便应用极值法求解尺寸链，或者采用改变工艺方案的办法来解决这种问题。

现采用压缩组成环公差的办法来处理。由于尺寸 $16_{-0.11}^{\;\;0}$mm 是外形尺寸，比内端面（B）尺寸（A_2）易于控制和测量，故将它的公差值缩小，取 $T_1 = 0.043$（IT9）。经压缩公差后，尺寸 16mm 的尺寸偏差为 $16_{-0.043}^{\;\;0}$mm。

按工艺尺寸链计算加工内端面 B 的测量尺寸 A_2 及偏差：

由式（1-1）得
$$3\text{mm} = 16\text{mm} - A_2$$
$$A_2 = 13\text{mm}$$

由式（1-4）得
$$0 = 0 - EI\overset{\frown}{A}_2$$
$$EI\overset{\frown}{A}_2 = 0$$

由式（1-5）得
$$-0.1\text{mm} = -0.043\text{mm} - ES\overset{\frown}{A}_2$$
$$ES\overset{\frown}{A}_2 = +0.057\text{mm}$$

校核计算结果
$$T_2 = ES\overset{\frown}{A}_2 - EI\overset{\frown}{A}_2$$
$$= 0.057\text{mm}$$
$$T_1 + T_2 = (0.043 + 0.057)\text{mm}$$
$$= 0.1\text{mm}$$

计算无误。

内孔端面 B 的测量尺寸及偏差为 $13_{\;\;0}^{+0.057}$mm。

（3）工序基准是尚待继续加工的表面　在某些加工中，会出现用尚待继续加工的表面为基准标注工序尺寸。该工序尺寸及其偏差也要通过工艺尺寸计算来确定。

例1-4　加工图 1-34a 所示外圆及键槽，其加工顺序为：

1）车外圆至 $\phi 26.4_{-0.083}^{\;\;\;0}$mm。

2）铣键槽至尺寸 A。

3）淬火。

4）磨外圆至 $\phi 26_{-0.021}^{\;\;0}$mm。

磨外圆后应保证键槽位置尺寸 $21_{-0.16}^{\;\;0}$mm。

从上述工艺过程可知，工序尺寸 A 的基准是一个尚待继续加工的表面，该尺寸应按尺寸链进行计算来获得。

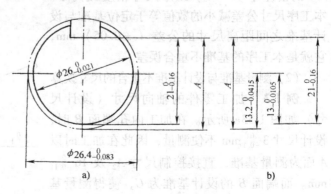

图 1-34　加工键槽的尺寸换算

a）带键槽的轴　b）键槽的尺寸链

尺寸 $21_{-0.16}^{0}$ mm 是间接保证的尺寸，是尺寸链的封闭环。尺寸 $\phi 26.4_{-0.083}^{0}$ mm、A、$\phi 26_{-0.021}^{0}$ mm 是尺寸链的组成环。该组尺寸构成的尺寸链如图 1-34b 所示。尺寸 A、$13_{-0.0105}^{0}$ mm 为增环；$13.2_{-0.0415}^{0}$ mm 为减环。

键槽的工序尺寸及偏差计算如下：

按式（1-1）得
$$21\text{mm} = A + 13\text{mm} - 13.2\text{mm}$$
$$A = 21.2\text{mm}$$

按式（1-4）得
$$0 = ES\overset{\frown}{A} + 0 - (-0.0415)\text{mm}$$
$$ES\overset{\frown}{A} \approx -0.042\text{mm}$$

按式（1-5）得
$$-0.16\text{mm} = EI\overset{\frown}{A} + (-0.0105)\text{mm} - 0$$
$$EI\overset{\frown}{A} \approx -0.150\text{mm}$$

经校核计算无误，键槽的工序尺寸为 $21.2_{-0.150}^{-0.042}$ mm。

（4）孔系坐标（工序）尺寸及其公差的计算　在某些模具零件或其他机器零件上，常常要加工一些有相互位置精度要求的孔，这些孔称为孔系。孔之间的相互位置关系有时以孔的中心距及两孔连心线与基准间的夹角来表示（即采用极坐标表示）。对位置精度要求较高的孔，为了便于在坐标镗床或坐标磨床上加工，有时要将孔中心距尺寸及其公差换算到相互垂直的两个方向上，即以直角坐标尺寸表示。

例如，图 1-35 所示为某凹模上孔位置尺寸的标注方式。侧平面 A、B 为孔 I 的设计基准，其基本尺寸分别为 52mm 和 48mm。孔 II 的位置用中心距（100 ± 0.05）mm 和连心线与 A 面的夹角（30°）来确定。在坐标镗床（或坐标磨床）上加工，如用直角坐标法控制孔的位置尺寸时应首先将工件找正，使平面 A、B 分别与工作台的纵、横移动方向平行。以 A、B 为基准按尺寸 52mm、48mm 移动工作台，使孔 I 的中心与机床主轴轴线重合后，镗孔 I。镗孔 II 时，必须将零件图上的中心距（100 ± 0.05）mm 换算成坐标尺寸 L_x、L_y，以便于调整机床进行孔 II 的加工，如图 1-36 所示。尺寸 L_x、L_y 和尺寸（100 ± 0.05）mm 构成图 1-37 所示的尺寸链，L_x、L_y 为组成环，孔心距为封闭环。在该尺寸链中既有直线尺寸，又有角度尺寸，这些尺寸均处于同一平面内，称为平面尺寸链。这种平面尺寸链的特点是 L_x 及 L_y 间的夹角为90°。

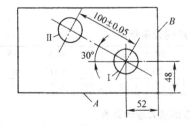

图 1-35　凹模上孔系尺寸标注

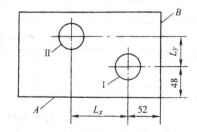

图 1-36　凹模孔系的镗孔工序图

将 L_x、L_y 分别投影到中心距 L_Σ 的方向上，则构成一直线尺寸链，如图 1-38 所示。L_Σ 为封闭环，$L_x\cos\beta$、$L_y\sin\beta$ 为组成环，并且有 $L_\Sigma = L_x\cos\beta + L_y\sin\beta$。这样，就可将平面尺寸链转换成直线尺寸链进行计算。

为使计算过程简化，计算时各尺寸及角度均取平均值（$L_{\Sigma m}$、L_{xm}、L_{ym} 及 β_m），于是得各环平均尺寸间的计算关系式为

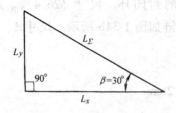

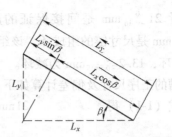

图 1-37　平面尺寸链　　　　　图 1-38　将平面尺寸链变换为直线尺寸链

$$L_{\Sigma m} = L_{xm}\cos\beta_m + L_{ym}\sin\beta_m \tag{1-8}$$

$$T_{\Sigma} = T_{L_x}\cos\beta_m + T_{L_y}\sin\beta_m \tag{1-9}$$

图 1-36 中孔 Ⅱ 的两个坐标尺寸为

$$L_x = L_{\Sigma}\cos\beta = 100\text{mm} \times 0.866 = 86.6\text{mm}$$

$$L_y = L_{\Sigma}\sin\beta = 100\text{mm} \times 0.5 = 50\text{mm}$$

已知孔 Ⅰ、Ⅱ 的中心距尺寸公差 T_{Σ}，按式（1-9）确定两个坐标尺寸 L_x、L_y 的公差 T_{L_x}、T_{L_y}。现采用等精度法进行计算。

若坐标尺寸 L_x、L_y 的平均公差为 T_{L_m}，则有

$$T_{L_m} = a_m i_{L_m}$$

可根据下式先计算出坐标尺寸的平均公差等级系数 a_m（$a_m = a_x = a_y$）。

$$\begin{aligned}
T_{\Sigma} &= T_{L_x}\cos\beta_m + T_{L_y}\sin\beta_m \\
&= a_m i_{L_x}\cos\beta_m + a_m i_{L_y}\sin\beta_m \\
&= a_m(i_{L_x}\cos\beta_m + i_{L_y}\sin\beta_m)
\end{aligned}$$

则有

$$a_m = \frac{T_{\Sigma}}{i_{L_x}\cos\beta_m + i_{L_y}\sin\beta_m} \tag{1-10}$$

i_{L_x}、i_{L_y} 为尺寸 L_x 及 L_y 的公差单位，基本尺寸（L_x、L_y）小于 500mm 时，可按表 1-15 查取。求得 a_m 后，再按表 1-16 查出与 a_m 相对应的公差等级。查表时应从表中取与 a_m 相近，但其值偏小的 a 值所对应的公差等级作为 L_x、L_y 的公差等级（即取 $a_m = a$）。当坐标尺寸（L_x、L_y）的公差等级确定后，用公式 $T_{L_m} = a_m i_{L_m}$ 分别求出两个坐标尺寸的平均公差值，并将计算结果进行校核或作适当调整。

表 1-15　尺寸 ≤500mm 各尺寸分段的公差单位

尺寸分段 mm	1 ~ 3	>3 ~6	>6 ~10	>10 ~18	>18 ~30	>30 ~50	>50 ~80	>80 ~120	>120 ~180	>180 ~250	>250 ~315	>315 ~400	>400 ~500
i/μm	0.54	0.73	0.90	1.08	1.31	1.56	1.86	2.17	2.52	2.90	3.23	3.54	3.89

表 1-16　尺寸 ≤500 的 IT5 至 IT18 级标准公差计算表

公差等级	IT5	IT6	IT7	IT8	IT9	IT10	IT11	IT12	IT13	IT14	IT15	IT16	IT17	IT18
公差值 ai	7i	10i	16i	25i	40i	64i	100i	160i	250i	400i	640i	1000i	1600i	2500i

图 1-35 所示凹模上孔 Ⅱ 的两个坐标尺寸（图 1-38）为

$$L_x = L_{\Sigma}\cos\beta = 100\text{mm} \times 0.866 = 86.6\text{mm}$$

$$L_y = L_{\Sigma}\sin\beta = 100\text{mm} \times 0.5 = 50\text{mm}$$

两个坐标尺寸的公差单位 i_{L_x}、i_{L_y} 按 L_x、L_y 之值由表 1-15 查得 $i_{L_x} = 2.17\text{μm}$、$i_{L_y} =$

1. 56μm。代入式（1-10）中，得

$$a_m = \frac{0.1 \times 1000}{2.17\cos30° + 1.56\sin30°} = 37.6$$

按标准公差计算表 1-16 查出对应公差等级是 IT8 级（25i）。与该公差等级对应的公差值为

$$T_{L_x} = ai = 25 \times 2.17\mu m = 54.3\mu m \approx 54\mu m$$

$$T_{L_y} = ai = 25 \times 1.56\mu m = 39\mu m$$

T_{L_x}、T_{L_y} 值也可以直接由标准公差表查得。

按式（1-4）、（1-5）进行验算

$$ESL_\Sigma = ES\hat{L}_x\cos\beta_m + ES\hat{L}_y\sin\beta_m - 0$$
$$= 0.027mm \times \cos30° + 0.0195mm \times \sin30° - 0 = 0.033mm$$
$$EIL_\Sigma = EI\hat{L}_x\cos\beta_m + EIL_y\sin30° - 0$$
$$= -0.027mm \times \cos30° - 0.0195mm \times \sin30° - 0 = -0.033mm$$

验算结果符合设计图样要求。镗孔 II 的坐标尺寸为

$$L_x = 86.6 \pm 0.027mm$$
$$L_y = 50 \pm 0.0195mm$$

第八节 机床与工艺装备的选择

制定机械加工工艺规程时，正确选择机床与工艺装备是保证零件加工质量要求，提高生产率及经济性的一项重要措施。

一、机床的选择

选用机床应与所加工的零件相适应，即应使机床的精度与加工零件的技术要求相适应；机床的主要尺寸规格与加工零件的尺寸大小相适应；机床的生产率与零件的生产类型相适应。此外，还应考虑生产现场的实际情况，即现有设备的实际精度、负荷情况以及操作者的技术水平等。应充分利用现有的机床设备。

二、工艺装备的选择

1. 夹具的选择

在大批大量生产的情况下，应广泛使用专用夹具，在工艺规程中应提出设计专用夹具的要求。单件小批生产应尽量选择通用夹具（或组合夹具），如标准卡盘、平口钳、转台等。工、模具制造车间的产品大都属于单件小批生产，使用高效夹具不多，但对于某些结构复杂、精度很高的工、模具零件非专用工装难以保证其加工质量时，也应使用必要的二类工装，以保证其技术要求。在批量大时也可选择适当数量的专用夹具以提高生产效率。

2. 刀具的选择

刀具的选择主要取决于所确定的加工方法、工件材料、所要求的加工精度、生产率和经济性、机床类型等。原则上应尽量采用标准刀具，必要时可采用各种高生产率的复合刀具和专用刀具。刀具的类型、规格以及精度等级应与加工要求相适应。

3. 量具的选择

量具的选择主要根据检验要求的准确度和生产类型来决定。所选用量具能达到的准确度应与零件的精度要求相适应。单件小批生产广泛采用通用量具，大批量生产则采用极限量规

及高生产率的检验仪器。

第九节　切削用量与时间定额的确定

一、切削用量的选择

正确选择切削用量对保证加工质量、提高生产率和降低刀具的消耗等有重要意义。故在大批大量生产中，特别是在流水线或自动线上必须合理地确定每一工序的切削用量。但在单件小批生产的情况下，由于工件、毛坯状况、刀具、机床等因素变化较大，在工艺文件上一般不规定切削用量，而由操作者根据实际情况自行决定。

二、时间定额的确定

时间定额是在一定的生产条件下，规定生产一件产品或完成一道工序所需消耗的时间，用 t_t 表示。时间定额是安排生产计划、进行成本核算的主要依据。合理的时间定额能调动工人的生产积极性，促进工人技术水平的提高。制定时间定额应注意调查研究，有效利用生产设备和工具，以提高生产效率和产品质量。

时间定额包括：

（1）基本时间（t_m）　直接改变生产对象的尺寸、形状、相对位置、表面状态或材料性质等工艺过程所消耗的时间。对于切削加工就是切除工件上的加工余量所消耗的时间。当要求准确确定基本时间时，可以根据加工时的切削用量，加工表面的有关尺寸通过计算得到。

（2）辅助时间（t_a）　为实现工艺过程所必须进行的各种辅助动作（如装卸工件、开停机床、选择和改变切削用量、测量工件等）所消耗的时间。

（3）布置工作地时间（t_s）　为使加工正常进行，工人照管工作地（如更换刀具、润滑机床、清理切屑、收拾工具等）所消耗的时间。

（4）休息与生理需要时间（t_r）　工人在工作班内为恢复体力和满足生理上的需要所消耗的时间。

（5）准备与终结时间（t_e）　工人为了生产一批产品和零件、部件，进行准备和结束工作（如熟悉工艺文件、领取毛坯、安置工装和归还工装、送交成品等）所消耗的时间。加工每批工件只消耗一次，分摊在每个工件上的时间为 t_e/n（n 为加工的工件数）。显然批量越大，分摊在每一个工件上的时间越少。

完成一道工序的时间定额为

$$t_t = t_m + t_a + t_s + t_r + (t_e/n)$$

在进行时间定额计算时，布置工作地的时间、休息与生理需要时间，一般可按基本时间与辅助时间之和的百分比进行计算，所以单件时间计算公式可写作

$$t_t = (t_m + t_a)\left(1 + \frac{\alpha + \beta}{100}\right) + \frac{t_e}{n}$$

式中　$\frac{\alpha}{100}$、$\frac{\beta}{100}$——分别表示 t_s 与 t_r 占基本时间与辅助时间之和的百分比。

在大批和大量生产中，因各工作地点只完成固定的工作，在单件时间定额中 t_e/n 极小，所以可不计入。则单件时间按下式计算：

$$t_t = (t_m + t_a)\left(1 + \frac{\alpha + \beta}{100}\right)$$

模具生产属于单件小批生产，时间定额一般都用经验估计法来确定。

作业与思考题

1. 工序怎样划分？它包含哪些内容？

2. 什么是生产纲领？它对制定工艺规程有何影响？

3. 工艺规程在生产过程中的主要作用是什么？对工艺规程有哪些基本要求？

4. 工艺分析的目的何在？从哪些方面进行分析？

5. 何谓定位？怎样才能实现工件定位？

6. 何谓过定位？当出现过定位时有什么影响？如何处理？

7. 怎样选择粗基准？

8. 所选定位基准不符合"基准重合原则"时会产生什么影响？是否在任何情况下都必须遵守基准重合原则，为什么？

9. "自为基准"和"互为基准"适合于哪些情况下采用？

10. 如图 1-39 所示，根据工件加工表面的要求选择定位基准，并说明各定位基准所限制自由度的个数，为什么这样选择？

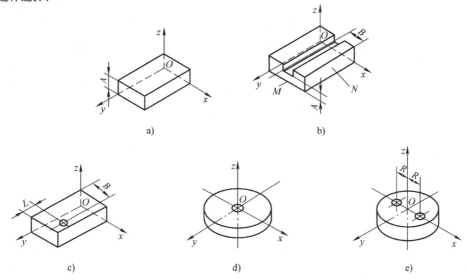

图 1-39　加工零件

a）加工顶面　b）加工槽　c）、d）、e）加工孔

11. 何谓工艺路线？对工艺路线划分加工阶段的作用是什么？

12. 工序集中和工序分散各有何特点？各适合于什么生产条件下采用？

13. 用查表法确定以下所加工孔和轴的毛坯尺寸、工序尺寸及偏差。

a）加工 $\phi45_{-0.016}^{0}$ mm，长度为 320mm 的外圆柱面，表面粗糙度 $R_a \leq 0.2\mu$m，其工艺路线为：粗车→半精车→粗磨→精磨。

b）加工 $\phi32_{0}^{+0.025}$ mm 的孔，表面粗糙度 $R_a \leq 0.2\mu$m，其工艺路线为：钻孔→粗镗孔→半精镗→磨孔。

14. 图 1-40 所示零件的外圆和内孔均已加工到尺寸要求，选用端面 B 作定位基准，加工 $\phi10$mm 的孔。试确定加工 $\phi10$mm 孔的工序尺寸 A。

15. 图 1-41 所示零件，在加工 $\phi20$mm 的孔及孔底 C 时不便测量尺寸 $10_{-0.36}^{0}$ mm。为便于测量，用深度游标卡尺直接测量大孔深度，试确定该测量尺寸。

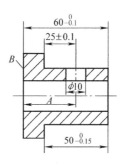

图 1-40　求加工 $\phi10$mm 孔的工序尺寸

16. 加工图 1-42 所示键槽孔，其加工顺序为：精镗孔至尺寸 $\phi 84.8^{+0.07}_{0}$ mm→插（或拉）键槽至尺寸 A →淬火→磨孔至尺寸 $\phi 85^{+0.035}_{0}$ mm。磨孔后应保证键槽的设计尺寸 $92.2^{+0.23}_{0}$ mm，求加工键槽的工序尺寸 A。

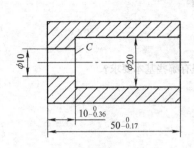

图 1-41　求加工 $\phi 20$ 孔底的测量尺寸

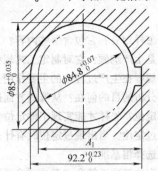

图 1-42　求插键槽的工序尺寸

第二章　模具零件的机械加工

机械加工方法广泛用于制造模具零件。对凸模、凹模等模具的工作零件，即使采用其他工艺方法（如特种加工）加工，也仍然有部分工序要由机械加工来完成。

用机械加工方法制造模具，在工艺上要充分考虑模具零件的材料、结构形状、尺寸、精度和使用寿命等方面的不同要求，采用合理的加工方法和工艺路线，尽可能通过加工设备来保证模具的加工质量，提高生产效率和降低成本。要特别注意在设计和制造模具时，不能盲目追求模具的加工精度和使用寿命，应根据模具所加工零件的质量要求和产量，确定合理的模具精度和寿命，否则就会使制造费用增加，经济效益下降。

第一节　模架的加工

一、冷冲模模架

模架用来安装模具的工作零件和其他结构零件，以保证模具工作部分在工作时有正确相对位置。按模架中导柱与导套间的摩擦性质不同，将其分为滑动导向与滚动导向模架。图2-1所示为滑动导向的冷冲模模架。尽管这些模架结构不同，但其组成零件上模座、下模座都是平板状零件，在工艺上主要进行平面及孔系加工。模架的导套和导柱是机械加工中常见的套类和轴类零件，主要是进行内、外圆柱面加工。所以本节仅以后侧导柱的模架为例讨论模架零件加工工艺。

1. 导柱和导套的加工

图2-2a、b分别为冷冲模标准导柱和导套。这两种零件在模具中起导向作用，并保证凸

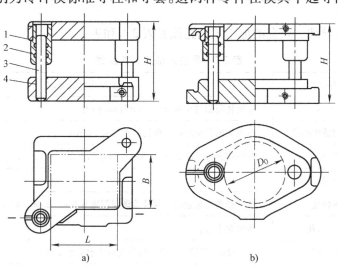

图2-1　冷冲模模架

a) 对角导柱模架　b) 中间导柱模架　c) 后侧导柱模架　d) 四导柱模架

1—上模座　2—导套　3—导柱　4—下模座

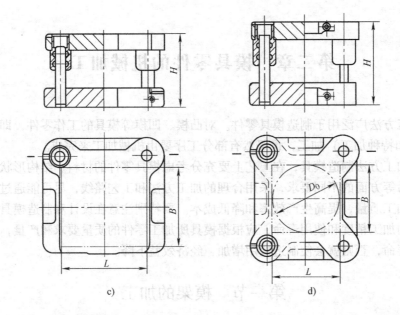

c)   d)

图 2-1   （续）

模和凹模在工作时具有正确的相对位置。为了保证良好的导向，导柱和导套装配后应保证模架的活动部分运动平稳，无滞阻现象。所以，在加工中除了保证导柱、导套配合表面的尺寸和形状精度外，还应保证导柱、导套各自配合面之间的同轴度要求。

构成导柱和导套的基本表面都是回转体表面，按照图示的结构尺寸和设计要求，可以直接选用适当尺寸的热轧圆钢作毛坯。

为获得所要求的精度和表面粗糙度，外圆柱面和孔的加工方案可参考表 1-7 和表 1-8。

由于导柱、导套要进行渗碳、淬火等热处理而硬度较高，所以，导柱、导套配合表面的精加工方法采用磨削。零件的磨削加工安排在热处理之后。精度要求不高的表面可在热处理前车削到图样尺寸。

综上所述拟出导柱、导套的加工工艺路线见表 2-1 和表 2-2。

表 2-1   导柱的加工工艺路线

工序号	工序名称	工序内容及要求
1	下料	用热轧圆钢按尺寸 $\phi35mm \times 215mm$ 切断
2	车端面钻中心孔	车两端面钻中心孔，保证长度尺寸 210mm
3	车外圆	车外圆各部，$\phi32mm$ 外圆柱面留磨削余量 0.4mm，其余达图样尺寸
4	检验	
5	热处理	按热处理工艺进行，保证渗碳层深度 0.8～1.2mm，硬度 58～62HRC
6	研中心孔	研两端中心孔
7	磨外圆	磨 $\phi32mm$ 外圆，$\phi32h6$ 的表面留研磨余量 0.01mm
8	研磨	研磨 $\phi32h6$ 表面达设计要求，抛光圆角
9	检验	

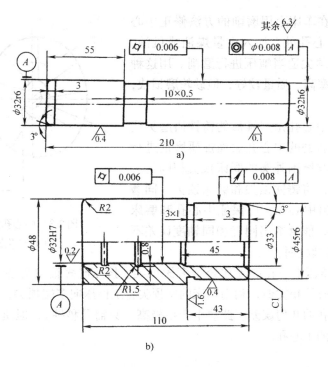

图2-2　导柱和导套

a）导柱　b）导套

材料：20钢

热处理：渗碳深度0.8~1.2mm，硬度58~62HRC

表2-2　导套的加工工艺路线

工序号	工序名称	工序内容及要求
1	下料	用热轧圆钢按尺寸 ϕ52mm×115mm 切断
2	车外圆及内孔	车外圆并钻、镗内孔，ϕ45r6 外圆面及 ϕ32H7 内孔留磨削余量0.4mm，其余达设计尺寸
3	检验	
4	热处理	按热处理工艺进行，保证渗碳层深度0.8~1.2mm，硬度58~62HRC
5	磨内、外圆	用万能外圆磨床磨 ϕ45r6 外圆达设计要求，磨 ϕ32H7 内孔留研磨余量0.01mm
6	研磨	研磨 ϕ32H7 内孔达设计要求研磨孔口圆弧
7	检验	

在导柱的加工过程中，外圆柱面的车削和磨削都是以两端的中心孔定位，这样可使外圆柱面的设计基准与工艺基准重合，并使各主要工序的定位基准统一，易于保证外圆柱面间的位置精度和使各磨削表面都有均匀的磨削余量。所以，在外圆柱面进行车削和磨削之前总是先加工中心孔，以便为后继工序提供可靠的定位基准。两中心孔的形状精度和同轴度对加工精度有直接影响。若中心孔有较大的同轴度误差，将使中心孔和顶尖不能良好接触，影响加工精度。尤其当中心孔出现圆度误差时，将直接反映到工件上，使工件也产生圆度误差，如图2-3所示。导柱在热处理后修正中心孔，目的在于消除中心孔在热处理过程中可能产生的变形和其他缺陷，使磨削外圆柱面时能获得精确定位，以保证外圆柱面的形状精度要求。

修正中心孔可以采用磨、研磨和挤压等方法，可以在车床、钻床或专用机床上进行。

图 2-4 所示为在车床上用磨削的方法修正中心孔。在被磨削的中心孔处，加入少量煤油或机油，手持工件并通过尾顶尖适当施压进行磨削。用这种方法修正中心孔效率高、质量较好，但砂轮磨损快，需要经常修整。

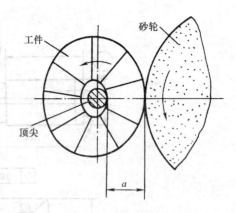

图 2-3　中心孔的圆度误差
使工件产生圆度误差

用研磨法修正中心孔是用锥形的铸铁研磨头代替锥形砂轮，在被研磨的中心孔表面加研磨剂进行研磨。如果用一个与磨削外圆的磨床顶尖相同的铸铁顶尖作研磨工具，将铸铁顶尖和磨床顶尖一同磨出 60°锥角后研磨出中心孔，可保证中心孔和磨床顶尖达到良好配合，能磨削出圆度和同轴度误差不超过 0.002mm 的外圆柱面。

图 2-5 所示为挤压中心孔的硬质合金多棱顶尖。挤压时多棱顶尖装在车床主轴的锥孔内，其操作和磨中心孔相类似，利用车床的尾顶尖将工件压向多棱顶尖，通过多棱顶尖的挤压作用，修正中心孔的几何误差。此法生产率极高（只需几秒钟），但质量稍差，一般用于修正精度要求不高的中心孔。

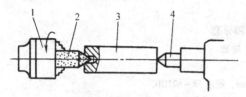

图 2-4　磨中心孔
1—三爪自定心卡盘　2—砂轮
3—工件　4—尾顶尖

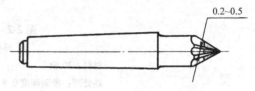

图 2-5　多棱顶尖

磨削导套时正确选择定位基准对保证内、外圆柱面的同轴度要求是十分重要的。表 2-2 所列导套工艺路线是在万能外圆磨床上，利用三爪自定心卡盘夹持 φ48mm 外圆柱面，一次装夹后磨出 φ32H7 和 φ45r6 的内外圆柱面，可以避免由于多次装夹所带来的误差，容易保证内、外圆柱面的同轴度要求。但每磨一件都要重新调整机床，所以，这种方法只宜在单件生产的情况下采用。如果加工数量较多的同一尺寸的导套，可以先磨好内孔，再把导套装在专门设计的锥度心轴上，如图 2-6 所示。以心轴两端的中心孔定位（使定位基准和设计基准重合），借心轴和导套间的摩擦力带动工件旋转，磨削外圆柱面，也能获得较高的同轴度要求，并可使操作过程简化，生产率提高。这种心轴应具有高的制造精度，其锥度在 $\left(\dfrac{1}{1000} \sim \dfrac{1}{5000}\right)$ 的范围内选取，硬度在 60HRC 以上。

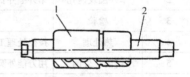

图 2-6　用小锥度心轴安装导套
1—导套　2—心轴

导柱和导套的研磨加工，其目的在于进一步提高被加工表面的质量，以达到设计要求。在生产数量大的情况下

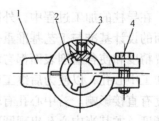

图 2-7　导柱研磨工具
1—研磨架　2—研磨套
3—限动螺钉　4—调整螺钉

（如专门从事模架生产），可以在专用研磨机床上研磨，单件小批生产可以采用简单的研磨工具（图2-7和图2-8）在普通车床上进行研磨。研磨时将导柱安装在车床上，由主轴带动旋转，在导轴表面均匀涂上一层研磨剂，然后套上研磨工具并用手将其握住，作轴线方向的往复运动。研磨导套与研磨导柱类似，由主轴带动研磨工具旋转，手握套在研具上的导套，作轴线方向的往复直线运动。调节研具上的调整螺钉和螺母可以调整研磨套的直径，以控制研磨量的大小。

磨削和研磨导套孔时常见的缺陷是"喇叭口"（孔的尺寸两端大、中间小）。造成这种缺陷的原因可能来自以下两个方面。

磨削内孔时，当砂轮完全处在孔内（图2-9中实线所示），砂轮与孔壁的轴向接触长度最大，磨杆所受的径向推力也最大，由于刚度原因，它所产生的径向弯曲位移使磨削深度减小，孔径相应变小。当砂轮沿轴向往复运动到两端孔口部位，砂轮必需超越两端面，如图2-9中虚线所示。超越的长度越大，则砂轮与孔壁的轴向接触长度越小，磨杆所受的径向推力减小，磨杆产生回弹，使孔径增大。要减小"喇叭口"就要合理控制砂轮相对孔口端面的超越距离，以便使孔的加工精度达到规定的技术要求[⊖]。

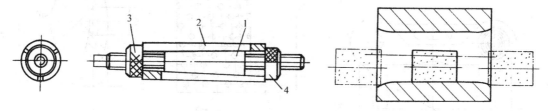

图2-8　导套研磨工具

1—锥度心轴　2—研磨套　3、4—调整螺母

图2-9　磨孔时"喇叭口"的产生

研磨导套时出现"喇叭口"是研磨时工件的往复运动使磨料在孔口处堆积，在孔口处切削作用增强所致。所以，在研磨过程中应及时清除堆积在孔口处的研磨剂，以防止和减少这种缺陷的产生。

研磨导柱和导套用的研磨套和研磨棒一般用优质铸铁制造。研磨剂用氧化铝或氧化铬（磨料）与机油或煤油（磨液）混合而成。磨料粒度一般在220号～W7范围内选用。

按被研磨表面的尺寸大小和要求，一般导柱、导套的研磨余量为0.01～0.02mm。

将导柱、导套的工艺过程适当归纳，大致可划分成如下几个加工阶段：备料（获得一定尺寸的毛坯）阶段——→粗加工和半精加工（去除毛坯的大部分余量，使其接近或达到零件的最终尺寸）阶段——→热处理（达到需要硬度）阶段——→精加工阶段——→光整加工阶段（使某些表面的粗糙度达到设计要求）。

在各加工阶段中应划分多少工序、零件在加工中应采用什么工艺方法和设备等，应根据生产类型、零件的形状、尺寸大小、零件的结构工艺性以及工厂的设备技术状况等条件综合考虑。在不同的生产条件下，对同一零件加工所采用的加工设备、工序的划分也不一定相同。

2. 保持圈的加工

⊖　根据JB/T 7653—1994，导套的导入端孔允许有扩大的锥度，孔直径小于或等于55mm时，在3mm长度内为0.02mm；孔径大于55mm时，在5mm长度内为0.04mm。

图 2-10 所示为滚动导向模架。它在导柱、导套间装有过盈压配的钢球，在上、下模相对运动时，两者间实现滚动摩擦。这种模架的特点是导向精度高、运动刚性好、使用寿命长；主要用于高精度、高寿命的硬质合金模具，高速精密级进冲模等。

制造这种模架除加工导柱、导套外还要加工保持圈。保持圈常用黄铜或铝制造，其结构形状如图 2-11 所示。加工时先在车床上按尺寸要求将保持圈加工成套筒状，再将它用分度头装夹，在铣床上钻出安装钢球的孔。孔径比钢球直径大 0.2～0.3mm，应严格控制钻孔深度。

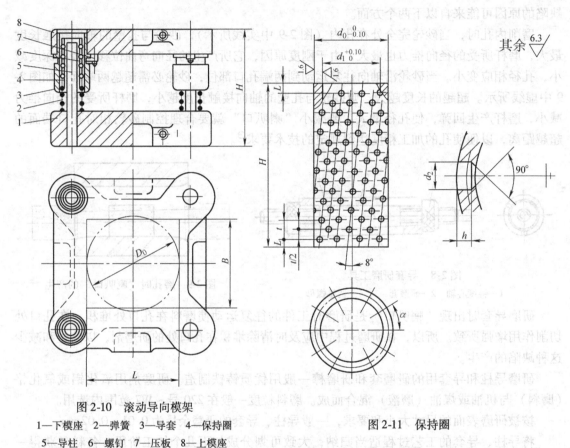

图 2-10　滚动导向模架

1—下模座　2—弹簧　3—导套　4—保持圈
5—导柱　6—螺钉　7—压板　8—上模座

图 2-11　保持圈

钢球是外购件，为保证钢球与导柱、导套均能良好接触，应对钢球进行仔细挑选，使直径差不超过 0.002mm，圆度误差小于 0.0015mm。将挑选出的钢球装入保持圈的孔中，用收口工具（图 2-12）将孔口缩小，使钢球既不掉出，又能灵活转动。

3. 上、下模座的加工

冷冲模的上、下模座用来安装导柱、导套和凸、凹模等零件。其结构、尺寸已标准化。上、下模座的材料可采用灰铸铁（HT200），也可采用 45 钢或 Q235—A 钢制造（分别称为铸铁模架和钢板模架）。

图 2-13 所示模座为后侧导柱的标准铸铁模座。为保证模架的装配要求，使模架工作时上模座沿导柱上、下运动平稳，无滞阻现象，加工后模座的上、下平面应保持平行，对于不同尺寸的模座其平行度见表 2-3；上、下模座上导柱、导套安装孔的孔间距离尺寸应保持一

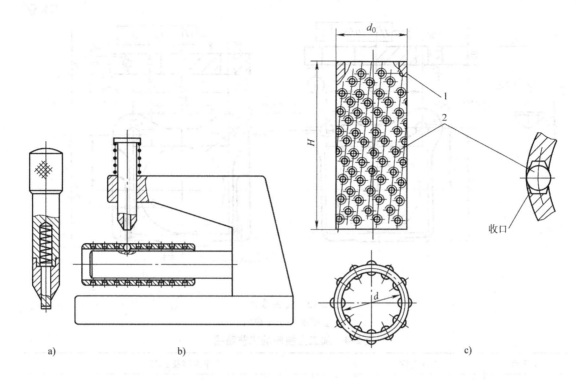

图 2-12 保持圈钢球孔收口工具

a）收口工具 b）收口支座 c）钢球孔收口状态

1—保持圈 2—钢球

致；孔的轴心线应与基准面垂直，对安装滑动导柱或导套的模座，其垂直度不超过 0.01/100。

模座加工主要是平面加工和孔系加工。为了使加工方便和易于保证加工技术要求，在各工艺阶段应先加工平面，再以平面定位加工孔系（先面后孔）。获得不同精度和粗糙度平面的工艺方案见表 1-9。

表 2-3 模座上、下平面的平行度

基本尺寸 /mm	公差等级		基本尺寸 /mm	公差等级	
	4	5		4	5
	公差值			公差值	
40 ~ 63	0.008	0.012	250 ~ 400	0.020	0.030
63 ~ 100	0.010	0.015	400 ~ 630	0.025	0.040
100 ~ 160	0.012	0.020	630 ~ 1000	0.030	0.050
160 ~ 250	0.015	0.025	1000 ~ 1600	0.040	0.060

注：1. 基本尺寸是指被测表面的最大长度尺寸或最大宽度尺寸。

2. 公差等级按 GB/T 1184—1996《形状和位置公差 未注公差值》。

3. 公差等级 4 级，适用于 0Ⅰ，Ⅰ级模架。

4. 公差等级 5 级，适用于 0Ⅱ，Ⅱ级模架。

加工上、下模座的工艺路线见表 2-4 和表 2-5。

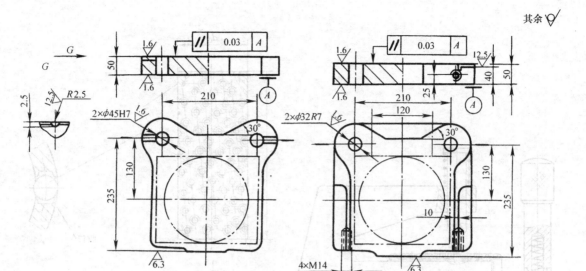

图 2-13　冷冲模座

a) 上模座　b) 下模座

表 2-4　加工上模座的工艺路线

工序号	工序名称	工序内容及要求
1	备料	铸造毛坯
2	刨（铣）平面	刨（铣）上、下平面，保证尺寸 50.8mm
3	磨平面	磨上、下平面达尺寸 50mm；保证平行度
4	划线	划前部及导套安装孔线
5	铣前部	按线铣前部
6	钻孔	按线钻导套安装孔至尺寸 φ43mm
7	镗孔	和下模座重叠镗孔达尺寸 φ45H7，保证垂直度
8	铣槽	铣 R2.5mm 圆弧槽
9	检验	

表 2-5　加工下模座的工艺路线

工序号	工序名称	工序内容及要求
1	备料	铸造毛坯
2	刨（铣）平面	刨（铣）上、下平面达尺寸 50.8mm
3	磨平面	磨上、下平面达尺寸 50mm，保证平行度
4	划线	划前部线，导柱孔线及螺纹孔线
5	铣床加工	按线铣前部，铣两侧压紧面达尺寸
6	钻床加工	钻导轴孔至 φ30mm，钻螺纹底孔，攻螺纹
7	镗孔	和上模座重叠镗孔达尺寸 φ32R7，保证垂直度
8	检验	

模座毛坯经过铣（或刨）削加工后，磨平面可以提高平面度和上、下平面的平行度。再以平面作主定位基准加工孔，容易保证孔的垂直度要求。

上、下模座的镗孔工序根据加工要求和生产条件，可以在专用镗床（批量较大时）、坐标镗床、双轴坐标镗床或数控坐标镗床上进行。不具有上述加工设备时，也可以在铣床或摇臂钻等机床上用坐标法或利用引导元件进行加工，为了保证导柱和导套的孔间距离一致，在镗孔时可将上、下模座重叠在一起，一次装夹，同时镗出导套和导柱的安装孔。

二、注射模架的加工

1. 注射模的结构组成

注射模的结构与塑料种类、制品的结构形状、制品的产量、注射工艺条件、注射机的种类等多项因素有关，因此其结构可以有多种。无论各种注射模结构之间差异多大，在基本结构组成方面都有许多共同的特点，如图 2-14 所示。在图示注射模中，根据各零（部）件与塑料的接触情况，可以将模具的组成零件分为以下两类：

（1）成形零件 与塑接触并构成模腔的那些零件，它们决定着塑料制品的几何形状和尺寸。如凸模（型芯）决定制件的内形，而凹模（型腔）决定制件的外形。

（2）结构零件 除成形零件以外的模具零件。这些零件具有支承、导向、排气、顶出制品、侧向抽芯、侧向分型、温度调节、引导塑料熔体向模腔流动等功能或功能运动。

在结构零件中，合模导向装置与支承零部件的组合构成注射模模架，如图 2-15 所示。任何注射模都可借用这种模架为基础，再添加成形零件和其他必要的功能结构来形成。

2. 模架的技术要求

模架是用来安装或支承成形零件和其他结构零件的基础，同时还要保证动、定模上有关零件的准确对合（如凸模和凹模），并避免模具零件间的干涉，因此模架组合后其安装基准面应保持平行（其平行度公差等级见表 2-6），导柱、导套和复位杆等零件装配后要运动灵活、无阻滞现象。模具主要分型面闭合时的贴合间隙值应符合下列要求：

Ⅰ级精度模架　　　　为 0.02mm

Ⅱ级精度模架　　　　为 0.03mm

Ⅲ级精度模架　　　　为 0.04mm

有关注射模模架组合后的详细技术要求，可参阅 GB/T 12555.1—1990（塑料注射模大型模架）、GB/T 12556.1—1990（塑料注射模中小型模架）。

表 2-6　中小型注射模模架分级指标

项目序号	检 查 项 目	主参数/mm	精度分级		
			Ⅰ	Ⅱ	Ⅲ
			公差等级		
1	定模座板的上平面对动模座板的下平面的平行度	周界 ≤400	5	6	7
		400~900	6	7	8
2	模板导柱孔的垂直度	厚度 ≤200	4	5	6

3. 模架零件的加工

从零件结构和制造工艺考虑，图 2-15 所示模架的基本组成零件有三种类型：导柱、导套及各种模板（平板状零件）。导柱、导套的加工主要是内、外圆柱面加工。适应加工不同

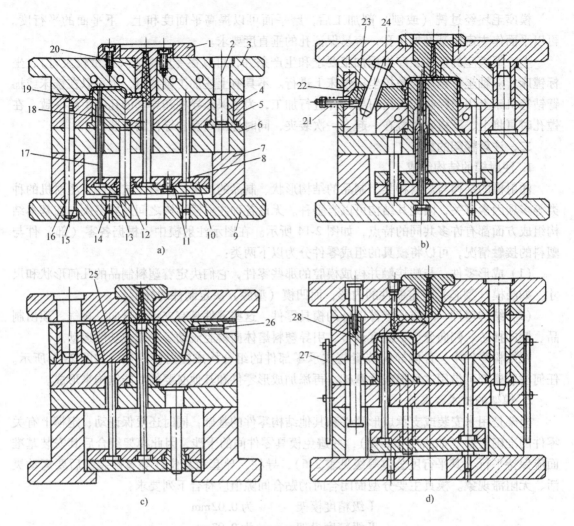

图 2-14　不同结构形式的注射模

a) 普通标准模架注射模　b) 侧形芯式注射模　c) 拼块式注射模　d) 三板式注射模

1—定位圈　2—导柱　3—凹模　4—导套　5—型芯固定板　6—支承板　7—垫块　8—复位杆　9—动模座板

10—推杆固定板　11—推板　12—推板导柱　13—推板导套　14—限位钉　15—螺钉　16—定位销

17—推杆　18—拉料杆　19—型芯　20—浇口套　21—弹簧　22—楔紧块　23—侧型芯滑块

24—斜销　25—斜滑块　26—限位螺钉　27—定距拉板　28—定距拉杆

精度要求的内、外圆柱面的各种工艺方法、工艺方案及基准选择等在冷冲模架的加工中已经讲到，这里不再重叙。支承零件（各种模板、支承板）都是平板状零件，在制造过程中主要进行平面加工和孔系加工。根据模架的技术要求，在加工过程中要特别注意保证模板平面的平面度和平行度以及导柱、导套安装孔与模板平面的垂直度。在平面加工过程中要特别注意防止弯曲变形。在粗加工后若模板有弯曲变形，在磨削加工时电磁吸盘会把这种变形矫正过来，磨削后加工表面的形状误差并不会得到矫正，因此，应在电磁吸盘未接通电流的情况下，用适当厚度的垫片垫入模板与电磁吸盘间的间隙中，再进行磨削。上、下两面用同样方法交替进行磨削，可获得 $0.02/300\text{mm}^2$ 以下的平面度。若需要精度更高的平面，应采用刮研方法加工。

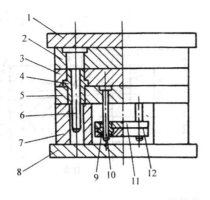

图 2-15　注射模架

1—定模座板　2—定模板　3—动模板　4—导套　5—支承板　6—导柱　7—垫块
8—动模座板　9—推板导套　10—导柱　11—推杆固定板　12—推板

动、定模板上导柱、导套安装孔的加工方法和设备，与加工冷冲模上、下模座的孔的相同。在对模板进行镗孔加工时，应在模板平面精加工后以模板的大平面及两相邻侧面作定位基准，将模板放置在机床工作台的等高垫铁上。各等高垫铁的高度应严格保持一致。对于精密模板，等高垫铁的高度差应小于 $3\mu m$。工作台和垫铁应用净布擦拭，彻底清除切屑、粉末。模板的定位面应用细油石打磨，以去掉模板在搬运过程中产生的划痕。在使模板大致达到平行后，轻轻夹住。然后以长度方向的前侧面为基准，用千分表找正后将其压紧，最后将工作台再移动一次，进行检验并加以确认。模板用螺栓加垫圈紧固，压板着力点不应偏离等高垫铁中心，以免模板产生变形。如果需要也可将动定模板重叠在一起同时镗出导柱和导套的安装孔，如图 2-16 所示。

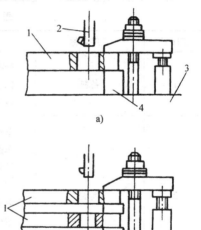

图 2-16　模板的装夹
a) 模板单个镗孔　b) 动、定模板同时镗孔
1—模板　2—镗杆　3—工
作台　4—等高垫铁

对于图 2-14b 所示有斜销的侧抽芯式注射模，加工模板上的斜销安装孔时，根据实际加工条件可将模板装夹在坐标镗床的万能转台上进行镗削加工，或者将模板装夹在卧式镗床的工作台上，将工作台偏转一定的角度进行加工。

4. 其他结构零件的加工

（1）浇口套的加工　常见的浇口套有两种类型，如图 2-17 所示。图中 B 型结构在模具装配时，用固定在定模上的定位圈压住左端台阶面，防止注射时浇口套在塑料熔体的压力作用下退出定模。d 和定模上相应孔的配合为 H7/m6；D 与定位环内孔的配合为 H10/f9。由于注射成型时浇口套要与高温塑料熔体和注射机喷嘴反复接触和碰撞，浇口套一般采用碳素工具钢 T8A 制造，热处理硬度 57HRC。

与一般套类零件相比，浇口套锥孔小（其小端直径一般为 3～8mm），加工较难，同时还应保证浇口套锥孔与外圆同轴，以便在模具安装时通过定位圈使浇口套与注射机的喷嘴对

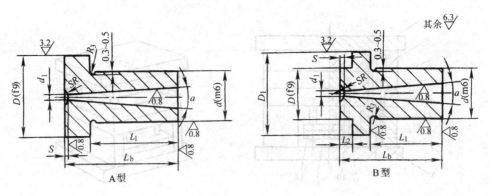

图 2-17　浇口套

准。

图 2-17 所示浇口套的工艺路线见表 2-7。

表 2-7　加工浇口套的工艺路线

工序号	工序名称	工　艺　说　明
1	备料	按零件结构及尺寸大小选用热轧圆钢或锻件作毛坯 保证直径和长度方向上有足够的加工余量 若浇口套凸肩部分长度不能可靠夹持,应将毛坯长度适当加长
2	车削加工	车外圆 d 及端面留磨削余量 车退刀槽达设计要求 钻孔 加工锥孔达设计要求 调头车 D_1 外圆达设计要求 车外圆 D 留磨量 车端面保证尺寸 L_b 车球面凹坑达设计要求
3	检验	
4	热处理	
5	磨削加工	以锥孔定位磨外圆 d 及 D 达设计要求
6	检验	

　　(2) 侧型芯滑块的加工　　当注射成型带有侧凹或侧孔的塑料制品时,模具必需带有侧向分型或侧向抽芯机构,如图 2-14c、b 所示。图 2-18 所示为一种斜销抽芯机构的结构图。图 2-18a 所示为合模状态,图 2-18b 所示为开模状态。在侧型芯滑块上装有侧型芯或成形镶块。侧型芯滑块与滑槽可采用不同的结构组合,如图 2-19 所示。

　　从以上结构可以看出侧型芯滑块是侧向抽芯机构的重要组成零件,注射成型和抽芯的可靠性需要它的运动精度保证。滑块与滑槽的配合特性常选用 H8/g7 或 H8/h8,其余部分应留有较大的间隙。两者配合面的粗糙度 $R_a \leqslant 0.63 \sim 1.25 \mu m$。滑块材料常采用 45 钢或碳素工具钢,导滑部分可局部或全部淬硬,硬度 $40 \sim 45 HRC$。图 2-20 所示侧型芯块的工艺路线见表 2-8。

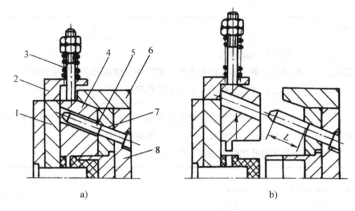

图 2-18 斜销抽芯机构

a) 合模状态   b) 开模状态

1—动模板 2—限位块 3—弹簧 4—侧型芯滑块

5—斜销 6—楔紧块 7—凹模固定板 8—定模座板

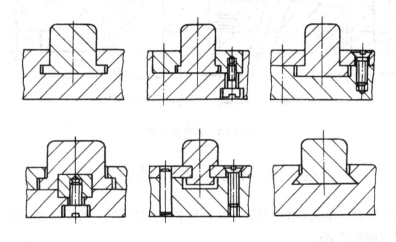

图 2-19 侧型芯滑块与滑槽的常见结构

表 2-8 加工侧型芯滑块的工艺路线

工序号	工序名称	工 艺 说 明
1	备料	将毛坯锻成平行六面体，保证各面有足够加工余量
2	铣削加工	铣六面
3	钳工划线	
4	铣削加工	铣滑导部，留磨削余量 铣各斜面达设计要求
5	钳工加工	去毛刺、倒钝锐边 加工螺纹孔
6	热处理	
7	磨削加工	磨滑块导滑面达设计要求

（续）

工序号	工序名称	工 艺 说 明
8	镗型芯固定孔	将滑块装入滑槽内 按型腔上侧型芯孔的位置确定侧滑块上型芯固定孔的位置尺寸 按上述位置尺寸镗滑块上的型芯固定孔
9	镗斜导柱孔	动模板、定模板组合，楔紧块将侧型芯滑块锁紧（在分型面上用0.2mm金属片垫实） 将组合的动、定模板装夹在卧式镗床的工作台上 按斜导柱孔的斜角偏转工作台，镗孔

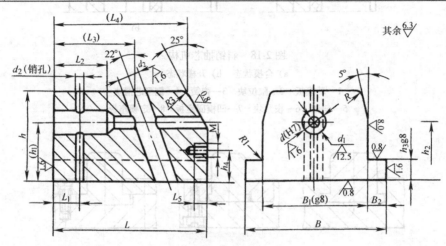

图 2-20　侧型芯滑块

第二节　模具工作零件的加工

　　模具的种类很多，模具工作零件的形状更是多种多样，它们的工作表面按其结构工艺特点，可分为以下两种类型：

　　（1）外工作型面　如各种凸模的工作表面。

　　（2）内工作型面　按其结构特点将其分为以下两种：

　　1）型孔（通孔）。如冲裁模的凹模工作孔。

　　2）型腔（盲孔）。如锻模模镗，塑料模、压铸模凹模的工作型面。

　　不同的工作型面的加工方法也不相同。加工冲裁凸模和凹模的工作型面是典型的外工作型面和型孔加工，下面分别进行讨论。

一、冲裁凸模的加工

　　由于冲裁凸模的刃口形状种类繁多，从工艺角度考虑，可将其分为圆形和非圆形两种。

　　1. 圆形凸模的加工

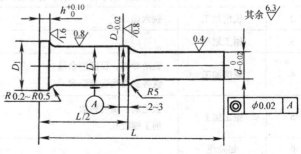

图 2-21　圆形凸模

图 2-21 所示凸模为圆形凸模的典型结构。这种凸模加工比较简单，热处理前毛坯经车削加工，配合表面和工作型面留适当磨削余量；热处理后，经磨削加工即可获得较理想的工作型面及配合表面。

2. 非圆形凸模的加工

凸模的非圆形工作型面大致分为平面结构和非平面结构两种。加工以平面构成的凸模型面（或主要是平面）时比较容易。可采用铣削或刨削方法对各表面逐次进行加工，如图 2-22 所示。

采用铣削方法加工平面结构的凸模时，多采用立铣和万能工具铣床进行加工。对于这类模具中某些倾斜平面的加工方法有：

1）工件斜置式。装夹工件时使被加工斜面处于水平位置进行加工，如图 2-22e 所示。

2）刀具斜置式。使刀具相对于工件倾斜一定的角度对被加工表面进行加工，如图 2-23 所示。

3）将刀具作成一定的锥度对斜面进行加工。这种方法一般较少用。

加工非平面结构的凸模（图 2-24），可根据凸模形状和尺寸大小采用仿形铣床、数控铣床或通用铣（刨）床加工。

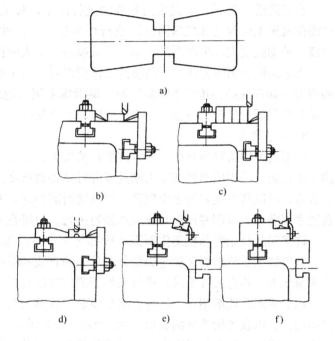

图 2-22 平面结构凸模的刨削加工

a) 凸模 b) 刨两平面 c) 刨两侧面
d) 刨槽 e) 刨斜面 f) 刨圆弧

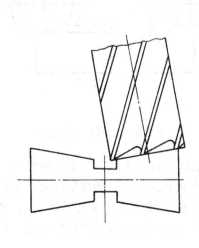

图 2-23 刀具斜置铣削

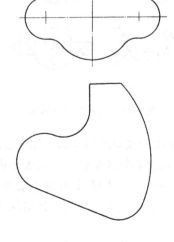

图 2-24 非平面结构的凸模

采用仿形铣床或数控铣床加工，对工人的操作技能要求可以降低，可以减轻加工时的劳动强度，容易获得所要求的形状尺寸。数控铣削的加工精度比仿形铣削高。仿形铣削是靠仿形销和靠模的接触来控制铣刀的运动的，因此仿形销和靠模的尺寸形状误差、仿形运动的灵敏度等会直接影响零件的加工精度。无论仿形铣削或数控铣削，都应采用螺旋齿铣刀进行加工，这样可使切削过程平稳，容易获得较小的粗糙度。

在普通铣（刨）床上是采用划线法进行加工。加工时按凸模上划出的刃口轮廓线，手动操作机床工作台（或机床附件）进行切削加工。这种加工方法对工人的操作技术水平要求高，劳动强度大，生产率低，加工质量取决于工人的操作技能。

当采用铣、刨削方法加工凸模的工作型面时，由于结构原因而不能用一种方法加工出全部型面（如凹入的尖角和小圆弧）时，应考虑采用其他加工方法对这些部位进行补充加工。在某些情况下为便于机械加工而将凸模做成组合结构。

3. 成形磨削

成形磨削用来对模具的工作零件进行精加工，不仅用于加工凸模，也可加工镶拼式凹模的工作型面。采用成形磨削加工模具零件可获得高精度的尺寸、形状；可以加工淬硬钢和硬质合金，可以获得良好的表面质量，模具的耐磨性好。根据工厂的设备条件，成形磨削可在普通平面磨床上采用专用夹具或成形砂轮进行，也可在专用的成形磨床上进行。

许多形状复杂的凸模工作型面一般都是由一些圆弧与直线组成，如图 2-25 所示。采用成形磨削加工是将被磨削的轮廓划分成单一的直线和圆弧段逐段进行磨削，并使它们在衔接处平整光滑，符合设计要求。进行成形磨削的方法有以下几种：

（1）成形砂轮磨削法　这种方法是将砂轮修整成与工件被磨削表面完全吻合的形状进行磨削加工，以获得所需要的成形表面，如图 2-26 所示。此法一次所能磨削的表面宽度不能太大。用成形砂轮进行成形磨削，其首要任务是把砂轮修整成所需的形状，并保证必要的精度。

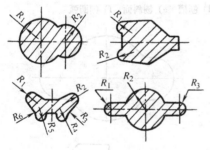

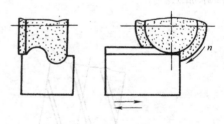

图 2-25　凸模的刃口形状　　　　　　　　　图 2-26　成形砂轮磨削法

1）修整砂轮角度的夹具。如图 2-27 所示，这是结构比较完善的一种角度修整夹具。正弦规座 1 可绕心轴 5 旋转，转角大小由正弦圆柱 8 与平板 6 之间垫入的量块控制。正弦规座调至所需角度后，由螺母 10 通过套筒 11 将其压紧在夹具体 12 上。反复旋转手轮 9，通过齿轮 4 和滑块 2 上的齿条传动，使滑块 2 带着金刚刀 3 沿正弦规座的导轨作往复移动，对砂轮进行修整。

当砂轮需要修整的角度 $\alpha > 45°$ 时，若仍将量块垫在正弦圆柱 8 和平板 6 之间会造成较大的误差，而且正弦规座可能妨碍量块的放置，这时可将量块垫在正弦圆柱与左侧或右侧垫

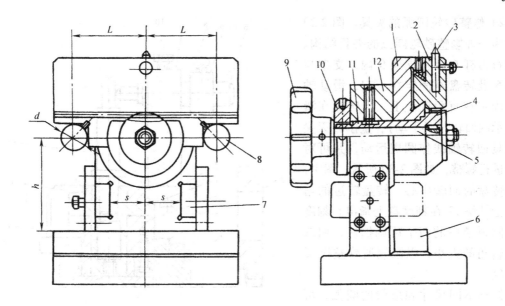

图 2-27　修整砂轮角度的夹具

1—正弦规座　2—滑块　3—金刚刀　4—齿轮　5—心轴　6—平板　7—垫板

8—正弦圆柱　9—手轮　10—螺母　11—套筒　12—夹具体

板 7 之间。修整角度 $\alpha < 45°$，不需要使用垫板时，可将它们推进夹具体内，以免妨碍正弦规座的调整。这种夹具可以修整 0°～90°范围内的各种角度。

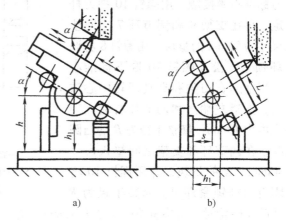

图 2-28　量块的尺寸计算

a）$\alpha < 45°$　b）$\alpha > 45°$

当 $0° \leqslant \alpha \leqslant 45°$时，量块放置在平板上，如图 2-28a 所示。垫入的量块尺寸为

$$h_1 = h - \frac{d}{2} \pm L\sin\alpha$$

式中　h_1——垫入量块的尺寸，单位为 mm；

　　　h——夹具回转中心至量块支承面的高度，单位为 mm；

　　　L——正弦圆柱中心至正弦规座回转中心距离，单位为 mm；

　　　d——正弦圆柱的直径，单位为 mm；

　　　α——砂轮的修整角，单位为（°）。

在图 2-28a 中，量块垫在左边的正弦圆柱下时，公式中的 $L\sin\alpha$ 取 "+"，垫在右边的正弦圆柱下时取 "-"。

当 $45° \leqslant \alpha \leqslant 90°$时，量块垫在垫板和正弦圆柱之间，如图 2-28b 所示。垫入的量块尺寸为

$$h_1 = s + L\sin（90° - \alpha） - \frac{d}{2} = s + L\cos\alpha - \frac{d}{2}$$

式中　s——正弦规座回转中心至垫板支承面的距离，单位为 mm。

2）修整砂轮圆弧的夹具。图 2-29 所示为一种修整砂轮圆弧的夹具结构。金刚石刀杆 6 装在支架 9 内，支架与面板 5 及转盘 4 固定在一起，滑动轴承 3 固定在直角底座上。当转盘在滑动轴承内回转时（手动），金刚石刃尖绕夹具回转轴线作圆周运动，并可对砂轮进行修整，如图 2-30 所示。图中，O 为转盘的回转中心，转盘转过的角度由指针块 12 在刻度盘上指出。刻度盘 2 圆弧槽中的两个可调挡块，用来控制转角的大小，以限制所修整圆弧的长度。

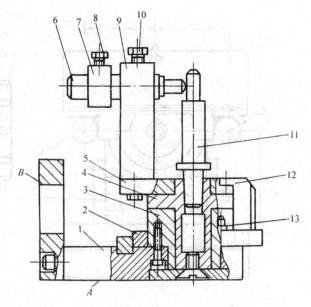

修整不同尺寸和形状的圆弧，可按以下方法对夹具进行调整：

先在转盘的锥孔内装入上端直径为 10mm 的标准心棒 11，使金刚石刃尖与标准心棒接触，用螺钉 10 把刀杆固定。再在支架 9 和调节环 7 之间垫入尺寸为 50mm 的量块，用螺钉 8 将调节环锁紧。松开螺钉 10 取下标准心棒。当金刚石刃尖和夹具回转中心重合时，支架左端面和调节环右端面间的距离为 45mm，修整半径为 R 的凸圆弧时，在调节环和支架之间垫入尺寸为 45mm + R 的量块，并用螺钉 10 将金刚石刀杆锁紧即可。修整半径为 R 的凹圆弧砂轮时，所垫量块的尺寸为 45mm − R。

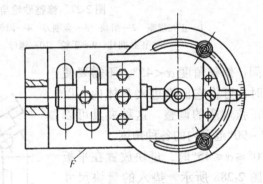

图 2-29　修整砂轮圆弧的夹具

1—直角底座　2—刻度盘　3—滑动轴承　4—转盘
5—面板　6—金刚石刀杆　7—调节环　8、10—螺钉
9—支架　11—标准心棒　12—指针块　13—挡块

使用图 2-29 所示夹具修整砂轮时，可以 A 面为基准，也可以 B 面为基准将夹具装夹在机床上，其适用范围较广。

用夹具修整成形砂轮时，必须将夹具正确装夹在机床上，才能保证修整出的砂轮形状准确。如用图 2-29 所示夹具，在平面磨床上以 A 面为定位基面进行修整时，夹具的侧面 F 必须和机床工作台的纵向运动方向平行。金刚石刃尖只能在砂轮的轴向平面 A-A 内运动，如图 2-31 所示。当以 B 面为定位基面进行修整时，侧面 F 也应和平面磨床的纵向运动方向平行。金刚石刃尖只能在砂轮的轴向平面 B-B 内运动。否则，修整出的砂轮圆弧将产生形状误差。

（2）夹具磨削法　夹具磨削法是借助于夹具，使工件的被加工表面处在所要求的空间位置上，或使工件在磨削过程中获得所需要的进给运动，磨削出成形表面。图 2-32 所示为用夹具磨削圆弧面的加工示意图。工件除作纵向进给 f（由机床提供）外，可以借助夹具使工件作断续的圆周进给，这种磨削圆弧的方法叫回转法。常见的成形磨削夹具有：

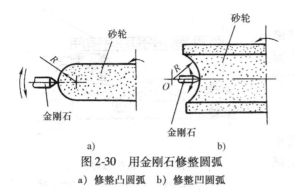

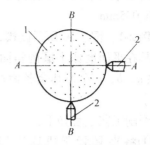

图 2-30 用金刚石修整圆弧

a）修整凸圆弧 b）修整凹圆弧

图 2-31 金刚石刃尖

运动的轨迹平面

1—砂轮 2—金刚石

1）正弦精密平口钳。如图 2-33a 所示，夹具由带正弦规的台虎钳和底座 6 组成。正弦圆柱 4 被固定在台虎钳体 3 的底面，用压板 5 使其紧贴在底座 6 的定位面上。在正弦圆柱和底座间垫入适当尺寸的量块，可使台虎钳倾斜成所需的角度，以磨削工件上的倾斜表面，如图 2-33b 所示。量块尺寸按下式计算：

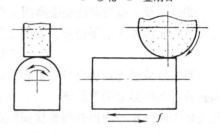

$$h_1 = L\sin\alpha$$

图 2-32 用夹具磨削圆弧面

式中 h_1——垫入的量块尺寸，单位为 mm；

L——正弦圆柱的中心距，单位为 mm；

α——工件需要倾斜的角度，单位为（°）。

正弦精密平口钳的最大倾斜角度为 45°。为了保证磨削精度，应使工件在夹具内正确定位，所示工件的定位基面应预先磨平并保证垂直。

2）正弦磁力夹具。正弦磁力夹具的结构和应用情况与正弦精密平口钳相同，两者的区别在于正弦磁力夹具是用磁力代替平口钳夹紧工件，如图 2-34 所示。电磁吸盘能倾斜的最大角度也是 45°。

以上两种磨削夹具，若配合成形砂轮也能磨削平面与圆弧面组成的形状复杂的成形表面。进行成形磨削时，被磨削表面的尺寸常采用测量调整器、量块和百分表进行比较测量。测量调整器的结构如图 2-35 所示。量块座 2 能在三角架 1 的斜面上沿 V 形槽上下移动，当移动到适当位置后，用滚花螺母 3 和螺钉 4 固定。为了保证测量精度，要求量块座沿斜面移至任何位置时，量块支承面 A、B 应分别与测量调

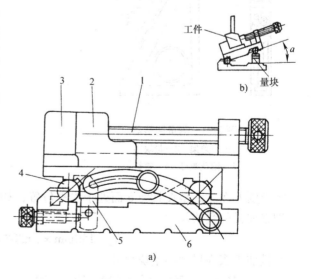

图 2-33 正弦精密平口钳

a）正弦精密平口钳 b）磨削示意图

1—螺柱 2—活动钳口 3—虎钳体

4—正弦圆柱 5—压板 6—底座

整器的安装基面 D、C 保持平行，其误差不大于0.005mm。

例 2-1 图 2-36 所示凸模，采用正弦磁力夹具在平面磨床上磨削斜面 a、b 及平面 c。除 a、b、c 面外其余各面均已加工到设计要求。

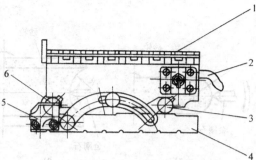

图 2-34 正弦磁力夹具
1—电磁吸盘 2—电源线 3、6—正弦
圆柱 4—底座 5—锁紧手轮

磨削工艺过程如下：

①将夹具置于机床工作台上，找正（使夹具的正弦圆柱轴线与机床工作台的纵向运动方向平行）。

②以 d 及 e 面为定位基准磨削 a 面。调整夹具使 a 面处于水平位置，如图 2-37a 所示。调整夹具的量块尺寸

$$H_1 = 150\text{mm} \times \sin10° = 26.0472\text{mm}$$

磨削时采用比较法测量加工表面的尺寸，图中 $\phi20$mm 圆柱为测量基准柱。按图示位置调整测量调整器上的量块座，用百分表检查，使量块座的平面 B（或 A）与测量基准柱的上母线处于同一水平面内并将量块座固定。检测磨削尺寸的量块按下式计算：

$$M_1 = [(50-10) \times \cos10° - 10]\text{mm} = 29.392\text{mm}$$

加工面 a 的尺寸用百分表检测，当百分表在 a 面上的测量示值与百分表在量块上平面的测量示值相同时，工件尺寸即达到磨削要求。

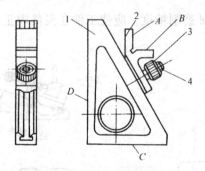

图 2-35 测量调整器
1—三角架 2—量块座
3—滚花螺母 4—螺钉

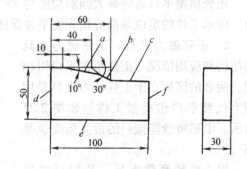

图 2-36 凸模

③磨削 b 面。调整夹具使 b 面处于水平位置，如图 2-37b 所示。调整及测量方法同前。调整夹具的量块尺寸

$$H_2 = 150\text{mm} \times \sin30° = 75\text{mm}$$

测量加工表面尺寸的量块尺寸

$$M_2 = \{[(50-10)+(40-10)\tan30°] \times \cos30° - 10\}\text{mm} = 39.641\text{mm}$$

注意，当吃刀至与 c 面的相交线近旁时停止，以留下适当磨削余量。

④磨削 c 面。调整夹具磁力台成水平位置，如图 2-37c 所示。磨 c 面到尺寸。同前，在两平面交线处留适当磨削余量。

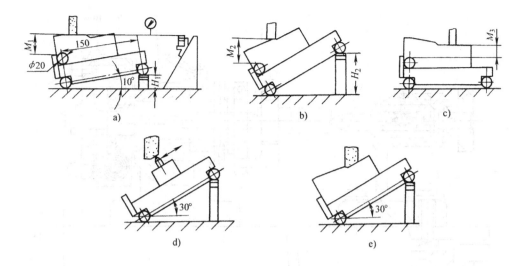

图 2-37 用磁力夹具磨削凸模

a) 磨削 a 面 b) 磨削 b 面 c) 磨削 c 面 d) 修整砂轮 e) 磨 a、b 面的交线部分

测量用的量块尺寸

$$M_3 = \{50 - [(60-40) \times \tan30° + 20]\} \text{ mm} = 18.453\text{mm}$$

⑤磨削 b、c 面的交线部位。两平面交线部位用成形砂轮磨削，为此将夹具磁力台调整为与水平面成 30°，把砂轮圆周修整出部分锥顶角为 60° 的圆锥面，如图 2-37d 所示。

用成形砂轮磨削 b、c 面的交线部分，如图 2-37e 所示。使砂轮的外圆柱面与处于水平位置的 b 面部分微微接触（出现极微小的火花），再使砂轮慢速横向进给（手动），直到 c 面也出现极微小的火花时加工结束。

3）正弦分中夹具。正弦分中夹具主要用来磨削凸模上具有同一轴线的不同圆弧面、等分槽及平面，夹具结构如图 2-38 所示。工件支承在顶尖 7 和 6 上，顶尖座 4 可沿底座上的 T 形槽移动，用螺钉 3 固定，旋转手轮 5 能使尾顶尖 6 移动，用以调节工件和顶尖间的松紧程度。顶尖 7 装在主轴的锥孔内。转动手轮（图中未画出），通过蜗杆 13、蜗轮 9 传动，带动蜗轮、工件（通过鸡心夹头）和装在主轴后端的分度盘 11 一同转动，可使工件实现圆周进给（磨削圆弧面时）。分度盘的作用是控制工件的回转角度，其工作原理如图 2-39 所示。分度盘上有四个正弦圆柱 12，其中心均处于直径为 D 的圆周上，并将所在圆周四等分。磨削时，如果工件回转角度的精度要求不高，则转角可直接由分度盘外圆面上的刻度和读数指示器 10 读出（图 2-38）。若回转角的精度要求较高，可在量块垫板 14 和正弦圆柱 12 之间垫入适当尺寸的量块进行控制。

例如，工件需要回转的角度为 α，转动前正弦分度盘的位置如图 2-39a 所示，转过角度 α 后正弦分度盘的位置如图 2-39b、c 所示。为控制转角垫入的量块尺寸按下式计算：

$$h_1 = h - \frac{D}{2}\sin\alpha - \frac{d}{2}$$

或

$$h_2 = h + \frac{D}{2}\sin\alpha - \frac{d}{2}$$

在图 2-39a 所示情况下，$\alpha = 0$，则

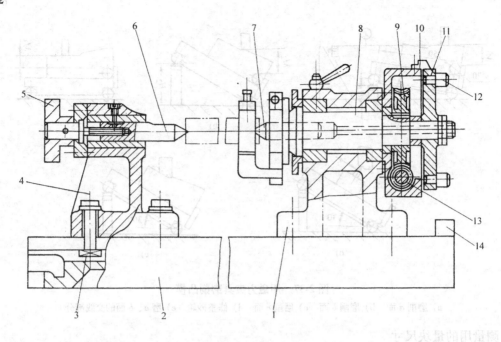

图 2-38　正弦分中夹具

1—前顶尖座　2—底座　3—螺钉　4—后顶尖座　5—手轮　6—尾顶尖
7—前顶尖　8—主轴　9—蜗轮　10—读数指示器　11—分度盘
12—正弦圆柱　13—蜗杆　14—量块垫板

$$h_0 = h - \frac{d}{2}$$

式中　h_1、h_2——控制工件回转角需要垫入的量块尺寸，单位为 mm；

　　　　h——夹具主轴中心至量块支承面的距离，单位为 mm；

　　　　D——正弦圆柱中心所在圆的直径，单位为 mm；

　　　　α——工件转过的角度，单位为（°）；

　　　　d——正弦圆柱的直径，单位为 mm。

　　工件在正弦分中夹具上的装夹方法有两种。

　　①心轴装夹法。当工件上有圆柱孔，孔的轴线正好与被磨削圆弧面的轴线重合，可在该孔中插入心轴，利用心轴两端的顶尖孔定位，将工件支承在正弦分中夹具的两顶尖之间进行磨削，如图 2-40 所示。夹具主轴回转时，通过鸡心夹头和拨盘带动工件一起转动。若工件上无圆柱孔，在技术要求允许的情况下，也可在工件上作出穿心轴用的工艺孔。

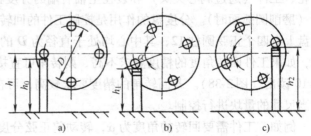

图 2-39　分度盘工原理

a）正弦圆柱处在水平和垂直位置

b）、c）分度盘转过 α 角

　　②双顶尖装夹法。当工件上无圆柱孔，同时也不允许作出穿心轴的工艺孔时，可采用双

顶尖装夹工件，如图 2-41 所示。夹具上除前、后顶尖外，还装有一个副顶尖，与此相对应，凸模上除两端的主顶尖孔外还有一个副顶尖孔。主顶尖孔用来将工件正确定位，副顶尖和副顶尖孔用来拨动工件转动。副顶尖成弯曲状，可以在叉形滑板的槽内上下移动，用螺母 3 调节其伸出的长短并锁紧。因此，它有较大的适应范围。采用双顶尖装夹工件，要求各顶尖与顶尖孔配合良好，不能有轴向窜动；要防止主顶尖孔与顶尖配合过松，副顶尖对工件的轴向推力过大，使工件产生歪斜（如图 2-42）影响加工精度。

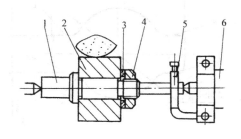

图 2-40　用心轴安装工件

1—心轴　2—工件　3—垫圈　4—螺母

5—鸡心夹头　6—夹具主轴

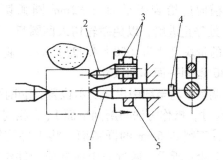

图 2-41　双顶尖安装工件

1—加长顶尖　2—副顶尖　3—螺母

4—紧定螺钉　5—叉形滑板

　　使用正弦分中夹具进行成形磨削，被磨削表面的尺寸用测量调整器、量块和百分表进行比较测量。为了能对高于或低于夹具回转中心线的表面都能进行测量，一般将测量调整器上量块支承面的位置调整到低于夹具回转中心线 50mm 处。为此，在夹具两顶尖间装一根直径为 d 的标准圆柱，如图 2-43 所示。在测量调整器的量块支承面上放置尺寸为 $\left(50\text{mm} + \dfrac{d}{2}\right)$ 的量块后，调整量块座的位置，并用百分表进行测量。使量块上平面与标准圆柱面的最高点等高后，将量块座固定。

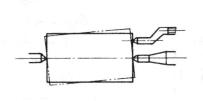

图 2-42　装夹不当使工件歪斜

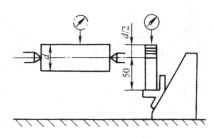

图 2-43　测量调整器的调整

　　当工件上被测量表面的位置高于夹具回转中心线 h'（若被测量表面为凸圆弧面，则 h' 为圆弧半径）时，只要在量块支承面上放置尺寸为（$50\text{mm} + h'$）的量块，用百分表检测量块上平面与被测量表面（对凸圆弧面应测量最高点），当两者的读数相同时，表明工件已加工到所要求的尺寸。若被测量表面低于夹具的回转中心 h'，则量块支承面上放置的量块尺寸为（$50\text{mm} - h'$）。测量方法与前者相同。若被测量的表面是凹圆弧面，应测量圆弧的最低点。

例 2-2　图 2-44 所示凸模，在平面磨床上用正弦分中夹具磨削凸模工作型面。各面所留磨削余量为 0.15~0.2mm。

凸模的磨削过程按下列顺序进行：

①将正弦分中夹具置于机床的工作台上校正。装夹工件，按平面找正，使各面余量均匀，如图 2-45a 所示。

②磨削平面 1、2、3、4。调整平面 1 至水平位置，如图 2-45b 所示。磨削该平面到尺寸，当砂轮横向进给到距平面与 R2mm 圆弧切点 1~2mm 处停止进给，以免砂轮切入凹圆弧。检查该平面的量块尺寸为（50 + 4.993）mm。将工件旋转 180°磨削平面 3 到尺寸。

调整砂轮至图中虚线所示位置，磨削平面 4、2 到尺寸，操作方法与磨削平面 1、3 相同。

③磨削 φ36mm 的圆弧面。将工件旋转 90°，如图 2-45c 所示。通过分中夹具使工件作圆周进给，磨 φ36mm 圆弧面到尺寸。检测该圆弧的量块尺寸为（50 + 17.988）mm，将工件旋转 180°磨削另一段 φ36mm 的圆弧面到尺寸。

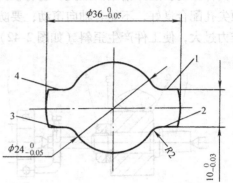

图 2-44 凸模

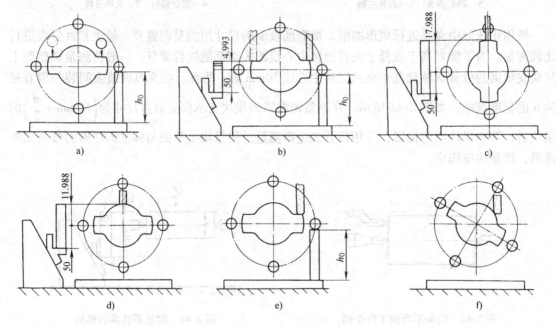

图 2-45 用正弦分中夹具磨削凸模
a) 找正工件　b) 磨削 1、2、3、4 各面　c) 磨削 φ36mm 圆弧面
d) 磨削 φ24mm 圆弧面　e)、f) 磨削 R2 的圆弧

④磨削 φ24mm 的圆弧面。将工件旋转 90°，如图 2-45d 所示。用回转法磨削 φ24mm 的圆弧面到尺寸，当砂轮进给到距两圆弧的切点 1~2mm 时停止进给。检测该圆弧的量块尺寸为（50 + 11.988）mm。将工件旋 180°，用同样方法磨削另一段 φ24mm 的圆弧面到尺寸。

⑤磨削 R2mm 的圆弧面。把砂轮两侧修成 R2mm 的圆弧，将工件旋至图 2-45e 所示位

置，使砂轮圆柱面与平面微微接触后顺时针旋转工件至一定位置，将砂轮调整至与 ϕ24mm 圆弧面微微接触，如图 2-45f 所示。再反时针方向进给至砂轮圆柱面与平面微微接触。按同一操作方法磨出其余三个 R2mm 的圆弧面。

在进行成形磨削时，检测被磨削表面尺寸的量块，均按工件的平均尺寸计算。

4）万能夹具。万能夹具是成形磨床的主要部件，其结构如图 2-46 所示。它由十字滑板、回转部分、分度部分和工件的装夹部分组成。

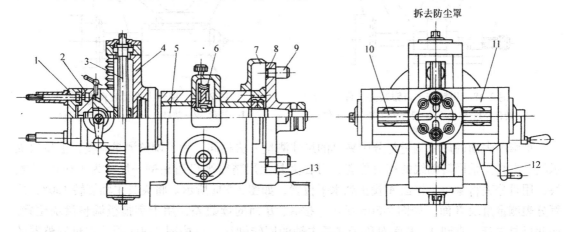

图 2-46　万能夹具

1—转盘　2—小滑板　3、10—丝杠　4—滑板座　5—主轴　6—蜗轮　7—游标

8—分度盘　9—正弦圆柱　11—中滑板　12—手轮　13—量块垫板

十字滑板由固定在主轴 5 上的滑板座 4、中滑板 11 和小滑板 2 组成。转动丝杠 3 能使中滑板 11 沿滑板座 4 的导轨上上下移动。转动丝杠 10 能使小滑板沿中滑板 11 的导轨移动。两个移动方向互相垂直，用以将安装在转盘 1 上的工件调整到适当位置。

回转部分由蜗杆（图中未画出）及蜗轮 6 和主轴 5 组成。用手轮 12 转动蜗杆，通过蜗轮 6 带动主轴 5、分度盘 8、十字滑板和工件一起转动。

分度部分用来控制工件的回转角度，由分度盘 8 来实现。分度盘的结构原理与正弦分中夹具的分度盘完全相同。对回转角度精度要求不高的工件，其转角大小直接由分度盘圆柱面上的刻度和游标 7 读出，精度可达 3′。对转角精度要求高的工件可用量块控制转角大小（见分中夹具），精度可达 10″ ~ 30″。

装夹部分用来装夹工件，根据不同情况可采用以下装夹方法：

①用螺钉与垫柱装夹工件。如图 2-47 所示，利用凸模端面上的螺孔，通过螺钉 3、垫柱 2 将工件固定在夹具的转盘 1 上。转盘 1 装在万能夹具的小滑板上（图 2-46）。它可绕轴线 O-O 旋转以调整工件在圆周方向上的相对位置。可用螺母 5 和螺钉将转盘压紧在小滑板上。用这种装夹方法，一次装夹后能将凸模的工作型面全部磨出。

②用精密平口钳装夹工件。利用精密平口钳端部（或侧

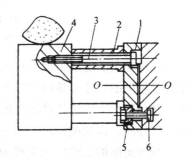

图 2-47　用螺钉、垫柱
装夹工件

1—转盘　2—垫柱　3、6—螺钉

4—工件　5—滚花螺母

面）上的螺孔，用螺钉和垫柱将精密平口钳固定在夹具的转盘上（图2-48），再用平口钳夹持工件。装夹工件简单、方便，但一次装夹只能磨出工件上的部分表面。

③用电磁台装夹工件。小型电磁台端部（或侧面）有螺孔，其固定方法与精密平口钳相同（图2-49）。它用电磁力代替夹紧力，装夹工件迅速、方便；但工件必须以平面定位。一次装夹也只能磨削工件上的部分表面。

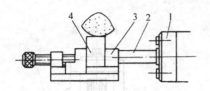 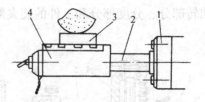

图2-48　用精密平口钳装夹工件　　　　图2-49　用磁力平台装夹工件
1—转盘　2—垫柱　3—精密平口钳　4—工件　　1—转盘　2—垫柱　3—工件　4—磁力台

被磨削表面的尺寸测量与分中夹具的尺寸测量方法相同。为了调整测量调整器上量块支承面与夹具主轴回转轴线的相对位置，可在夹具上用精密平口钳夹持一尺寸为100mm的量块，用百分表将量块工作面 A 找正到水平位置，如图2-50a所示。将夹具主轴旋转180°，用百分表测量量块 B 面，如图2-50b所示。按 A、B 面的读数差，用十字拖板调整量块位置。如此反复进行，直到 A、B 面对称于夹具主轴的回转轴线。再按图2-50c调整测量调整器的量块支承座位置。

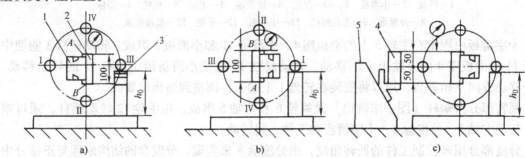

图2-50　调整测量调整器的量块座位置
a)、b) 确定夹具回转轴线位置　c) 调整量块座的位置
1—精密平口钳　2、3、4—量块　5—测量调整器

万能夹具能磨削刃口由直线和凸、凹圆弧组成的形状复杂的凸模。由于模具零件的设计图样上给出的尺寸是按设计基准标注的，成形磨削过程中所选定的工艺基准往往与设计基准不一致。因此，在进行磨削之前，需要根据设计尺寸换算出所需要的工艺尺寸，并绘制成磨削的工序图，以便进行加工和测量。

成形磨削的工艺尺寸应按照加工中调整和测量的需要确定。加工中为了进行磨削和测量，工件需要绕着某些回转中心转动。工件绕着转动的回转中心称为成形磨削的工艺中心。一般情况下，工件上有几段用回转法磨削的圆弧就有几个工艺中心（同心圆弧例外）。对那些半径很小不适宜用回转法磨削的圆弧面，常采用成形砂轮进行磨削，它们的圆心不作为工艺中心。

采用回转法磨削圆弧面时，为了把磨削圆弧的工艺中心调整到夹具主轴的回转轴线上，就需要计算出各工艺中心的坐标。同时在回转磨削的过程中，不致使砂轮超越被磨削的圆弧长度而切入相邻表面，还要计算出被磨削圆弧的圆心角，以便在磨削时控制工件的回转角度。

磨削平面时，为了将被磨削的平面转到水平（或垂直）位置进行磨削，需要知道这些平面对坐标轴的倾斜角度。为了对被磨削平面进行测量，应计算出被磨削平面与工艺中心之间的垂直距离。

综上所述，用万能夹具进行成形磨削前，应进行下列准备工作：

①选取适当的直角坐标系，一般使坐标轴与工件的主要设计基准重合以简化计算。

②计算各工艺中心的坐标尺寸。

③计算各平面至对应工艺中心的垂直距离。

④计算各平面对所选定坐标轴的倾斜角度。

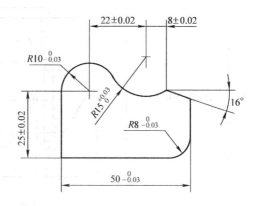

⑤计算某些圆弧面的圆心角。如果用回转法磨削，即使砂轮超越被磨削的圆弧长度，也不会切入工件的其他表面（即工件可以自由回转），则不进行圆心角的计算。

工艺计算均按零件的平均尺寸进行。为了提高计算的精确度，在计算过程中三角函数及一般数值运算应精确到小数点后 6 位，运算的最终结果精确到小数点后 2 位或 3 位。

例 2-3 用万能夹具磨削图 2-51 所示凸模。

图 2-51　凸模

磨削前经工艺计算，其工序尺寸、磨削顺序及操作要点见表 2-9。

表 2-9　凸模的磨削顺序和操作要点

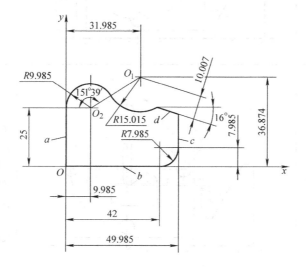

（续）

序号	工步内容	简 图	说 明
1	找正并固定工件	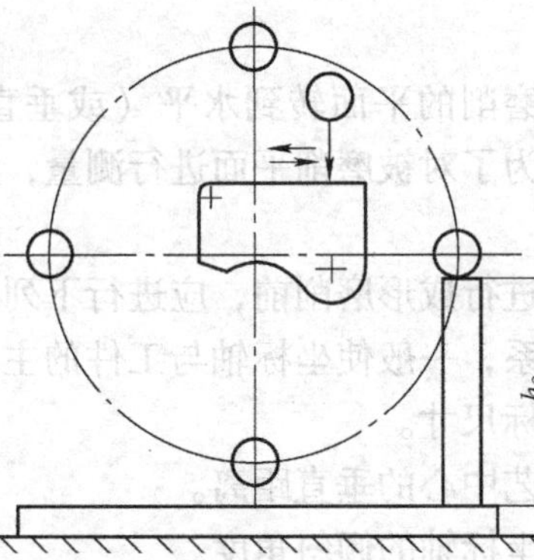 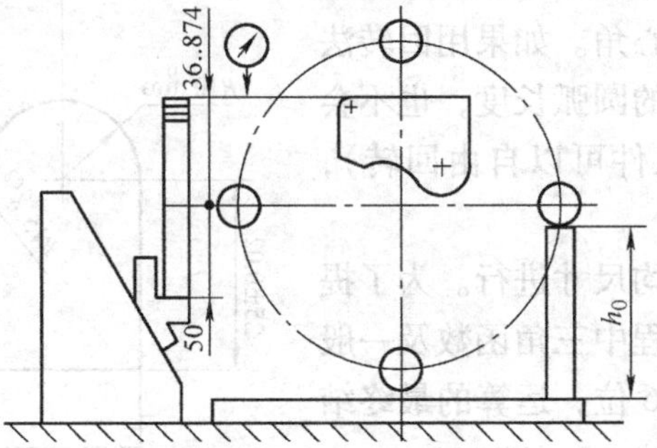 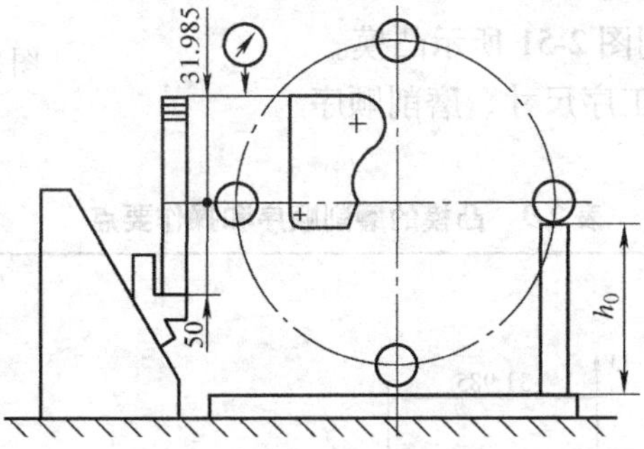	通过凸模端面上的螺孔（图中未画出）用螺钉和垫柱将凸模装于万能夹具上 用百分表找正并转动转盘，使 b 面处于水平位置后将转盘固定 以 a、b 面为测量基准，调整 O_1、O_2、O_3 分别与夹具回转轴线重合，检查各加工面余量是否均匀
2	磨削 $R15mm$ 圆弧	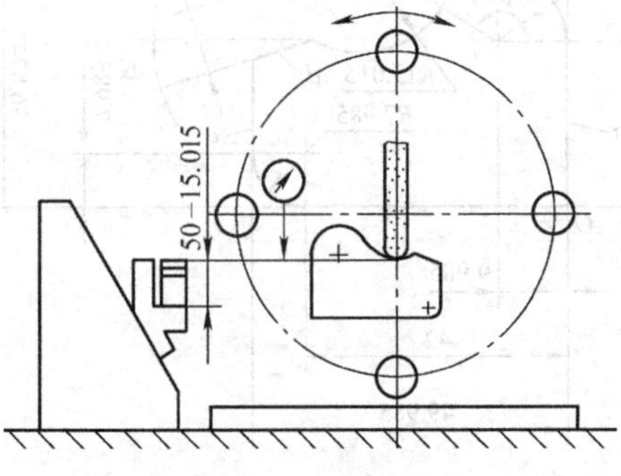	将砂轮工作面修整成圆弧，其半径小于被磨削圆弧的半径 以 a、b 面为测量基准，调整 O_1 和夹具回转轴线重合 用回转法磨削 $R15$ 圆弧面到尺寸

序号	工步内容	简 图	说 明
3	磨削 b 面	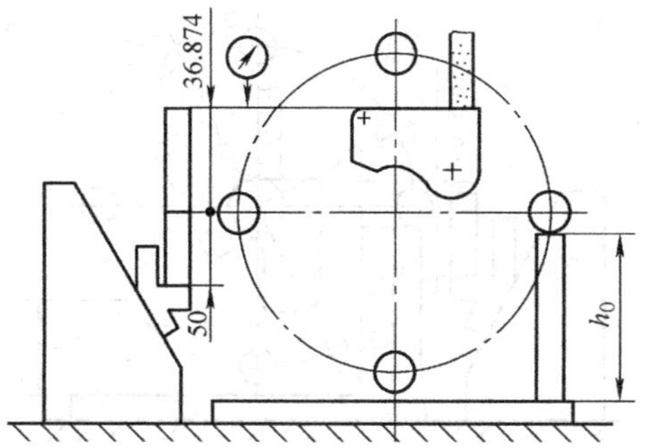	将砂轮换为平砂轮 调整 b 面到水平位置 磨削 b 面到尺寸
4	磨削 a 面	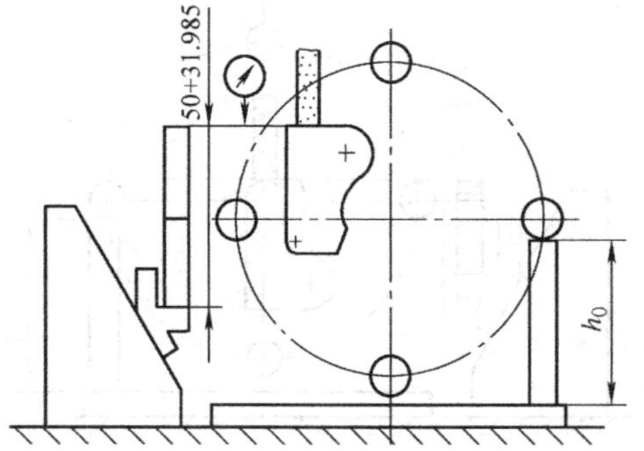	将工件逆时针旋转 90°， 调整 a 面到水平面位置 磨削 a 面到尺寸
5	磨削 c 面	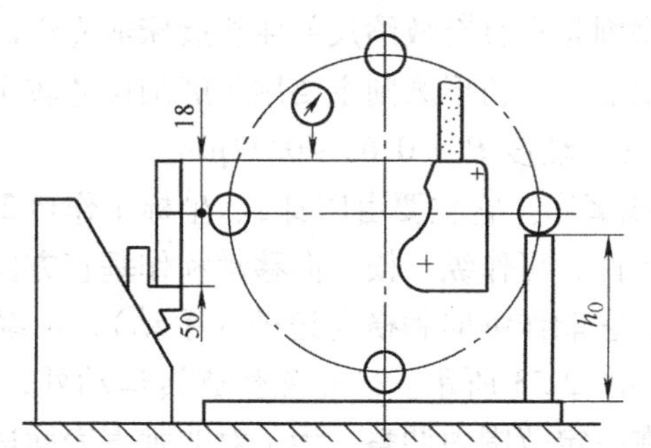	将工件回转 180°，调整 c 面到水平位置 磨削 c 面到尺寸
6	磨削 d 面	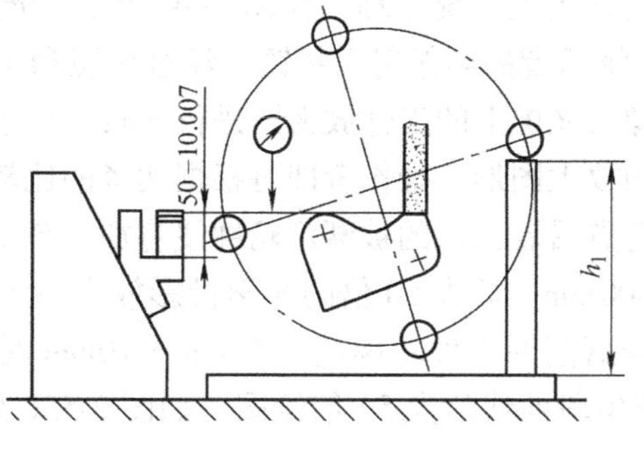	将工件顺时针旋转 74°， 使平面 d 处于水平位置 磨削 d 面到尺寸

（续）

序号	工步内容	简 图	说 明
7	磨削 R10 圆弧	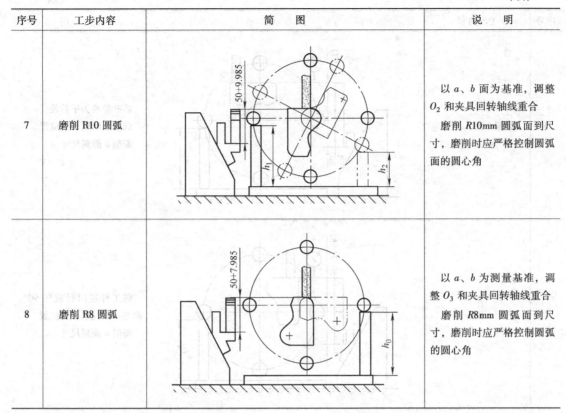	以 a、b 面为基准，调整 O_2 和夹具回转轴线重合 磨削 $R10$mm 圆弧面到尺寸，磨削时应严格控制圆弧面的圆心角
8	磨削 R8 圆弧		以 a、b 为测量基准，调整 O_3 和夹具回转轴线重合 磨削 $R8$mm 圆弧面到尺寸，磨削时应严格控制圆弧的圆心角

（3）仿形磨削　仿形磨削是在具有放缩尺的曲线磨床或光学曲线磨床上，按放大样板或放大图对成形表面进行磨削加工。仿形磨削主要用于磨削尺寸较小的凸模和凹模拼块。其加工精度可达 ± 0.01mm，表面粗糙度 $R_a = 0.63 \sim 0.32 \mu m$。

图 2-52 所示为光学曲线磨床。它主要由床身 1、坐标工作台 2、砂轮架 3 和光屏 4 组成。坐标工作台用于固定工件，可作纵、横方向移动和作垂直方向的升降。

砂轮架用来安装砂轮，它能作纵向和横向送进（手动），可绕垂直轴旋转一定角度，以便将砂轮斜置进行磨削，如图 2-53 所示。砂轮除作旋转运动外，还可沿砂轮架上的垂直导轨作往复运动，其行程可在一定范围内调整。为了对非垂直表面进行磨削，垂直导轨可沿砂轮架上的弧形导轨进行调整，使砂轮的往复运动与垂直方向成一定角度。

光学曲线磨床的光学投影放大系统原理，如图 2-54 所示。光线从机床的下部光源 1 射出，通过砂轮 3 和工件 2，将两者的影像射入物镜，经过棱镜和平面镜的反射，可在光屏上得到放大的影像。将该影像与光屏上的工件放大图进行比较。由于工件留有加工余量，放大影像的轮廓将超出光屏上的放大图形。操作者即可根据两者的比较结果操纵砂轮架在纵横方向运动，使砂轮与工件的切点沿着工件的被磨削轮廓线将加工余量磨去，完成仿形加工。

对光屏尺寸 500mm × 500mm、放大 50 倍的光学投影放大系统，一次所能看到的投影区域范围为 10mm × 10mm。当磨削的工件轮廓超出 10mm × 10mm 时，应将被磨削表面的轮廓分段，如图 2-55a 所示。把每段曲线放大 50 倍绘图，如图 2-55b 所示。为了保证加工精度，放大图应绘制准确，其偏差不大于 0.5mm，图线粗细为 0.1 ~ 0.2mm。

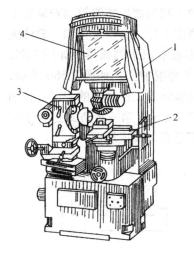

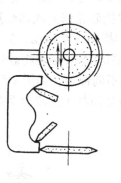

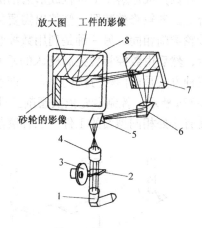

放大图　工件的影像

砂轮的影像

图 2-54　光学曲线磨床
的光学放大原理

1—光源　2—工件　3—砂轮

4—物镜　5、6—三棱镜

7—平镜　8—光屏

图 2-52　光学曲线磨床

1—床身　2—坐标工作台

3—砂轮架　4—光屏

图 2-53　磨削曲线
轮廓的侧边

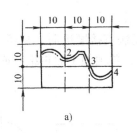

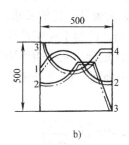

a)　　　　　　b)

图 2-55　分段磨削

a）工件分段　b）放大图

磨削时先按放大图磨出曲线 1—2 所对应的工件轮廓。由于放大图上曲线段 1—2 的终点 2 和 2—3 的起点 2 所对应的是工件上的同一点。点 2 在两段放大图上具有相同的纵坐标，沿水平方向两者却相距 500mm，所以在磨完 1—2 段的形状后，必须借助量块和百分表使工作台向左移动 10mm，将工件上的分段点 2 移到放大图 2—3 段起点上，以便按 2—3 段的放大图磨削工件。如此，逐段将工件上的整个形状磨出。

在按工件轮廓分段绘制放大图时，对放大 50 倍的光学放大系统，其分段长度不能超过 10mm。但各分段的长短不一定相等，应根据工件形状、方便操作等因素来确定。

在光学曲线磨床、成形磨床、平面磨床等机床上进行成形磨削，一般都是采用手动操作，其加工精度在一定程度上依赖于工人的操作技巧，其劳动强度大、生产效率低。为了提高模具的加工精度和便于采用计算机辅助设计与制造（即模具的 CAD/CAM），使模具制造朝着高效率和自动化的方向发展。目前，国内外已研制出数控成形磨床，而且在实际应用中收到良好的效果。

在数控成形磨床上进行成形磨削的方式主要有三种：一种是利用数控装置控制安装在工作台上的砂轮修整装置，修整出需要的成形砂轮，用此砂轮磨削工件，磨削过程和一般的成形砂轮磨削相同，另一种是利用数控装置把砂轮修整成圆弧形或双斜边圆弧形，如图 2-56a 所示，然后由数控装置控制机床的垂直和横向进给运动，完成磨削加工，如图 2-56b 所示；第三种方式是前两种方法的组合，即磨削前用数控装置将砂轮修整成工件形状的一部分，如图 2-57a 所示，控制砂轮依次磨削工件的不同部位，如图 2-57b 所示。第三种方式适合于磨削具有多处相同型面的工件。三种磨削方法所加工的成形面都是直母线成形面。

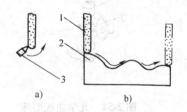 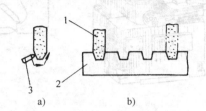

图 2-56　用仿形法磨削　　　　　　　　　　　图 2-57　复合磨削
a）修整砂轮　b）磨削工件　　　　　　　　　　a）修整成形砂轮　b）磨削工件
1—砂轮　2—工件　3—金刚石　　　　　　　　　1—砂轮　2—工件　3—金刚石

（4）成形磨削对模具结构的要求　成形磨削是模具制造的先进工艺之一，在采用成形磨削时模具的结构必须满足一定的要求。

1）为便于磨削，凸模不能带凸肩，如图 2-58a 所示。

2）当凸模形状复杂、某些表面因砂轮不能进入无法直接磨削时，可考虑将凸模改成镶拼结构，如图 2-59 所示。凸模分成 1、2、3 三个拼块，单独加工后再组合成一个整体。

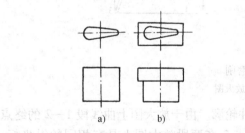 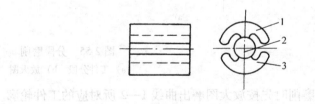

图 2-58　凸模结构　　　　　　　　　　　　　　图 2-59　镶拼式凸模
a）无凸肩的凸模　b）带凸肩的凸模

二、凹模型孔加工

凹模型孔按其形状特点可分为圆形和非圆形两种，其加工方法随其形状而定。

1. 圆形型孔

具有圆形型孔的凹模有以下两种情况。

（1）单型孔凹模　这类凹模制造工艺比较简单，毛坯经锻造、退火后，进行车削（或铣削）及钻、镗型孔，并在上、下平面和型孔处留适当磨削余量。再由钳工划线、钻所有固定用孔，攻丝、铰销孔，然后进行淬火、回火。热处理后磨削上、下平面及型孔即可。

（2）多型孔凹模 冲裁模中的凹模有时会出现一系列圆孔，各孔尺寸及相互位置有较高的精度要求，这些孔称为孔系。为保持各孔的相互位置精度要求，常采用坐标法进行加工。

对于镶块结构的凹模，如图 2-60 所示，固定板 1 不进行淬火处理。凹模镶件经淬火、回火和磨削后分别压入固定板的相应孔内。固定板上的镶件固定孔可在坐标镗床上加工。坐标镗床的工作台能在纵、横移动方向上作精确调整，大多数机床工作台移动量的读数值最小单位为 0.001mm。机床定位精度一般可达 0.002 ~ 0.0025mm。工作台移动值的读取方法可采用光学式或数字显示式。

在坐标镗床上按坐标法镗孔，是将各孔间的尺寸转化为直角坐标尺寸，如图 2-61 所示。加工时将工件置于机床的工作台上，用百分表找正相互垂直的基准面 a、b，使其分别和工作台的纵、横运动方向平行后夹紧。然后使基准 a 与机床主轴的轴线对准，将工作台纵向移动 y_1，再使基准 b 与主轴的轴线对准，将工作台横向移动 x_1。此时，主轴轴线与孔 1 的轴线重合，可将孔加工到所要求的尺寸。加工完孔 1 后，按坐标尺寸 x_2、y_2 及 x_3、y_3 调整工作台，使孔 II 及孔 III 的轴线依次和机床主轴的轴线重合，镗出孔 2 及孔 3。

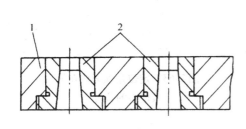

图 2-60 镶块结构的凹模
1—固定板 2—凹模镶件

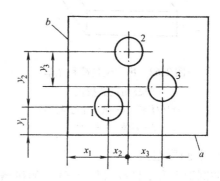

图 2-61 孔系的直角坐标尺寸

在工件的安装调整过程中，为了使工件上的基准 a 或 b 对准主轴的轴线，可以采用多种方法。图 2-62 所示为用定位角铁和光学中心测定器进行找正。光学中心测定器 2 以其锥柄定位，安装在镗床主轴的锥孔内，在目镜 3 的视场内有两对十字线。定位角铁的两个工作表面互成 90°，在它的上平面上固定着一个直径约 7mm 的镀铬钮，钮上有一条与角铁垂直工作面重合的刻线。使用时将角铁的垂直工作面紧靠工件 4 的基准面（a 面或 b 面），移动工作台从目镜观察，使镀铬钮上的刻线恰好落在目镜视场内的两对十字线之间，如图 2-63 所示。此时，工件的基准面已对准机床主轴的轴线。

对具有镶块结构的多型孔凹模加工，在缺少坐标镗床的情况下，也可在立式铣床上用坐标法加工孔系。为此，可在铣床工作台的纵横运动方向上附加量块、百分表测量装置来调整工作台的移动距离，以控制孔间的坐标尺寸。其距离精度一般可达 0.02mm。

整体结构的多型孔凹模一般以碳素工具钢或合金工具钢为原材料，热处理后其硬度常在 60HRC 以上。制造时，毛坯经锻造退火后，对各平面进行粗加工和半精加工，钻、镗型孔，在上、下平面及型孔处留适当磨削余量，然后进行淬火、回火。热处理后，磨削上、下平面，以平面定位在坐标磨床上对孔进行精加工。型孔的单边磨削余量通常不超过 0.2mm。

在对型孔进行镗削加工时，必须使孔系的位置尺寸达到一定的精度要求，否则会给坐标磨床加工造成困难。最理想的方法是用加工中心进行加工，它不仅能保证各型孔相互间的位置尺寸精度要求，而且凹模上所有的螺纹孔、定位销孔的加工都可在一次安装中全部完成，极大地简化了操作，有利于劳动生产率的提高。

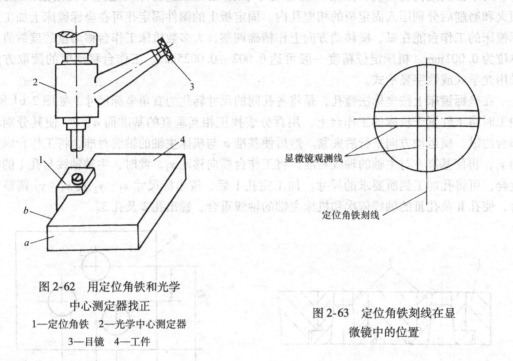

图 2-62　用定位角铁和光学
中心测定器找正
1—定位角铁　2—光学中心测定器
3—目镜　4—工件

图 2-63　定位角铁刻线在显
微镜中的位置

2. 非圆形型孔

非圆形型孔的凹模（图 2-64）的机械加工比较困难。由于数控线切割加工技术的发展和在模具制造中的广泛应用，许多传统的型孔加工方法都为其所取代。机械加工主要用于线切割加工受到尺寸大小限制或缺少线切割加工设备的情况下。

非圆形型孔的凹模通常将毛坯锻造成矩形，加工各平面后进行划线，再将型孔中心的余料去除。图 2-65 所示为沿型孔轮廓线内侧顺次钻孔后，将孔两边的连接部凿断，去除余料。如果工厂有带锯机，可先在型孔的转折处钻孔后，用带锯机沿型孔轮廓线将余料切除，并按后续工序要求沿型孔轮廓线留适当加工余量。用带锯机去除余料生产效率高，劳动强度低。

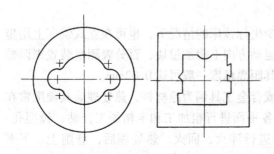

图 2-64　非圆形型孔凹模

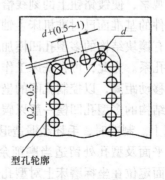

图 2-65　沿型孔轮廓线钻孔

当凹模尺寸较大时，也可用气（氧—乙炔焰）割方法去除型孔内部的余料。切割时型孔应留不小于2mm的单边加工余量。切割后的模坯应进行退火处理，以便进行后续加工。

切除余料后，可采用以下方法对型孔进行进一步的加工：

1）仿形铣削。在仿形铣床上采用平面轮廓仿形，对型孔进行半精加工或精加工，其加工精度可达0.05mm，表面粗糙度$R_a = 2.5 \sim 1.5\mu m$。仿形铣削加工容易获得形状复杂的型孔，可减轻操作者的劳动强度。但是，需要制造靠模，使生产周期增长。靠模通常都用容易加工的木材制造，因受温度、湿度的影响极易变形，影响加工精度。

2）数控加工。用数控铣床加工型孔容易获得比仿形铣削更高的加工精度。不需要制造靠模，通过数控指令使加工过程实现自动化，可降低对操作工人的技能要求，而且使生产效率提高。此外，还可采用加工中心对凹模进行加工。在加工中心上经一次装夹不仅能加工非圆形型孔，还能同时加工固定螺孔和销孔。

在无仿形铣床和数控铣床时，也可在立铣或万能工具铣床上加工型孔。铣削时按型孔轮廓线，手动操作铣床工作台纵、横运动进行加工。对操作者的技术水平要求高、劳动强度大、加工精度低、生产率低、加工后钳工修正的工作量大。

用铣削方法加工型孔时，铣刀半径小于型孔转角处的圆弧半径才能将型孔加工出来，对于转角半径特别小的部位或尖角部位，只能用其他加工方法或钳工进行修整来获得。型孔加工完毕后再加工落料斜度。

3. 坐标磨床加工

坐标磨床主要用于对淬火后的模具零件进行精加工，不仅能加工圆孔，还能对非圆形型孔进行加工。它是在淬火后进行孔加工的机床中精度最高的一种。

坐标磨床和坐标镗床类似，也是用坐标法对孔系进行加工，其坐标精度可达±0.002 ~ 0.003mm，只是坐标磨床用砂轮作切削工具。机床的磨削机构能完成三种运动，即砂轮的高速自转（主运动）、行星运动（砂轮回转轴线的圆周运动）及砂轮沿机床主轴轴线方向的直线往复运动，如图2-66所示。

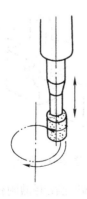

图2-66　砂轮的三种运动

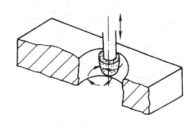

图2-67　内孔磨削

在坐标磨床上进行磨削加工的基本方法有以下几种：

（1）内孔磨削　利用砂轮的高速自转、行星运动和轴向的直线往复运动，即可进行内孔磨削，如图2-67所示。它利用行星运动直径的增大实现径向进给。

进行内孔磨削时，由于砂轮直径受孔径限制，同时为降低磨头的转速，应使砂轮直径尽

76

可能接近磨削的孔径，一般可取砂轮直径为孔径的 0.8～0.9 倍。但当磨孔直径大于 50mm 时，砂轮直径要受到磨头允许安装的砂轮最大直径（φ40mm）的限制。砂轮高速回转（主运动）的线速度一般比普通磨削的线速度低。行星运动（圆周进给）的速度大约是主运动线速度的 0.15 倍左右。过慢的行星运动速度会使磨削效率降低，而且容易出现烧伤。砂轮的轴向往复运动（轴向进给）的速度与磨削的精度有关，粗磨时，往复运动速度可在 0.5～0.8m/min 范围内选取；精磨时，往复运动的速度可在 0.05～0.25m/min 范围内选取。尤其在精加工结束时，要用很低的行程速度。

（2）外圆磨削　外圆磨削也是利用砂轮的高速自转、行星运动和轴向往复运动实现，如图 2-68 所示。它利用行星运动直径的缩小实现径向进给。

（3）锥孔磨削　磨削锥孔，由机床上的专门机构使砂轮在轴向进给的同时，连续改变行星运动的半径。锥孔的锥顶角大小取决于两者变化的比值，所磨锥孔的最大锥顶为 12°。

磨削锥孔的砂轮应修出相应的锥角，如图 2-69 所示。

（4）直线磨削　直线磨削时，砂轮仅自转不作行星运动，工作台送进，如图 2-70 所示。直线磨削适合于平面轮廓的精密加工。

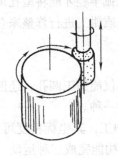

图 2-68　外圆磨削

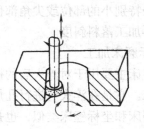

图 2-69　锥孔磨削

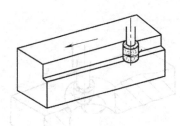

图 2-70　直线磨削

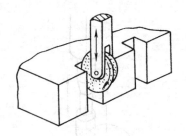

图 2-71　侧磨

（5）侧磨　这种加工方法是使用专门的磨槽附件进行的，砂轮在磨槽附件上的装夹和运动情况，如图 2-71 所示。它可以对槽及带清角的内表面进行加工。

将基本磨削方法综合运用，可以对一些形状复杂的型孔进行磨削加工，如图 2-72 所示。磨削 2-72a 所示的凹模型孔时，可先将平转台固定在机床工作台上，用平转台装夹工件，经找正使工件的对称中心与转台回转中心重合，调整机床使孔 O_1 的轴线与机床主轴轴线重合，用内孔磨削方法磨出 O_1 的圆弧段。再调整工作台使工件上 O_2 的轴线与机床主轴轴线重合，磨削该圆弧到尺寸要求。利用平转台将工件回转180°，磨削 O_3 的圆弧到要求尺寸。

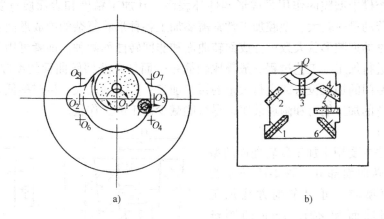

图 2-72　磨削异型孔

a) 圆弧组成的型孔轮廓　b) 圆弧、直线组成的型孔轮廓

使 O_4 的轴线与机床主轴轴线重合，磨削时使行星运动停止，操纵磨头来回摆动磨削 O_4 的凸圆弧。砂轮的径向进给方向与磨削外圆相同。注意使凸、凹圆弧在连接处平整光滑。利用平转台换位逐次磨削 O_5、O_6、O_7 的圆弧，其磨削方法与 O_4 的相同。

图 2-72b 所示为利用磨槽附件对型孔轮廓进行磨削加工，1、4、6 是用成形砂轮进行磨削，2、3、5 是用平砂轮进行磨削。磨圆弧面时使中心 O 与主轴轴线重合，操纵磨头来回摆动磨削。要注意保证圆弧与平面在交点处衔接准确。

随着数控技术在坐标磨床上的应用，出现了点位控制坐标磨床和计算机数控连续轨迹坐标磨床。前者适于加工尺寸和位置精度要求高的多型孔凹模等零件，后者特别适于加工某些精度要求高、形状复杂的内、外轮廓面。我国生产的数控坐标磨床，如 MK2945 和 MK2932B 的数控系统均可作二坐标（X、Y）二联动连续轨迹磨削。而 MK2932B 在磨削过程中，还能同时控制砂轮轴线绕着行星运动的回转中心转动，并与 X、Y 轴联动，使砂轮处在被磨削表面的法线方向；砂轮的工作母线始终处于磨床主轴的中心线上，而且可用同一穿孔带磨削内、外轮廓。使用连续轨迹坐标磨床可以提高模具的生产效率。

采用机械加工方法加工型孔时，当型孔形状复杂，使用机械加工方法无法实现时，凹模可采用镶拼结构，将内表面加工转变成外表面加工。凹模采用镶拼结构时，应尽可能将拼合面选在对称线上（图 2-73），以便一次同时加工几个镶块。凹模的圆形刃口部位应尽可能保持完整的圆形。图 2-74a 所示的拼合方式比图 2-74b 所示的拼合方式容易获得高的圆度精度。

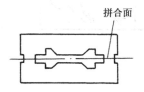

图 2-73　拼合面在对称线上

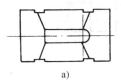 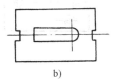

a)　　　　　　　　　b)

图 2-74　圆形刃口的拼合

a) 合理拼合　b) 不合理拼合

三、型腔加工

在各类型腔模中型腔的作用是成形制件外表面。其加工精度和表面质量要求一般都较高，所消耗的劳动量也较大。型腔加工常常需要加工各种形状复杂的内成形面或花纹，工艺过程复杂。常见的型腔形状大致可分成回转曲面和非回转曲面两种。前者可用车床、内圆磨床或坐标磨床进行加工，工艺过程一般都比较简单。而加工非回转曲面的型腔要困难得多，常常需要使用专门的加工设备或进行大量的钳工加工；劳动强度大、生产率低。生产中应充分利用各种设备的加工能力和附属装置，尽可能减少钳工的工作量。

1. 车削加工

车削加工法主要用于加工回转曲面的型腔或型腔的回转曲面部分。图2-75所示为对拼式塑压模型腔，可用车削方法加工 $\phi44.7$mm 的圆球面和 $\phi21.71$mm 的圆锥面。

保证对拼式压模上两拼块的型腔相互对准是十分重要的。为此，在车削前对坯料应预先完成下列加工，并为车削加工准备可靠的工艺基准。

1）将坯料加工为平行六面体，5°斜面暂不加工。

2）在拼块上加工出导钉孔和工艺螺孔（图2-76），作车削时装夹用。

3）将分型面磨平，在两拼块上装导钉，一端与拼块 A 过盈配合，一端与拼块 B 间隙配合，如图2-76所示。

4）将两块拼块拼合后磨平四侧面及一端面，保证垂直度（用90°角尺检查），要求两拼块厚度保持一致。

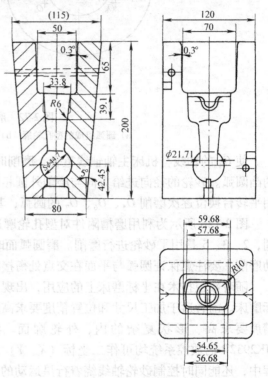

图2-75　对拼式塑压模型腔

5）在分型面上以球心为圆心，以44.7mm 为直径划线，保证 $H_1 = H_2$，如图2-77所示。

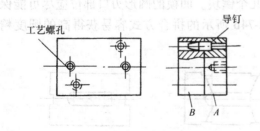

图2-76　拼块上的工艺螺孔和导钉孔

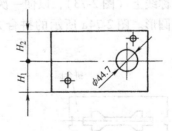

图2-77　划线

塑压模的车削过程见表2-10。

表 2-10　对拼式塑压模型腔车削过程

顺序	工艺内容	简　图	说　明
1	装夹	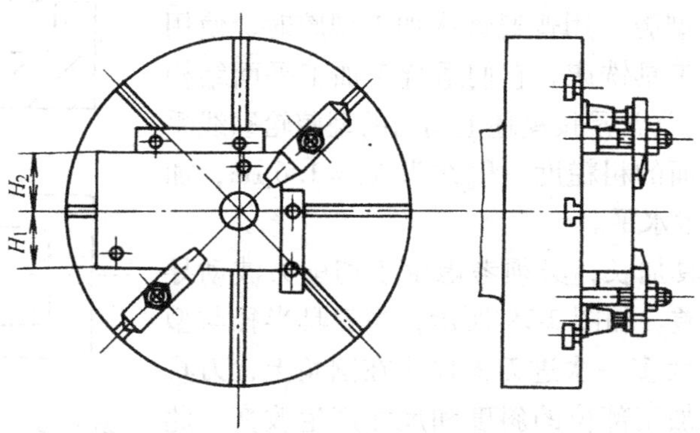	1）将工件压在花盘上，按 ϕ44.7mm 的线找正后，再用百分表检查两侧面使 H_1、H_2 保持一致 2）靠紧工件的一对垂直面压上两块定位块，以备车另一件时定位
2	车球面	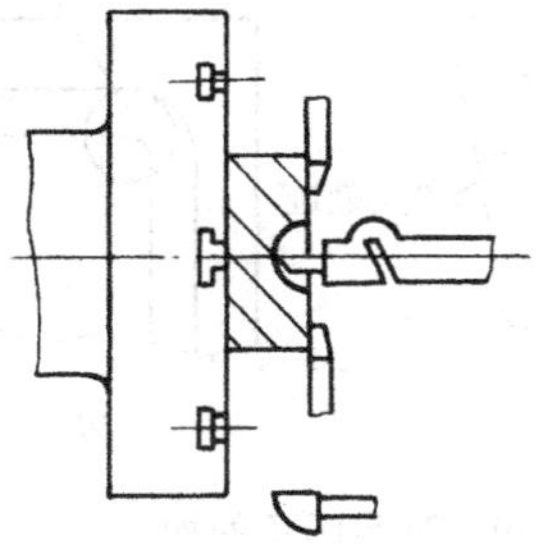	1）粗车球面 2）使用弹簧刀杆和成形车刀精车球面
3	装夹工件	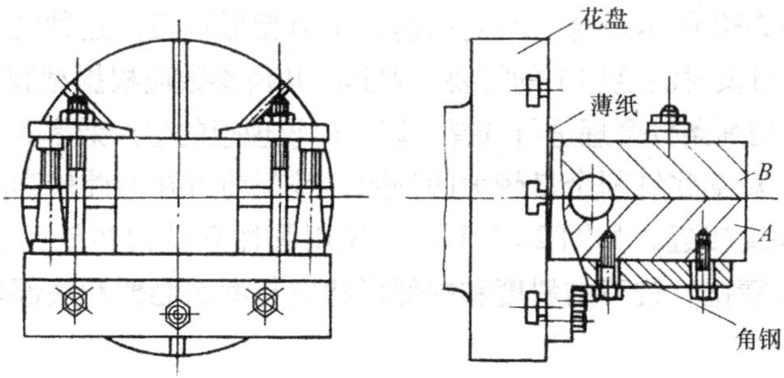 花盘 薄纸 B A 角钢	1）用花盘和角铁装夹工件 2）用百分表按外形找正工件后将工件和角铁压紧（在工件与花盘之间垫一薄纸的作用是便于卸开拼块）
4	车锥孔	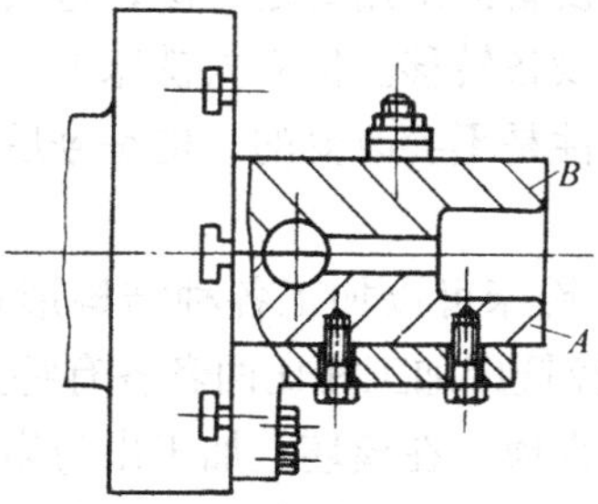 B A	1）钻、镗孔至 ϕ21.71mm（松开压板卸下拼块 B 检查尺寸） 2）车削锥度（同样卸下拼块 B 观察及检查）

2. 铣削加工

铣床种类很多，加工范围较广，在模具加工中应用最多的是立式铣床、万能工具铣床、仿形铣床和数控铣床。

（1）用普通铣床加工型腔　用普通铣床加工型腔时，使用最广的是立式铣床和万能工具铣床。它们适合于加工平面结构的型腔（图 2-78）。加工时常常是按模坯上划出的型腔轮廓线手动操作进行加工。加工表面的粗糙度一般约为 $R_a = 1.6\mu m$，加工精度取决于操作者的技术水平。

加工型腔时，由于刀具加长，必须考虑由于切削力波动导致刀具倾斜变化造成的误差。如图 2-79 所示，当刀具半径与型腔圆角半径 R 相吻合时，大多一次进刀便停止在圆角上，刀具在圆角上的倾斜变化导致加工部位的斜度和尺寸产生改变。此时，应选用比型腔圆弧半径 R 小的铣刀半径进行加工。

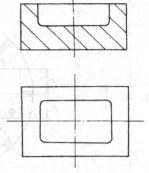

图 2-78　平面结构的型腔

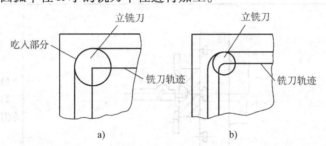

图 2-79　型腔圆角的加工
a）铣刀半径与铣削圆角半径相等　b）铣刀半径小于铣削圆角半径

为了能加工出某些特殊的形状部位，必须准备各种不同形状和尺寸的铣刀。在无适合的标准铣刀可选时，可采用图 2-80 所示适合于不同用途的单刃指形铣刀。这种铣刀制造方便，能用较短的时间制造出来，可及时满足加工的需要。刀具的几何参数应根据型腔和刀具材料、刀具强度、耐用度以及其他切削条件合理进行选择，以获得较理想的生产效率和加工质量。

为了提高铣削效率，对某些铣削余量较大的型腔，铣削前可在型腔轮廓线的内部连续钻孔，孔的深度和型腔的深度接近，如图 2-81 所示。先用圆柱立铣刀粗铣，去除大部分加工余量后，再采用特形铣刀精铣。铣刀的斜度和端部形状应与型腔侧壁和底部转角处的形状相吻合。

用普通铣床加工型腔，劳动强度大，加工精度低，对操作者的技术水平要求高。随着数控铣床、数控仿型铣床、加工中心等设备的采用日趋广泛，过去用普通铣床加工的模具工作零件，大多要向加工中心等现代加工设备转移。但立式铣床加工平面的能力强，能提高生产效率，作为一种辅助加工设备的必要性是不会改变的，也是今后模具车间中不可缺少的一种加工设备。

（2）用仿形铣床加工型腔　仿形铣床可以加工各种结构形状的型腔，特别适于加工具有曲面结构的型腔（图 2-82），和数控铣床加工相比两者各有特点。

使用仿形铣床是按照预先制好的靠模，在模坯上加工出与靠模形状完全相同的型腔，其自动化程度较高，能减轻工人的劳动强度，提高铣削加工的生产率，可以较容易的加工出形

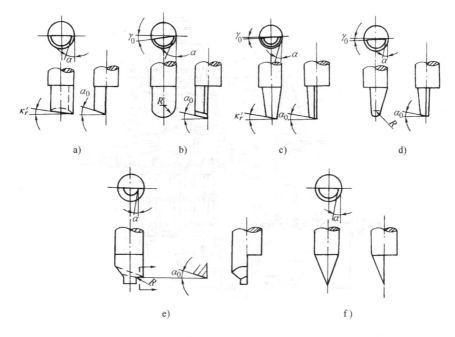

图 2-80　单刃指形铣刀

a）用于平底、侧面为垂直平面工件的铣削　b）用于加工半圆槽及侧面垂直、
底部为圆弧工件的铣削　c）用于平底斜侧面的铣削　d）用于斜侧面、底部有
圆弧槽工件的铣削　e）用于铣凸圆弧面　f）用于刻铣细小文字及花纹

α—后角（一般 α = 25°）　　α_0—副后角（一般 α_0 = 15°）

κ_r'—副偏角（一般 κ_r' = 15°）　　γ_0—前角（一般 γ_0 = 15°）

状复杂的型腔。型腔加工精度可达 0.05mm，表面粗糙度 $R_a = 2.5 \sim 1.5 \mu m$，所以加工后一般都需要对型腔表面进行进一步的修整。

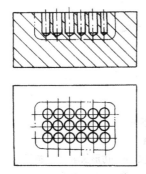

图 2-81　型腔钻孔示意图

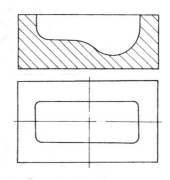

图 2-82　曲面结构型腔

1）仿形铣床。现有的仿形铣床种类较多，按机床主轴的空间位置可分成立式和卧式两种类型。图 2-83a 所示为 XB4480 型电气立体仿型铣床的结构外形，它能完成平面轮廓、立体曲面等的仿形加工。工件座 1 和靠模座 2 分别用来固定工件和靠模。铣刀安装在主轴套筒内，可沿横梁 7 上的导轨作横向进给运动，横梁沿立柱 3 可作垂直方向的进给运动。滑座 12 可沿床身导轨作纵向进给运动。利用三个方向进给运动的相互配合，可加工形状复杂的型腔。

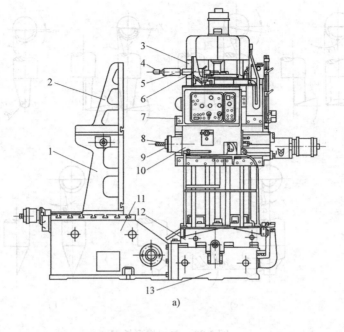

a)

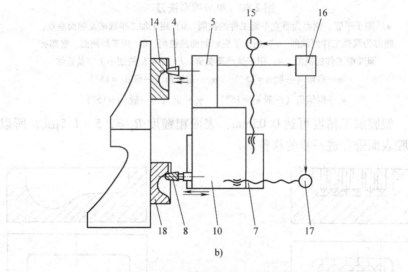

b)

图 2-83　XB4480 型电气立体仿型铣床

a）结构外形图　b）控制原理图

1—工件座　2—靠模座　3—立柱　4—仿形销　5—仿形仪　6—仿形仪座　7—横梁

8—铣刀　9—主轴　10—主轴箱　11—工作台　12—滑座　13—床身

14—靠模　15、17—驱动装置　16—仿形信号放大装置　18—工件

　　仿形仪 5 安装在主轴箱上。铣削时仿形仪左侧的仿形销始终压在靠模表面，当刀具进给时，仿形销将依次与靠模表面上的不同点接触。由于这些点所处的空间位置不同，仿形销所受作用力的大小和方向将不断改变，从而使仿形销的轴杆产生相应的轴向位移和摆动，推动仿形仪的信号元件发出控制信号。该信号经过放大后就可用来控制进给系统的驱动装置，使刀具产生相应的随动进给，完成仿形加工。其控制原理如图 2-83b 所示。加工时纵向进给运动未在图中绘出。

2）加工方式。常见的仿形铣削的加工方式有以下两种：

①按样板轮廓仿形。铣削时靠模销沿着靠模外形运动，不作轴向运动，铣刀也只沿工件的轮廓铣削，不作轴向进给，如图 2-84a 所示。这种加工方式可用来加工具有复杂轮廓形状，但深度不变的型腔或凹模的型孔、凸模的刃口轮廓等。

图 2-84　仿形铣削方式

a）按样板轮廓仿形　b）按立体轮廓水平分
行仿形　c）按立体轮廓垂直分行仿形

②按照立体模型仿形。按切削运动的路线分为水平分行和垂直分行两种。

水平分行：即滑座作连续的水平进给，铣刀对型腔毛坯上一条水平的狭长表面进行加工，到达型腔的端部时滑座作反向进给。在滑座反向前，主轴箱在垂直方向作一次进给运动（周期进给）。如此反复进行（图 2-84b），直到加工出所要求的表面。

垂直分行：主轴箱作连续的垂直进给，当加工到型腔端部时主轴箱反向进给，在主轴箱反向前，滑座在水平方向作一次横向水平进给，如图 2-84c 所示。

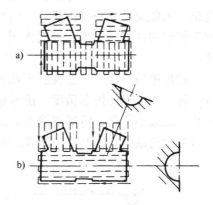

图 2-85　具有半圆形截面的型腔

a）周期进给与半圆面的轴线平行
b）周期进给与半圆面的轴线垂直

选用哪种加工方式应根据型腔的形状特点来决定。加工图 2-85 所示截面为半圆形的型腔，可以有以下两种方式：周期进给的方向与半圆柱面的轴线方向平行，如图 2-85a 所示；周期进给的方向与半圆柱面的轴线方向垂直，如图 2-85b 所示。

在周期进给量相等的情况下，按图 2-85a 加工，所获得加工表面的粗糙度较小。当采用图 2-85a 所示方式加工时，周期进给是沿着一条水平直线进行，如图 2-86a 所示。两次周期进给所形成的残留面积的高度为

$$h = R - \sqrt{R^2 - \left(\frac{f}{2}\right)^2}$$

采用图 2-85b 所示的加工方式时，周期进给类似于沿一条与水平方向成一定夹角的斜线进行，如图 2-86b 所示。两次周期进给所形成的残留面积高度为

$$h' = R - \sqrt{R^2 - \left(\frac{f'}{2}\right)^2} \quad f' = \sqrt{2}f$$

在周期进给量相同的情况下 $h' > h$。

式中　f——铣刀的周期进给，单位为 mm；

R——铣刀圆头半径，单位为 mm；

h、h'——残留面积高度，单位为 mm。

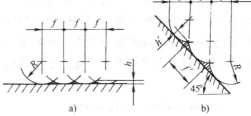

图 2-86　铣削的残留面积

a）f 沿水平直线　b）f 沿倾斜直线

3）铣刀和仿形销。铣刀的形状应根据加工型腔的形状选择，加工平面轮廓的型腔可用端部为平头的立铣刀，如图2-87a所示。加工立体曲面的型腔采用锥形立铣刀或端部为球形的立铣刀，如图2-87b、c所示。为了能加工出型腔的全部形状，铣刀端部的圆弧半径必须小于被加工表面凹入部分的最小半径，如图2-88所示。锥形铣刀的斜度应小于被加工表面的倾斜角，如图2-89所示。但在粗加工时为了提高铣削效率常常采用大半径的铣刀进行铣削，工件上小于铣刀半径的凹入部分可由精铣来保证。由于粗加工时金属切除量较大，应将铣刀圆周齿的螺旋角做得大些，以改善铣刀的切削性能。精加工时宜采用齿数较多的立铣刀，以便于降低已加工表面的粗糙度。由于立体仿形加工中铣刀的切削运动比较复杂，因此应保证铣刀在任何方向切入时，其端部的切削刃能起到良好的钻削和铣削作用，这在粗铣时尤为重要。

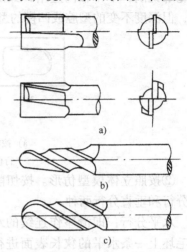

图2-87　仿形加工用的铣刀
a）平头端铣刀　b）圆头
锥铣刀　c）圆头立铣刀

仿形销的形状应与靠模的形状相适应，和铣刀的选择一样，为了保证仿形精度，仿形销的倾斜角应小于靠模型槽的最小斜角，仿形销端头的圆弧半径应小于靠模凹入部分的最小圆角半径，否则，将带来加工误差。

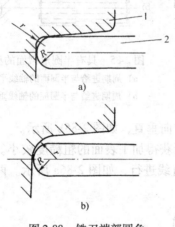

图2-88　铣刀端部圆角
a）R>r不正确　b）r>R正确

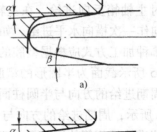

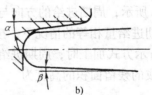

图2-89　铣刀斜度
a）β>α不正确　b）β<α正确

仿形销与铣刀的形状、尺寸，理论上应当相同。但是，由于仿形铣削是由仿形销受到径向和轴向力的作用，推动仿形仪的信号元件发出控制信号，使进给系统产生仿形运动；又由于仿形系统中有关元件的变形和惯性等因素的影响，常使仿形销产生"偏移"。所以对仿形销的直径应进行适当的修正，以保证加工精度。仿形销（图2-90）的直径可按下式计算

$$D = d + 2 \times (Z + e)$$

式中　　d——铣刀直径，单位为mm；

　　　　D——仿形销直径，单位为mm；

　　　　e——仿形销偏移的修正量，单位为mm；

Z——型腔加工后留下的钳工修正余量，单位为 mm。

由于仿形销的修正量 e 受设备、铣削用量、仿形销结构尺寸等多种因素的影响，因此可靠、正确的修正值应通过机床的实际调试测得。

仿形销常采用钢、铝、黄铜、塑料等材料制造，工作表面的粗糙度 $R_a < 0.8\mu m$，常需进行抛光。仿形销的重量不宜过大，过重的仿形销会使机床的随动系统工作不正常。仿形销装到仿形仪上时，要用百分表进行检查，使仿形销对仿形仪轴的同轴度误差不大于 0.05mm。

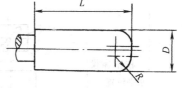

图 2-90　仿形销

4）仿形靠模。仿形靠模是仿形加工的主要装置，靠模工作表面除保证一定的尺寸、形状和位置精度外，应具有一定的强度和硬度，以承受仿形销施加给靠模表面的压力。根据模具形状和机床构造的不同，仿形销施加给靠模表面的压力约几克至几百克。所以根据具体情况可采用石膏、木材、塑料、铝合金、铸铁或钢板等材料作靠模。靠模工作表面应光滑，工作时应施润滑剂。为方便装夹，在靠模上必须设置装夹部位。

例 2-4　用仿形铣床加工图 2-91 所示的锻模型腔。

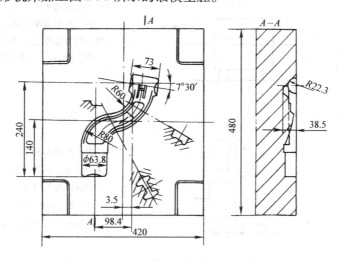

图 2-91　锻模型腔（飞边槽未表示出来）

在仿形铣削前应在分模面上划出中心线。型腔铣削过程见表 2-11。

表 2-11　锻模型腔仿形铣销过程

顺序	工艺内容		简　图	说　明
1	工件、靠模装夹及调整	校正工件水平位置	靠模座　工件座　靠模座 工件 顶尖 垫铁	工件用平行垫铁初步定位于工件座的中央，用压板初步压紧 在主轴上装顶尖，调整主轴的上、下位置使顶尖对准工件中心线 移动滑座，用顶尖校正工件的水平位置，将工件紧固

（续）

顺序	工艺内容	简　图	说　明
1	工件、靠模装夹及调整		
	校正靠模水平位置		初步安装靠模于靠模座上，使靠模与工件的中心距离 L 在机床的允许调节范围内 在靠模仪触头轴内安装顶尖，调整靠模仪垂直滑板，使顶尖与靠模中心线对准 移动滑座用顶尖校正靠模的水平位置加以紧固
	调整靠模销与铣刀相对位置	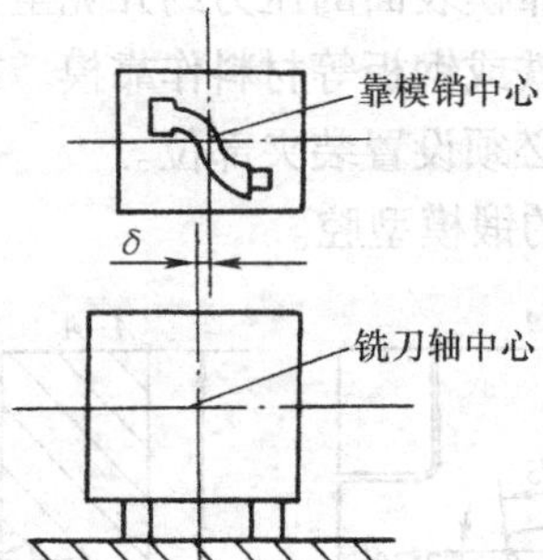	工件与靠模安装后，中心位置在水平方向的偏差为 δ（此值应小于靠模仪滑板水平方向的可调范围值） 移动机床滑座使铣刀轴中心对准工件中心，然后调整靠模仪水平滑板，使靠模销轴轴线对准靠模中心，以保证两轴中心偏差值为 δ
	安装靠模销及铣刀调整深度位置	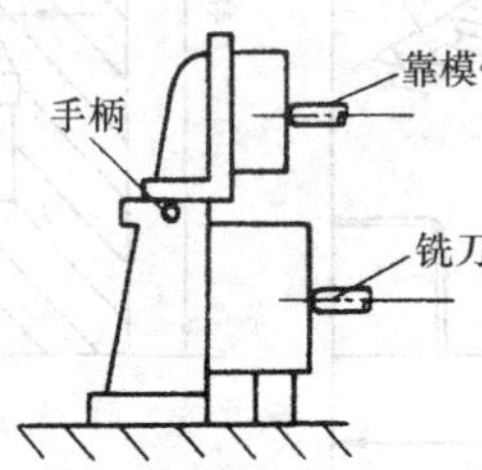	装上靠模销及 $\phi32mm$ 铣刀，分别与靠模及工件接触，通过手柄依靠齿轮、齿条调整两者的深度相对位置 在以后的加工中，每换一次铣刀与靠模销，都需进行一次调整
2	粗加工		
	钻毛坯孔		按图示位置钻 $\phi32mm$ 毛坯沉孔
	梳状加工	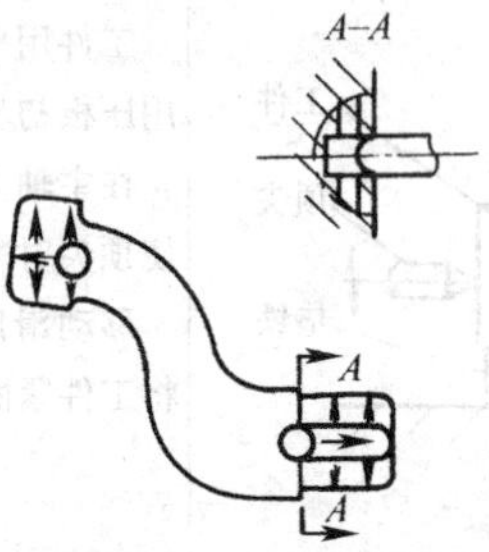	用 $\phi32mm$ 铣刀进入 $\phi32mm$ 孔内，按水平方向铣完深槽，铣刀返回原来位置再进入槽内按垂直分行开始周期进给切除余量 每边留余量 1mm

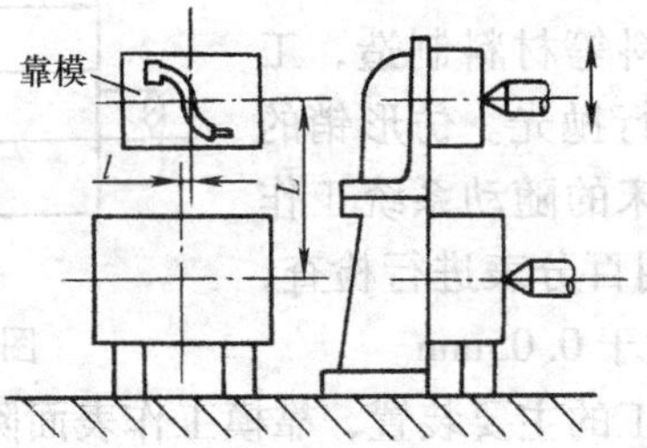

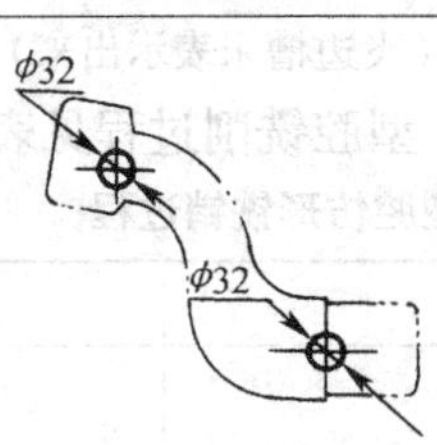

（续）

顺序	工艺内容		简　图	说　明
2	粗加工	粗铣整个型腔	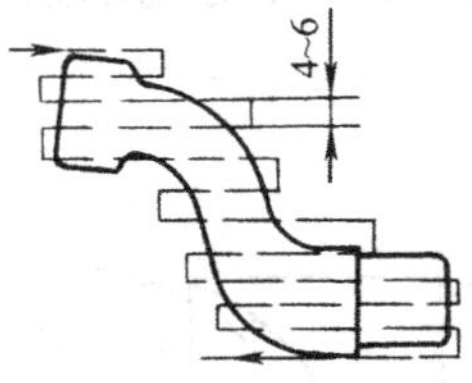	用 $\phi20mm$ 圆头铣刀，每边留余量 $0.25mm$ 仿形加工整个型腔，周期进给量 $4\sim6mm$，手动行程控制
		粗加工凹槽及底部	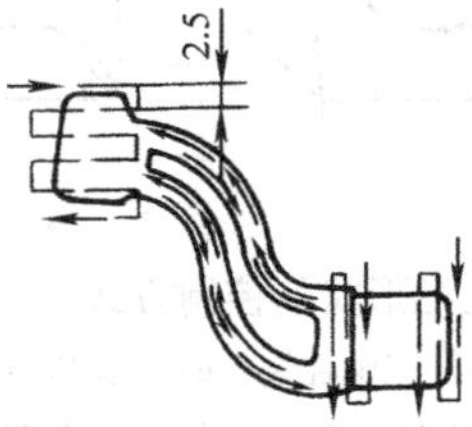	用 $\phi32mm$ 圆头铣刀粗加工，周期进给量为 $2.5mm$ 换用 $R2.5mm$（此尺寸根据靠模销能进入凹槽为准）圆头锥度铣刀加工凹槽底部及型腔底脚，周期进给量为 $1mm$ 加工凹槽时可采用轮廓仿形形式
3	精加工	精铣整个型腔	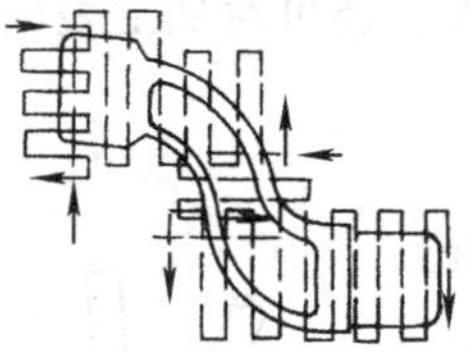	用 $R2.5mm$ 圆头锥度铣刀精铣 根据型腔形状分四个区域采用不同的周期进给方向 周期进给量取 $0.6mm$，型腔侧壁与工作台轴线成角度时，周期进给量应减小，取 $0.3mm$
		补铣底脚圆角	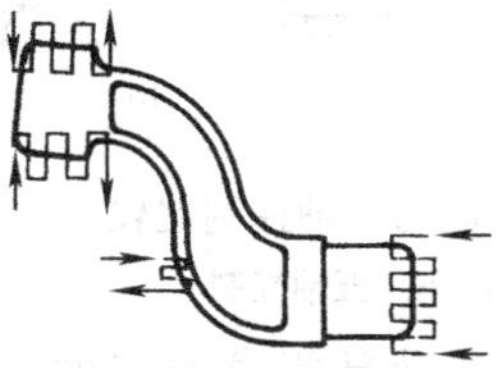	精铣时型腔壁部底脚铣削的周期进给方向与壁部垂直 为减小底脚粗糙度，改变周期进给方向进行补铣

用仿型铣床加工型腔，被加工表面并不十分平滑，有刀痕、型腔的窄槽和某些转角部位尚需钳工加以修整。对不同的工件需要制造相应的靠模，使模具的生产周期增长。靠模易变形，影响加工精度。

（3）数控机床加工

1）数控铣床　随着数控铣床的发展，在模具制造中数控铣床的应用已日趋广泛。由于这种机床是使用数字表示的加工指令来控制机床的加工过程，和仿形铣床相比有以下特点：

①不需要制造仿形靠模。

②加工精度高，一般可达 $0.02\sim0.03mm$，对同一形状进行重复加工时具有可靠的再现性。其加工精度不是靠工人的技能来保证的。

③通过数控指令实现了加工过程自动化，减少了停机时间，使加工的生产效率得到了提高。

采用数控铣床进行三维形状加工的控制方式有以下几种：

①二又二分之一轴控制。这种方法是控制 X、Y 两轴进行平面加工，高度（Z）方向只移动一定数量作等高线状加工，如图 2-92a 所示。

②三轴控制。这种方法同时控制 X、Y、Z 3 个方向的运动进行轮廓加工，如图 2-92b 所示。

③五轴同时控制。这种方法除控制 X、Y、Z 3 个方向的运动外，铣刀轴还作两个方向的旋转，如图 2-92c 所示。

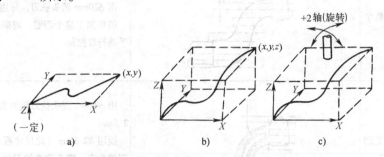

图 2-92　加工三维形状的控制方式
a）二又二分之一轴控制　b）三轴控制　c）五轴同时控制

由于五轴同时控制，铣刀可作两个方向的旋转，在加工过程中可使铣刀轴线常与加工表面成直角状态，除了可大幅度提高加工精度外，还可对加工表面的凹入部分进行加工，如图 2-93 所示。

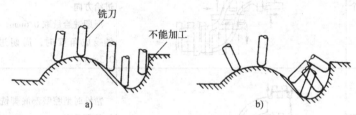

图 2-93　五轴控制与三轴控制比较
a）三轴控制　b）五轴控制

要使数控铣床加工出形状、尺寸和精度都满足要求的工件，首先要根据零件设计的图样，结合数控机床的指令系统，给这个零件编制加工程序，并把相应的信息传送给机床。所以，程序编制是数控机床使用中一个极为重要的问题。

数控机床程序编制的方法有两种：一种是手工编制程序，一种是自动编制程序。

手工编制程序可分为以下几个阶段：

①工艺处理阶段。根据零件图样对零件进行工艺分析，在此基础上确定零件的装夹方法、加工方法、使用刀具、加工顺序和加工用量等工艺参数。

②数学处理阶段。根据零件图及所确定的加工顺序、加工用量，计算出数控机床所需要输入的数据。这一步又称为工艺计算。

③编写零件加工程序单。根据加工顺序计算得到的数据以及加工用量等，结合数控机床的指令代码，编写程序单。

④制作控制介质。编写好加工程序单后，需要将这些加工信息通过控制介质输送给数控机床的数控系统。常用的控制介质有穿孔纸带、磁带、磁盘等。此外，程序可以直接用键盘输入机床的数控系统保存，也可以将机床上的通信接口与计算机连接，将加工程序送入机床的数控系统保存。

⑤程序检验与试切。检验方法是将控制介质上的信息输入机床的数控系统进行空运行（不加工工件）。用笔代替刀具、用坐标纸代替工件，让机床画出加工轨迹，以判断刀具对工件运动的正确性。在有 CRT 屏幕显示的数控机床上，则用图形模拟刀具对工件的运动。这两种检验方法只能检验刀具的运动轨迹是否正确，不能反映工件被切削的加工精度，因此还应对零件进行试切。若试切后发现加工精度达不到要求，应对程序进行修改或采取其他措施提高加工精度，直到加工出合格的零件。

在程序编制过程中，加工顺序和工艺参数的确定与普通机床的相同。在程序单中机床的起停、切削液的开断、主轴及进给速度、刀具选择、纸带制作等，凡懂得机械加工的工艺人员都能胜任。

工艺计算部分，在手工编程中是用一般计算器具进行人工计算的。计算非常繁琐，而且容易出错。编程人员必须具备一定数学知识。

编写程序单时，指令代码和程序格式可参阅机床的使用说明书及相关技术资料。

当加工零件形状复杂、给出的数据量大、计算工作量大或手工编程难于计算时，应采用自动编程。

自动编程是通过电子计算机完成编程工作的。编制零件的加工程序时，应将零件欲加工的部分进行工艺分析，确定加工顺序，确定工件在机床上的装夹和所用刀具等。然后按计算机的语言程序系统所规定的语言和语法编写加工该零件的计算机输入程序（包含全部零件轮廓、各几何元素的定义，必要的计算参数、机床的辅助功能及加工顺序），该程序称为源程序。为了能处理源程序，事先针对一定的加工对象编写好一套程序并将其存放在电子计算机内，这个程序称为"编译程序"，也就是通常所说的"程序系统"或"软件"。当源程序输入计算机后，就可以按编译程序规定的过程去处理。由此可知，有不同的编译程序就可以处理不同语言的源程序，并通过电子计算机的外部设备直接输出控制数控机床用的零件的加工程序单、穿孔纸带以及零件图形。

显然，要进行自动编程首先应熟悉程序系统规定的零件源程序的写法（包括语言和语法），并要了解数控机床的程序编制要求。当编制不同零件的加工程序时，只需根据零件加工要求确定零件在机床上的装夹方法，选用相应的工艺装备，然后，程序编制人员只需使用数控机床的专用"语言"来编写出输入计算机的源程序，不再像手工编程那样参与计算、编写程序单和制作纸带的工作。因此编制程序的工作量减小，简单明晰，也减轻了编程人员的劳动量，不易产生错误，加快了编程速度，使编制程序的计算精度得到提高。

数控铣床不仅适合于加工各种模具型腔，同时也适合于加工冷冲模的凸模、凹模、固定板、卸料板等零件，还可利用刀具的偏置功能调整各相关零件的尺寸差。用数控铣床加工型腔时，加工精度比仿形铣削高得多。但是，对于复杂形状的型腔，不易制作数控纸带时，宜采用仿形铣削。

2）加工中心　加工中心一般是具有快速换刀功能，能进行铣、钻、镗、攻螺纹等加工，一次装夹工件后能自动地完成工件的大部或全部加工的数控机床。国际上加工中心的品种颇多，性能各异，使用方法不尽相同，使用效果也有很大的差别。若所选用机床的功能和使用目的不相适应，往往不能发挥机床的效能。

加工中心大致可分为主轴垂直的立式加工中心和主轴横置的卧式加工中心。两者用于模具加工时各有利弊。从实际使用情况看，立式加工中心使用得多一些。按其换刀方式可分为不带自动换刀装置的加工中心和带自动换刀装置的加工中心。

带自动换刀装置的加工中心的换刀装置由以下部分组成：

①换刀装置。其功能是将夹持在机床主轴上的刀具和刀具库或刀具传送装置上的刀具进行交换。每次换刀的工作循环为：拔刀——→换刀——→装刀。为了实现快速换刀，机床主轴上必需具备：迅速将刀具松开和固定的装置（一般为弹簧夹头夹紧或拉杆拉紧）；键锁紧装置。

②刀库。刀库是储存所需各种刀具的仓库，其功能是接受刀具传送装置送来的刀夹以及把刀夹传给刀具传送装置。刀库有不同的种类，一般以储存刀具的数量（容量）、传送刀具的时间、储存刀具的直径和重量来显示其特性。

③刀具传送装置。其功能是在换刀装置与刀库之间快速而准确地传送刀具。有的加工中心，其换刀装置是把刀库中的刀具与机床主轴上的刀具直接进行交换，在这种情况下就不需要刀具传送装置。

使用加工中心加工型腔或其他模具零件，只要有自动编程装置和CAD/CAM提供的三维形状信息，即可进行三维形状的加工。从粗加工到精加工都可预定刀具和切削条件的选择，因而使加工过程可连续进行。

在模具制造中常常要在同一零件上加工不同尺寸和精度要求的圆孔，对结构复杂的模具所加工孔的数量可达数十个，甚至上百个，如果在普通机床上加工往往要经过数道工序，动用多台机床（如铣床、钻床、坐标镗床等），而用一台加工中心即可加工出其中的大部分孔，而且可进行自动加工。但加工中心是一种价格昂贵的设备，在实际应用中应充分考虑其经济效果。

为了使加工中心在模具制造中有效的发挥作用，应注意做好以下工作：

①模具设计的标准化。为了有效地使用加工中心，从模具设计开始就应注意实施标准化，不随意给出各种尺寸，就可大幅度减少编程时间。

②加工形状的标准化。如果对模具中所需孔的形状按用途归类，则很少出现特别不同的情况，因此可以将这些孔按标准化加工形状归类，并对加工程序、刀具种类及加工尺寸等加以分组汇总，就可以灵活应用自动编程装置和机床的存储器。

③对工具系统加以设计。将使用的刀具及各种夹具进行归类、配合并标准化。

④规范加工范围和切削条件。

⑤重视切屑处理。

⑥充实生产管理，提高机床的运转率。

（4）高速切削加工　高速切削一般是指切削速度高于常规切削速度5～10倍条件下所进行的切削加工。在实际生产中高速切削的速度范围随加工材料和加工方法不同而异。高速车削为700～7000m/min；高速铣削为500～6000m/min；高速钻削为200～1100m/min；高速磨削为50～300m/s。

目前，高速切削在航天、汽车、模具、仪表等领域得到广泛应用。用高速铣削代替电火花进行成形加工，可使模具制造效率提高3～5倍。对于复杂型面的模具，其精加工费用往往占到模具总费用的50%以上，采用高速切削加工可使模具精加工费用大为减少，从而降低模具的生产成本。

高速切削有以下特点：

①切削力小。由于切削速度高，切屑的变形系数减小，和常规切削相比切削力可降低30%或更多，有利于减少工艺系统的受力变形和加工精度的提高。

②传入工件的热量少。由于切削速度高，加工表面受热时间短，使传入工件的切削热大幅减少，大部分被切屑所带走，使加工表面的热影响程度减小，有利于获得低损伤的表面结构状态，保持良好的表面物理力学性能。

③加工质量高。由于高速切削的主轴转速高使激振频率远离工艺系统的固有频率，因此不易激发振动；而且由于工艺系统的受力变形减小和加工表面的热影响程度减小，所以，加工表面能获得高加工精度和表面质量。

④加工效率高。高速切削的切削速度比常规切削提高 5～10 倍。若保持进给速度与切削速度之比不变，则切削时间将随切削速度的提高而减少，再由于自动化程度提高，辅助时间和空行时间减少，可使材料去除率比普通切削加工提高 3～6 倍。

1）高速铣削对机床的要求。高速铣削对机床有以下要求：

①高速主轴。要进行高速铣削需要有性能与之相适应的机床。主轴是机床的重要部件，在模具加工中常要选用 $\phi16mm$ 以下的铣刀，主轴转速应高于 30000r/min。这样转速的主轴要受轴承性能的限制，目前使用较多的是热压氮化硅（Si_3N_4）陶瓷滚动轴承和液体动静压轴承。采用磁力轴承支撑、内装式电动机驱动的主轴，转速可达 20000～40000r/min。

②高速进给系统。在高速铣削中以高出传统 5～10 倍的切削速度进行加工，它要求快的进给速度与之相适应，以保证要求的切削层厚度和理想的切削状态。在高速移动中保持精确的刀具轨迹，进给不能有明显的延迟或过切发生。机床的进给系统采用传统的回转伺服电机是不能满足上述要求的，必须采用全闭环位置伺服电动机直接驱动，并配备能快速处理 NC 数据和高速切削控制算法的 CNC 系统。

③机床的支撑部件。高速切削机床的床身和立柱等支撑部件应具有很好的动、静刚度和热稳定性，可采用聚合物混凝土制造，其阻尼特性比铸铁高 1.9～2.6 倍。

高速铣床除了高速主轴、进给系统和控制系统外，还必须有精密高速的检测传感技术对加工位置、刀具状态、工件状态、机床的运行状态进行监测，以保证设备、刀具能正常工作和保证加工质量。

2）高速切削刀具。高速切削用刀具材料除具有一般刀具应满足的硬度、强度、耐磨性、高的耐热性能外，还必须有良好的抗冲击、抗热疲劳和对被加工材料有较小的化学亲和力。高速铣削的刀具材料应根据被加工的模具材料和加工性质来选择。表 2-12 是典型的高速铣削刀具和工艺参数。

表 2-12　典型的高速铣削刀具和工艺参数

材料	切削速度/（m/min）	进给速度/（m/min）	刀具/刀具涂层
铝	2000	12～20	整体硬质合金/无涂层
铜	1000	6～12	整体硬质合金/无涂层
钢（42～52HRC）	400	3～7	整体硬质合金/TiCH-TiAlCN 涂层
钢（54～60HRC）	250	3～4	整体硬质合金/TiCH-TiAlCN 涂层

3）高速铣削工艺。在进行高速铣削时一般按粗加工→半精加工→清根加工→精加工等工艺顺序进行。

①粗加工。粗加工主要去除毛坯表面的大部分余量，要求高的加工效率，一般采用大直径刀具、大切削间距进行加工。

②半精加工。半精加工进一步减少模具型面上的加工余量，为精加工作准备，一般采用较大直径的刀具、合理的切削间距和公差值进行加工。半精加工后的模具型面余量应较均匀、表面粗糙度较小，在保证公差和表面粗糙度的前提下保持尽可能高的加工效率。

③清根加工。清根加工切除被加工型面上某些凹向交线部位的多余材料，它对高速铣削是非常重要的，一般应采用系列刀具从大到小分次加工，直至达到模具所需尺寸。因为模具表面经过半精加工后，在曲率半径大于刀具半径的凹向交线处留下的加工余量是均匀的，但当被加工零件的凹向交线处曲率半径小于刀具半径时，型面的加工余量比其他部位的加工余量要大得多，在模具精加工前，必须把这部分材料先去掉。否则，在进行精加工过程中，当刀具经过这些区域时，刀具所承受的切削力会突然增大而损坏刀具。从分析中可以看出，清根加工所需的刀具半径应小于或等于精加工时所采用的刀具半径。

经过清根加工后，再进行精加工。当刀具走到工件凹向交线处时，刀具处于不参与切削的空切状态，这样就大大改善了刀具在工件凹向交线处的受力状况，为模具精加工的高速度、高精度提供了良好的切削条件。

④精加工。精加工一般采用小直径刀具、小切削间距、小公差值进行切削加工。

表 2-13 是塑料模具加工的工艺顺序和相应的工艺参数。

表 2-13　塑料模具加工的工艺顺序和工艺参数

加工顺序	刀具	主轴转速 /（r/min）	进给速度 /（mm/min）	切削公差 /mm	背吃刀量 /mm	切削间距 /mm	加工余量 /mm
①粗加工	$\phi60$（R30）	800	400	0.20	1.5	20.0	1.0
②半精加工	$\phi50$（R25）	1500	1000	0.05	1.2	2.0 ~ 5.0	0.2
③清根加工	$\phi2$（R1）~ $\phi10$（R5）	10000 ~ 40000	2000 ~ 4000	0.01	0.2 ~ 0.5	0.1 ~ 0.3	0
④精加工	$\phi6$（R3）~ $\phi16$（R8）	10000 ~ 20000	6000 ~ 8000	0.01	0.2 ~ 0.5	0.1 ~ 0.3	0

第三节　型腔的抛光和表面硬化技术

一、型腔的抛光和研磨

模具型腔或其他成形零件经切削加工后，在它的表面上残留有切削的痕迹；电加工后的表面则残留有放电痕迹和变质层。为了去除表面上那些残留的加工痕迹，就需要对其进行抛光，以减小表面粗糙度的 R_a 值，同时也使表面的摩擦因数减小，提高表面的耐磨性。抛光的程度包括各种等级，从修去加工残留痕迹开始，直到加工成镜面状态的研磨等。抛光和研磨在型腔加工中所占工时比重很大，特别是那些形状复杂的塑料模型腔的抛光工时的比重可达45%。

抛光工序在模具制造中非常重要，它不仅对成形制件的尺寸精度、表面质量影响很大，也影响模具的使用寿命。

抛光加工大致可分为手工抛光和机械抛光。

1. 手工抛光

手工抛光有以下几种操作方法。

（1）用砂纸抛光　手持砂纸，压在加工表面上作缓慢的运动，以去除机械加工的切削痕迹，使表面粗糙度减小，这是一种常见的抛光方法。操作时也可用软木压在砂纸上进行。根据不同的抛光要求可采用不同粒度号数的氧化铝、碳化硅及金刚石砂纸。抛光过程中必须经常对抛光表面和砂纸进行清洗，并按照抛光的程度依次改变砂纸的粒度号数。

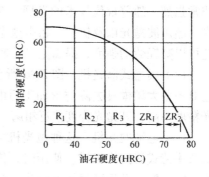

图 2-94　油石的选用

（2）用油石抛光　与用砂纸抛光相似，不同的仅是使用油石作抛光工具。用油石主要是对型腔的平坦部位和槽的直线部分进行抛光。抛光前应做好以下准备工作。

1）选择适当种类的磨料、粒度、形状的油石，油石的硬度可参考图 2-94 选用。

2）应根据抛光面大小选择适当大小的油石，以使油石能纵横交叉运动。当油石形状与加工部位的形状不相吻合时，须用砂轮修整器对油石形状进行修整，图 2-95 所示是修整后用于加工狭小部位的油石。

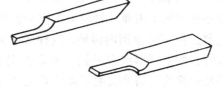

图 2-95　经过修整的油石

抛光过程中由于油石和工件紧密接触，油石的平面度将因磨损而变差，对磨损变钝的油石应即时在铁板上用磨料加以修整。

用油石抛光时为获得一定的润滑冷却作用，常用 L—AN15 全损耗系统用油作抛光液。精加工时可用 L—AN15 全损耗系统用油 1 份、煤油 3 份，透平油或锭子油少量，再加入适量的轻质矿物油或变压器油。

在加工过程中要经常用清洗油对油石和加工表面进行清洗，否则会因油石气孔堵塞而使加工速度下降。

（3）研磨　研磨是在工件和工具（研具）之间加入研磨剂，在一定压力下由工具和工件间的相对运动，驱动大量磨粒在加工表面上滚动或滑擦，切下微细的金属层而使加工表面的粗糙度减小。同时研磨剂中加入的硬脂酸或油酸与工件表面的氧化物薄膜产生化学作用，使被研磨表面软化，从而促进了研磨效率的提高。

研磨剂由磨料、研磨液（煤油或煤油与机油的混合液）及适量辅料（硬脂酸、油酸或工业甘油）配制而成。研磨钢时，粗加工用碳化硅或白刚玉，淬火后的精加工则使用氧化铬或金刚石粉作磨料，磨料粒度可按表 2-14 选择。

表 2-14　磨料的粒度选择

粒　度	能达到的表面粗糙度 R_a/μm	粒　度	能达到的表面粗糙度 R_a/μm
100 ~ 120	0.8	W28 ~ W14	0.2 ~ 0.10
120 ~ 320	0.8 ~ 0.20	≤W14	≤0.10

研磨工具根据不同情况可用铸铁、铜或铜合金等制作。对一些不便进行研磨的细小部位，如凹入的文字、花纹可将研磨剂涂于这些部位用铜刷反复刷擦进行加工。

2. 机械抛光

由于手工抛光要消耗很长的加工时间，劳动消耗大，因而对抛光的机械化、自动化要求非常强烈。随着现代技术的发展，在抛光加工中相继出现了电动抛光、电解抛光、气动抛光、超声波抛光以及机械—超声抛光、电解抛光—机械—超声抛光等复合抛光。应用这些工艺可以减轻劳动强度，提高抛光的速度和质量。

（1）圆盘式磨光机　图 2-96 所示为圆盘式磨光机，用它对一些大型模具去除仿形加工后的走刀痕迹及倒角，抛光精度不高，其抛光程度接近粗磨。

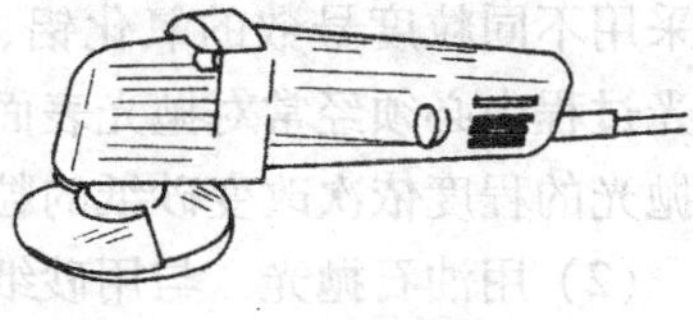

图 2-96　圆盘式磨光机

（2）电动抛光机　这种抛光机主要由电动机、传动软轴及手持式研抛头组成。使用时，传动电动机挂在悬挂架上，电动机启动后通过软轴传动，手持抛光头产生旋转或往复运动。

这种抛光机备有以下三种不同的研抛头，以适应不同的研抛工作。

1）手持往复研抛头。这种研抛头工作时一端连接软轴，另一端安装研具或油石、锉刀等。在软轴传动下研抛头产生往复运动，可适应不同的加工需要。研抛头工作端还可按加工需要，在 270°范围内调整，这种研抛头装上球头杆，配上圆形或方形铜（塑料）环作研具，手持研抛头沿研磨表面不停地均匀移动，可对某些小曲面或复杂形状的表面进行研磨。如图 2-97 所示，研磨时常采用金刚石研磨膏作研磨剂。

图 2-97　手持往复式研抛头的应用
1—工件　2—研磨环　3—球头杆　4—软轴

2）手持直式旋转研抛头。这种研抛头可装夹 $\phi2 \sim \phi12mm$ 的特形金刚石砂轮，在软轴传动下作高速旋转运动，加工时就像握笔一样握住研抛头进行操作，可对型腔的细小复杂的凹弧面进行修磨，如图 2-98 所示。取下特形砂轮，装上打光球用的轴套，用塑料研磨套可研抛圆弧部位。装上各种尺寸的羊毛毡抛光头可进行抛光工作。

3）手持角式旋转研抛头。与手持直式研抛头相比，这种研抛头的砂轮回转轴与研抛头的直柄部成一定夹角，便于对型腔的凹入部分进行加工。它与相应的抛光及研磨工具配合，可进行相应的研磨和抛光工序。

使用电动抛光机进行抛光或研磨时应根据被加工表面的原始粗糙度和加工要求，选用适当的研抛工具和研磨剂，由粗到细逐步进行加工。在进行研磨操作时，移动要均匀，在整个表面不能停留；研磨剂涂布不宜过多，要均匀散布在加工表面上，采用研磨膏时必须添加研磨液；每次改变不同粒度的研磨剂都必须将研具及加工表面清洗干净。

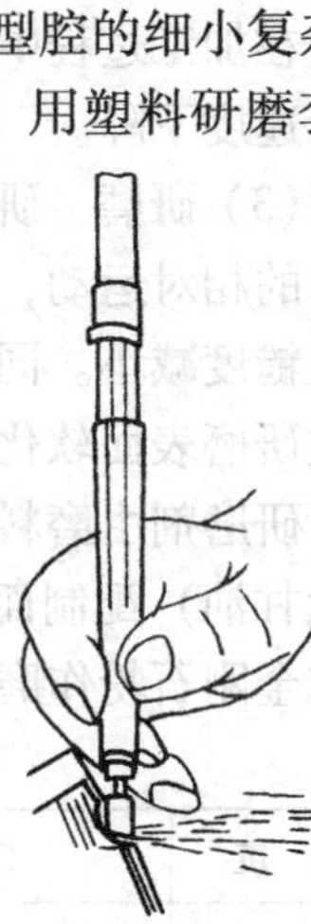

3. 挤压抛光

挤压抛光是用含有磨料的粘弹性介质（它由高分子聚合物和磨料均

图 2-98　用手持直式研抛头进行加工

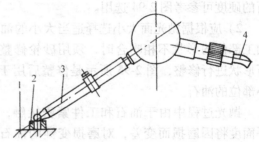

匀混合而成，为叙述方便以下简称介质），在活塞的推动下反复流过模具零件的被加工表面，使表面上微观不平度的波峰被介质中的磨粒逐步除去，以降低表面粗糙度的 R_a 值。其工作原理如图 2-99 所示。

通孔型腔的加工如图 2-99 所示。对于不通孔、阶梯孔型腔和型芯等不同模具零件，可以采用适当结构的夹具，使介质在活塞的压力作用下，沿着一定的通道和夹具流经模具零件的被加工表面进行抛光，如图 2-100 所示。在抛光过程中夹具不仅要夹持工件，还应保证介质不外溢并引导介质按规定的通道反复流过被加工表面。

挤压抛光所用介质由高分子弹性树脂添加退粘剂、润滑剂等组成，呈半透明状，有一定粘弹性和内聚力（如乙烯基硅橡胶等）。其磨料多用氧化铝、碳化硼和金刚石等。

挤压抛光去除的金属量很小，不能校正被加工表面的几何形状误差。挤压抛光后的工件表面必须进行清洗，清洗剂可用聚乙烯、氟利昂、酒精等非水基溶液。

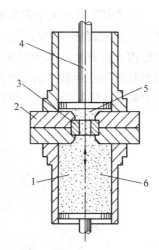

图 2-99　挤压抛光原理
1—粘弹性磨料介质　2—夹具
3—模具零件　4—活塞
5—上部介质缸　6—下部介质缸

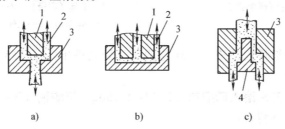

a)　　　　　　b)　　　　　　c)

图 2-100　不同模具零件的抛光
a) 阶梯孔型腔加工　b) 不通孔型腔加工　c) 型芯加工
1—夹具　2—流动介质　3—型腔　4—型芯

挤压抛光有以下特点：

1）加工效果好。对各种不同的原始表面形状，挤压抛光都可以使表面粗糙度达到 $R_a0.04 \sim 0.05\mu m$。

2）加工效率高。一般加工时间只需几分钟至十几分钟。

3）适用范围广。可以对冲模、塑料成形模、拉丝模等进行抛光，抛光的最小孔径可达 0.35mm；可以对有色金属、黑色金属、硬质合金等材料进行抛光；特别适于抛光电火花加工后的型腔表面，去除电火花加工产生的变质层。

4. 电解修磨抛光

电解修磨抛光是在抛光工件和抛光工具之间施以直流电压，利用通电后工件（阳极）与抛光工具（阴极）在电解液中发生的阳极溶解作用来进行抛光的一种工艺方法，如图 2-101 所示。

电解修磨抛光工具可采用导电油石制造。这种油石以树脂作粘结剂与石墨和磨料（碳化硅或氧化铝）混合压制而成，应将导电油石修整成与加工表面相似的形状。抛光时，手持抛光工具在零件表面轻轻摩擦，由于电解作用，加工效率高。

图 2-102 所示为电解修磨抛光原理图。从图中可以看出，加工时仅工具表面凸出的磨粒与加工表面接触，而磨粒不导电，防止了两极间发生短路现象。工具基体（含石墨）导电，当电流及电解液从两极间通过时，工件表面产生电化学反应，溶解并生成很薄的氧化膜，这层氧化膜不断地被移动的抛光工具上的磨粒刮除，使加工表面重新露出新的金属表面，并继续被电解。电解作用和刮除氧化膜交替进行，从而使加工表面的粗糙度逐渐减小，工件被抛光。

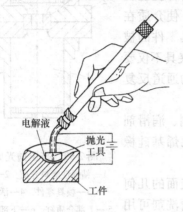

图 2-101　电解修磨抛光

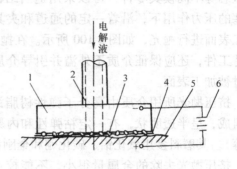

图 2-102　电解修磨抛光原理图

1—工具（阴极）　2—电解液管　3—磨粒

4—电解液　5—工件（阳极）　6—电源

加工电源可采用全波桥式整流，晶闸管调压，最大输出电流 10A，电压 0～24V；也可采用一般直流稳压电源。

电解液常采用每立升水溶入硝酸钠（$NaNO_3$）150g、氯酸钠（$NaClO_3$）50g 制成。

电解修磨抛光有以下特点：

1）电解修磨抛光不会使工件产生热变形或应力。

2）工件硬度不影响加工速度。

3）对型腔中用一般方法难以修磨的部位及形状（如深槽、窄缝及不规则圆弧等），可采用相应形状的修磨工具进行加工，操作方便、灵活。

4）修磨抛光后，模具表面粗糙度一般为 $R_a6.3～3.2\mu m$，对粗糙度指标小于上述范围的表面再采用其他方法加工较容易达到。

5）装置简单，工作电压低，电解液无毒，生产安全。

5. 超声波抛光

超声波抛光是超声加工的一种形式，是利用超声振动的能量，通过机械装置对型腔表面进行抛光加工的一种工艺方法。

图 2-103 所示为超声波抛光原理图。超声发生器能将 50Hz 的交流电转变为具有一定功率输出的超声频电振荡。换能器将输入的超声频电振荡转换成超声机械振动，并将这种振动传递给变幅杆加以放大，最后传至固定在变幅杆端部的抛光工具，使工具也产生超声频振动。

在抛光工具的作用下，工作液中悬浮的磨粒

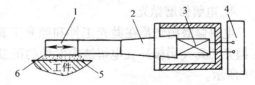

图 2-103　超声抛光原理图

1—抛光工具　2—变幅杆　3—超声换能器

4—超声发生器　5—磨粒　6—工作液

产生不同的剧烈运动，大颗粒的磨粒高速旋转，小磨粒产生上下左右的高速跳跃，均对加工表面有微细的切削作用，使加工表面微观不平度的高度减小，表面光滑平整。按这种原理设计的抛光机称为散粒式超声抛光机。也可以将磨料与工具制成一个整体，如同油石一样，使用这种工具抛光，不需要另加磨料，只要加入工作液即可。图 2-104 所示为这种形式的超声波抛光机。

超声抛光常采用碳化硅、碳化硼、金刚砂等作磨料，粗、中抛光用水作工作液，精细抛光一般用煤油作工作液。超声抛光前，工件的表面粗糙度不应大于 $R_a = 1.25 \sim 2.5 \mu m$，经抛光后粗糙度可达 $R_a = 0.63 \sim 0.08 \mu m$ 或更高。抛光精度与操作者的经验和技术熟练程度有关。

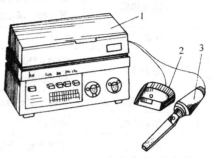

图 2-104　超声波抛光机
1—超声波发生器　2—脚踏开关
3—手持工具头

超声抛光的加工余量与抛光前被抛光表面的质量及抛光后的表面质量有关。最小抛光余量应保证能完全消除由上道工序形成的表面的微观几何形状误差或变质层的深度。如对于采用电火花加工成形的型腔，对应于粗、精加工规准，所采用的抛光余量也不一样。电火花中、精规准加工后的抛光余量一般为 $0.02 \sim 0.05 mm$。

超声波抛光具有以下优点：

1）抛光效率高，能减轻劳动强度。

2）适用于各种型腔模具，对窄缝、深槽、不规则圆弧的抛光尤为适用。

3）适用于不同材质的抛光。

二、型腔的表面硬化处理

模具表面硬化处理的目的是提高模具的耐用度。一般，如果预先按照用途选择优质的模具材料进行适当的热处理后，其结果并不能获得满意的耐用度时，就应该采用硬化处理。但是，在硬化处理时必须选择能保持模具精度、不影响其心部强度的工艺方法。

模具的表面硬化方法，除人们熟悉的镀硬铬、氮化处理外，在 20 世纪 70 年代到 80 年代间，硬质化合物涂覆技术已被推广应用到模具上。现在，对模具进行硬质化合物涂覆处理已成为提高模具寿命有效的方法之一。大力推广这项技术，对于提高模具的加工效率和质量，减少昂贵模具材料的消耗有着十分深远的意义。目前，适用于模具的硬质化合物涂覆方法主要有：化学气相沉积法（CVD）、物理气相沉积法（PVD）和在盐浴中向工件表面浸镀碳化物的方法（TD），见表 2-15。

表 2-15　适用于模具的几种硬质化合物涂覆方法

工艺和性能		方法 CVD	PVD	TD
工艺	处理温度 θ/℃	$800 \sim 1100$	$400 \sim 600$	$800 \sim 1100$
	处理时间 t/h	$2 \sim 8$	$1 \sim 2$	$0.5 \sim 10$
	介　质	真空中 $(2.6 \sim 6.6) \times 10^{-3} Pa$	真空中 $1.3 \times (10^{-1} \sim 10^{-2}) Pa$	盐浴中（常压）
	原　料	金属的卤化物 碳氢化合物、N_2 等	纯金属 碳氢化合物、N_2 等	纯金属 铁合金等的粉末

（续）

工艺和性能	方法	CVD	PVD	TD
涂层性质	涂覆物质	碳化物、氮化物、氧化物、硼化物	碳化物、氮化物、氧化物、硼化物	VC、NbC、TiC 铬的碳化物、硼化物
	厚度 $\delta/\mu m$	$1 \sim 15$	$1 \sim 10$	$1 \sim 15$
	硬度 HV	$2000 \sim 3500$ 随沉积物而异	$2000 \sim 3500$ 随沉积物而异	$2000 \sim 3500$ 随沉积物而异
	与基体的结合性	良好（有扩散层）	欠佳	良好（有扩散层）
	结晶组织	柱状晶粒	细晶粒	等轴晶粒
基体性质	形状	可用于复杂形状	背对蒸发源部分涂不上	可用于复杂形状
	化学成分	不限制（最好是高碳钢）	不限制（低温回火材料不宜用）	含碳量 w_C 大于 0.3% 的钢
	热处理（后处理）	须再淬火—回火	高温回火材料不需要再热处理	须再淬火—回火
	变形	涂覆处理后有变形	涂覆处理后变形很小	涂覆处理后有变形

1. CVD 法

在高温下将盛放工件的炉内抽成真空或通入氢气，再导入反应气体。气体的化学反应在工件表面形成硬质化合物涂层。对于模具主要是气相沉积 TiC，其次是 TiN 和 Al_2O_3。气相沉积 TiC 是将工件在氢气保护下加热到 $900 \sim 1100$℃，再以氢气作载流气体将四氯化钛和碳氢化合物（如 CH_4）输入盛放工件的反应室内，使之在基体表面发生气相化学反应，得到 TiC 涂层。

用 CVD 法处理模具的优点是：

1）处理温度高，沉积物和基体之间发生碳与合金元素间的相互扩散，使涂层与基体之间的结合比较牢固。

2）由于气相反应，用于形状复杂的模具也能获得均匀的涂层。

3）设备简单，成本低，效果好（CVD 法处理的模具一般可提高模具寿命 $2 \sim 6$ 倍），易于推广。

其缺点是：

1）处理温度高，易引起模具变形。

2）由于涂层厚度较薄（不超过 $15\mu m$），所以处理后不允许研磨修正。

3）由于处理温度高，模具的基体会软化，对高速钢和高碳高铬钢模具，必须涂覆处理后于真空或惰性气体中再进行淬火、回火处理。

2. PVD 法

在真空中把 Ti 等活性金属熔融蒸发离子化后，在高压静电场中使离子加速并沉积于工件表面形成涂层。PVD 法大致有离子镀、蒸气镀和溅射三种。由于离子镀沉积效果最明显，并具有沉积速率高、离子绕射性好、附着力强等优点，所以，目前有关模具 PVD 处理的研究应用主要集中于离子镀方面。处理时先将工件置于真空室中，使真空室达 $10^{-2} \sim 10^{-4}$ Pa 真空度，然后通入反应气体（如 H_2 或 $C_2H_2 + Ar$）。在工件和蒸发源（涂覆用金属，如 Ti）

之间加有 3~5kV 的加速电压，在工件周围形成一个阴极放电的等离子区。工件因气体正离子的轰击而被加热。这时，以电子枪轰击蒸发源的金属（Ti），使之熔融、蒸发，并部分离子化，同时在离子化电极加上数十至数百伏的正电压来促进离子化。Ti 离子、原子和气体离子在加速电压的作用下飞向工件（经过等离子区时，尚未电离的 Ti 原子被气体离子、电子碰撞而电离为 Ti 离子），在工件表面发生反应而成为 TiC 涂层：

$$2Ti + C_2H_2 \longrightarrow 2TiC + H_2$$

用 PVD 法处理模具的优点是：

1）处理温度一般为 400~600℃，这一温度在采用二次硬化法处理的 Cr12 型模具钢的回火温度附近，因此这种处理不会影响 Cr12 型模具钢原先的热处理效果。

2）处理温度低，模具变形小。

其主要缺点是：

1）涂层与基体的结合强度较低。

2）如涂覆处理温度低于 400℃，涂层性能下降，故不适于低温回火的模具。

3）由于采用一个蒸发源，对形状复杂的模具覆盖性能不好。若采用多个蒸发源或使工件绕蒸发源旋转来弥补，又会使设备复杂、成本提高。

3. TD 法

将工件浸入添加有质量分数为 15%~20% 的 Fe-V、Fe-Nb、Fe-Cr 等铁合金粉末的高温（800~1250℃）硼砂盐浴炉中，保持 0.5~10h（视要求的涂层厚度、工件材料和盐浴温度而定），在工件表面上形成 1~10μm 或更厚些的碳化物涂覆层，然后进行水冷、油冷或空气冷却（尽量与基体材料的淬火结合在一起进行）。

在 TD 法中碳化物形成和成长的机理如下：

1）碳化物形成元素的原子在高温下以活化原子状态溶于硼砂熔液中，使 B_2O_3 还原，还原后的 B 向基体内扩散，产生渗硼反应。

2）碳化物形成元素与基体表面的碳原子结合，形成几个分子厚度的碳化物薄层。

3）由于碳化物的形成，基体表面的碳原子减少，同时基体内的碳原子相继向表面层扩散，与碳化物形成元素的原子结合，使碳化物层不断增厚。

4）部分碳化物形成元素的原子向基体内扩散，形成固熔体。

碳化物形成与成长过程中，盐浴温度越高，处理时间越长，基体材料的含碳量越高，碳化物涂覆层越厚。

TD 法的优点与 CVD 法类似。其处理设备非常简单（外热式坩埚盐炉，不必密封），生产率高，适合于处理各种中小型模具。但是，由于 TD 法中碳化物形成需消耗基体中的碳，对于含碳量 w_C 小于 0.3% 的钢或尺寸过小的模具零件不宜采用。

第四节　模具工作零件的工艺路线

由于模具种类繁多、工作零件形状各不相同、加工要求和加工条件也不完全一样，不可能列出一个适合于任何形状和要求的凸、凹模的工艺路线，现以图 2-105 所示的凸模和图 2-106 所示的凹模为例讲述模具工作零件的工艺路线，并作简要分析。

图 2-105 所示凸模和图 2-106 所示凹模，工作表面的粗糙度为 $R_a = 0.4μm$，冲裁间隙

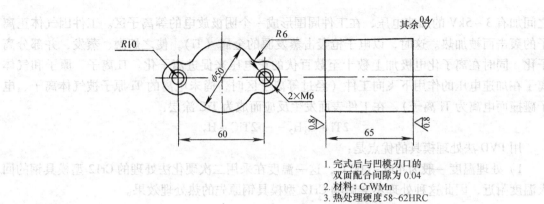

1. 完式后与凹模刃口的
   双面配合间隙为 0.04
2. 材料：CrWMn
3. 热处理硬度 58~62HRC

图 2-105 凸模

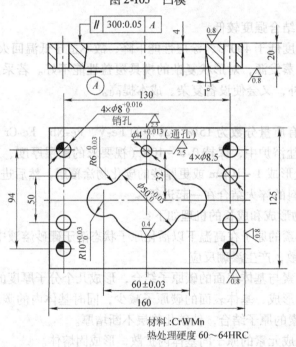

材料：CrWMn
热处理硬度 60~64HRC

图 2-106 凹模

$Z = 0.04$mm。因为冲裁模刃口尺寸精度要求较高，配合间隙小，凸、凹模工作型面为异形表面，且为整体结构，因此，凹模淬火后用坐标磨床精加工型孔。凸模采用成形磨削进行精加工。凸、凹模均采用锻件作毛坯。凹模、凸模的工艺路线见表 2-16 和表 2-17。

表 2-16 凹模的工艺路线

工序号	工序名称	工 序 内 容
1	备 料	将毛坯锻成平行六面体。尺寸为：166mm×130mm×25mm
2	热处理	退火
3	铣（刨）平面	铣（刨）各平面，厚度留磨削余量 0.6mm，侧面留磨削余量 0.4mm
4	磨平面	磨上、下平面，留磨削余量 0.3~0.4mm 磨相邻两侧面保证垂直
5	钳工划线	划出型孔线，固定孔及销孔线

（续）

工序号	工序名称	工 序 内 容
6	型孔粗加工	在仿铣床上加工型孔，留单边加工余量 0.15mm
7	加工余孔	加工固定孔及销孔
8	热处理	按热处理工艺保证 60~64HRC
9	磨平面	磨上、下面及基准面达要求
10	型孔精加工	在坐标磨床上磨型孔，留研磨余量 0.01mm
11	研磨型孔	钳工研磨型孔达规定技术要求

表 2-17　凸模的工艺路线

工序号	工序名称	工 序 内 容
1	备　料	按尺寸 90mm×60mm×70mm 将毛坯锻成矩形
2	热处理	退火
3	粗加工毛坯	铣（刨）六面保证尺寸
4	磨平面	磨两大平面及相邻的侧面保证垂直
5	钳工划线	划刃口轮廓线及螺孔线
6	刨型面	按线刨刃口型面留单面余量 0.3mm
7	钳工修正	保证表面平整，余量均匀，加工螺孔
8	热处理	按热处理工艺，保证 58~62HRC
9	磨端面	磨两端面保证与型面垂直
10	磨型面	成形磨刃口型面达设计要求

表 2-16 和表 2-17 所列工艺路线可概括为

备料——毛坯外形加工——划线——刃口型面粗加工——螺孔和销孔加工——热处理——平面精加工——刃口型面精加工——研磨。

1）备料。根据凸模、凹模的尺寸大小和结构形状，准备合适的毛坯。对锻件毛坯进行锻造、退火、清理等。为了便于机械加工和划线，在表 2-16 和表 2-17 中将凹模和凸模毛坯都锻造成平行六面体。

2）毛坯外形加工。毛坯外形的加工包括粗加工和精加工两个步骤。粗加工的主要目的是去除毛坯的锻造外皮，使平面平整，为毛坯的精加工作准备。精加工一般都采用磨削加工，其主要目的是为钳工划线作准备，为后续工序提供合格的工艺基准。

3）划线。划出凸模和凹模的刃口轮廓线、螺孔线、销孔线，为以后的机械加工提供依据。

4）刃口轮廓粗加工。按刃口轮廓线粗加工凸模和凹模型面，留适当余量，为凸模和型孔的精加工作准备。按照凸、凹模的结构复杂程度和生产条件可采用不同的加工方法。

5）螺孔和销孔加工。钻螺纹底孔并攻螺纹、钻铰销孔（按线加工或配作）。

6）热处理。淬火、回火等，使凸、凹模达到规定的硬度要求。

7）平面精加工。磨上、下平面（端面、侧面）使之达设计要求，并为后继工序提供基准。

8）型面精加工。磨削刃口型面，达设计要求。

9）研磨。当刃口型面精加工，其表面质量不能满足设计要求才安排研磨工序。在磨削刃口型面时应留适当研磨余量。

对同一副模具的凸模或凹模，在制造过程中由于生产条件不同，采用的工艺方法不一定相同，其工艺路线和所安排工序的数目也可能不同。例如图2-106所示凹模，若工厂拥有适合的加工中心，可在加工中心经一次装夹后，完成型孔、固定孔及销孔的加工。使工件不必在多台机之间周转，减少工件的安装次数，省去划线工序，容易保证加工精度。且工序数减少，工艺路线短，方便了管理。这时凹模的工艺过程概括为：备料——→毛坯外形加工——→型孔、固定孔和销孔加工——→热处理——→平面精加工——→型孔精加工——→研磨。

图2-107和图2-108所示分别为冲定子槽凸模和凹模镶块。由于该模具制造精度较高，为了延长模具寿命，冲槽凸模和凹模镶块均使用硬质合金材料。它们的加工工艺过程分别列于表2-18和表2-19。

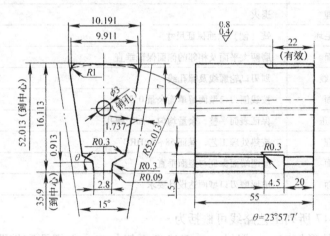

图2-107　冲定子槽凸模

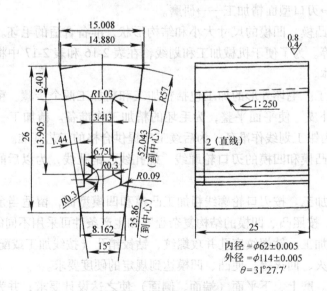

图2-108　冲定子槽凹模镶块

表 2-18 定子槽凸模的工艺过程

工序号	工序名称	工 序 内 容	设备	加 工 示 意 图
1	坯料准备	按加工图要求放适当余量		
2	坯料检验	尺寸、形状和加工余量的检验		
3	平面磨削	粗磨两侧面（将电磁吸盘倾斜15°，工件周围用辅助块加以固定） 磨削上、下平面达要求（用角度块定位）并保证各镶块高度一致 精磨两侧面（方法如前） 磨削两端面使总长（55.5mm）达到一致 磨槽（4.5mm）	平面磨床	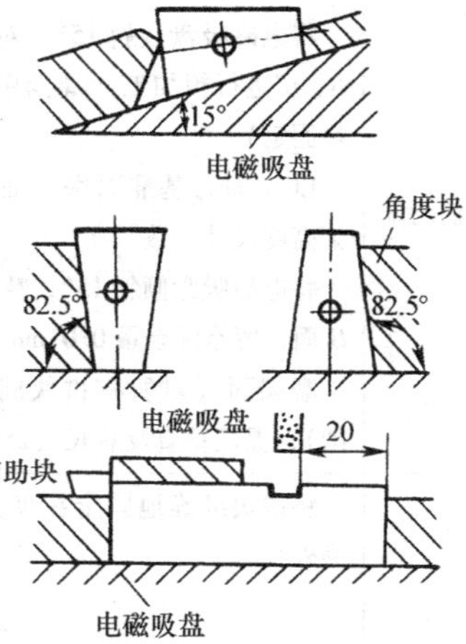
4	磨削外径	磨 R52.014mm 的圆弧达精度要求	外圆磨床	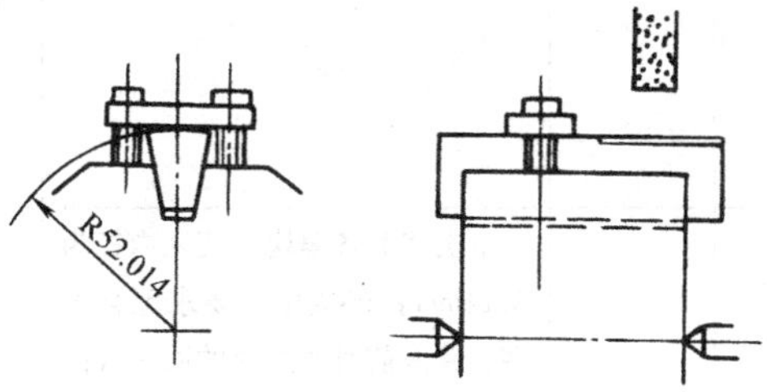
5	磨槽部及圆弧	按放大图对拼块槽部进行精磨 按同样方法对反面圆弧进行精磨	光线曲线磨床	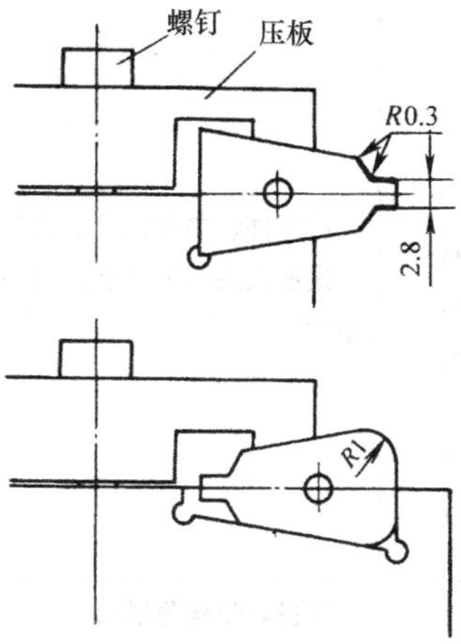
6	检验	测量各部分尺寸 形式检验 硬度检验		

表 2-19 定子槽凹模镶块工艺过程

工序号	工序名称	工序内容	设备	加工示意图
1	坯料准备	按图样要求放适当的加工余量		
2	坯料检验	检验尺寸、形状和加工余量		
3	平面磨削	以 A′面为基准面磨 A 面 将电磁吸盘倾斜 15°，对侧面 B、B′进行粗加工（周围用辅助块固定） 以 A 面为基准面磨 A′面，保证高度尺寸一致 将电磁吸盘倾斜 15°，精磨 B、B′面，留修配余量 0.01mm 磨端面（对所有拼块同时磨削），保证垂直及总长（25mm）	平面磨床	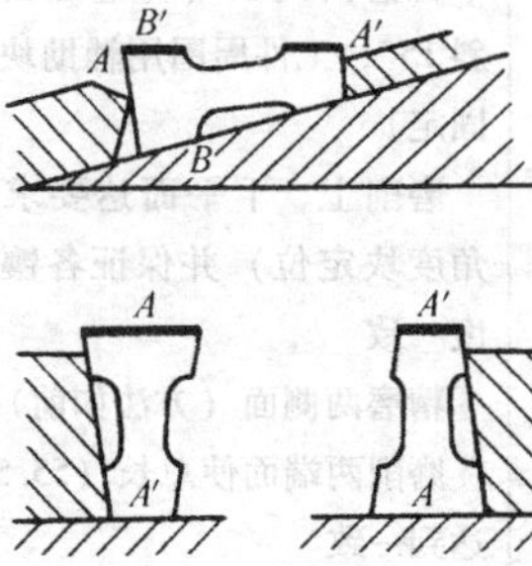
4	磨外径	将拼块准确地固定在夹具上，磨外径	外圆磨床	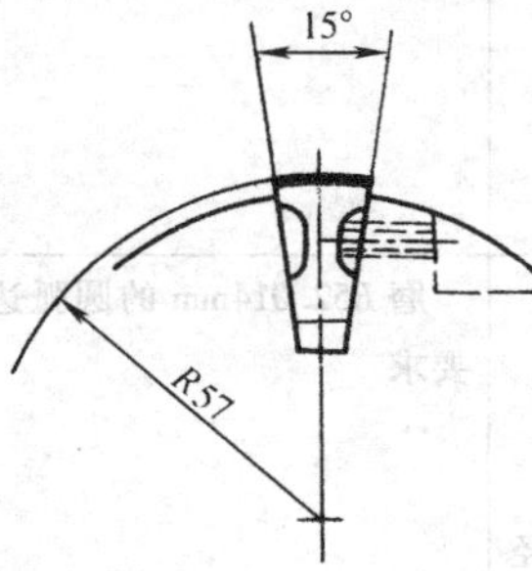
5	平面磨削	依次修磨各镶块，镶入内径为 φ114mm 的环规中，要求配合可靠，镶入前对各拼块的两拼合面应均匀地进行磨削	平面磨床	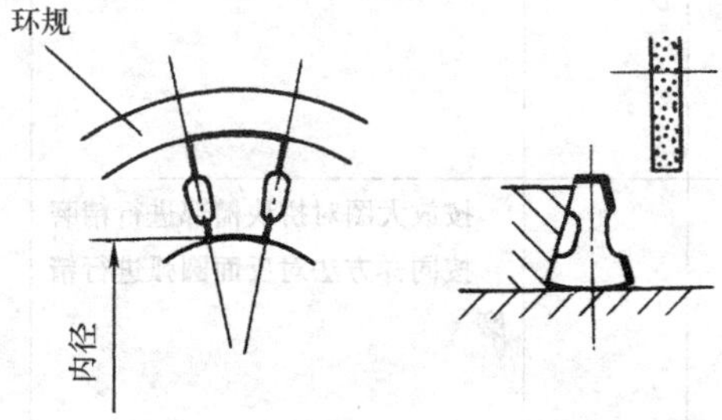
6	磨削刃口部位	将工件装夹在夹具上校正 按放大图对工件进行粗加工和精加工	光学曲线磨床	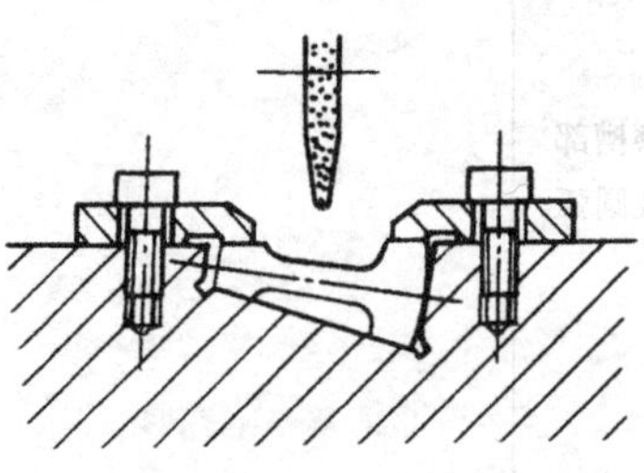
7	检验	用投影仪检验槽形 将拼块压入环规内（见工序 5）测量槽径、内径、后角和型孔的径向性等 硬度检验		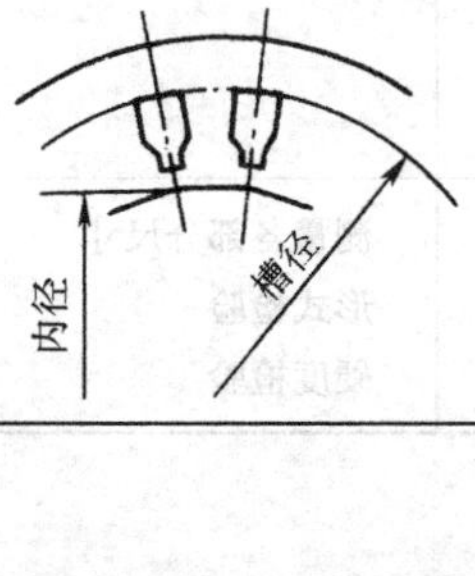

第五节　机械加工精度

机械加工精度是指加工后零件表面的实际几何参数（形状、尺寸、位置等）与理想几何参数的符合程度。由于任何加工方法都不可能把被加工表面加工得绝对准确，所以加工后零件表面的实际几何参数与理想参数之间总存在误差，这种误差称为加工误差。加工误差越小则加工精度越高，反之加工精度越低。

在机械加工中，被加工表面的尺寸、几何形状和各表面间的相互位置取决于工件和刀具间的相对位置和运动关系。工件（通过夹具）和刀具都装夹在机床上，由机床提供运动和动力实现切削加工。这样，机床—夹具—工件—刀具就构成了一个工艺系统。由于工艺系统自身存在着误差，加工过程中的力和热效应也会引起加工误差，加工过程中的调整和测量等都存在着误差。所以，加工误差是上述误差因素综合作用的结果。

对机械加工精度进行分析的根本目的在于减小加工误差，提高零件的加工精度。为了达到这一目的，必须充分了解各种加工误差的特点，分析它们产生的根源，从而找出提高机械加工精度的途径。

一、工艺系统的几何误差对加工精度的影响

工艺系统的几何误差是指机床、夹具、刀具和工件的原始误差（机床、夹具、刀具的制造和安装误差以及工件毛坯和半成品所存在的误差等）。这些误差在加工中会或多或少地反映到工件上，造成加工误差。随着机床、夹具和刀具在使用过程中逐渐磨损，工艺系统的几何误差将进一步扩大，工件的加工精度也就相应降低。

1. 机床的几何误差

（1）机床主轴的回转误差　机床的主轴传递着主要的加工运动，其回转误差将在很大程度上决定工件的加工质量。

主轴回转误差分为3种基本方式：轴向窜动、纯径向跳动和纯角度摆动。

影响主轴回转误差的因素主要有：滑动轴承轴颈和滚动轴承滚道的圆度误差（图2-109）；滚动轴承内环滚道的内孔偏心（图2-110）；滚动轴承内、外环滚道的倾斜（图2-111）；止推轴承滚道与主轴回转轴线的位置误差（图2-112）；滑动轴承轴颈、轴承套或滚动轴承滚道的坡度；滚动轴承滚动体的圆度误差和尺寸误差；轴承间隙以及加工中的受力变形等。由于这些因素的综合影响使主轴回转轴线的空间位置在每一瞬时都处于变动状态，如图2-113所示。在每一转中轴线的空间位置都是不固定的，这种现象也称为主轴的漂移。

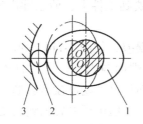

图2-109　滚道的圆度误差
1—内环　2—滚动体　3—外环

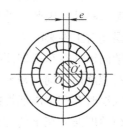

图2-110　内环滚道对内孔偏心
O'—主轴的几何轴线　　O—滚道回转中心

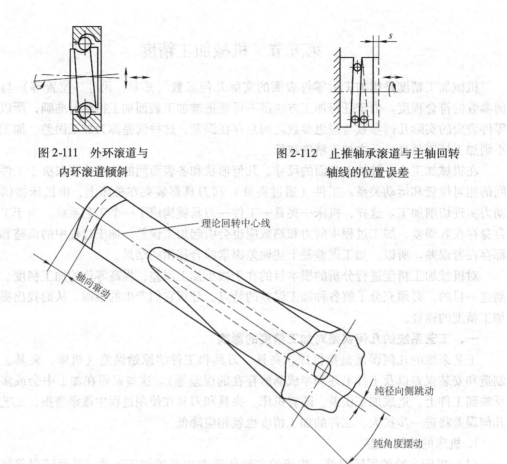

图 2-111　外环滚道与
内环滚道倾斜

图 2-112　止推轴承滚道与主轴回转
轴线的位置误差

理论回转中心线

轴向窜动

纯径向侧跳动

纯角度摆动

图 2-113　主轴回转误差的基本形式

　　主轴的回转误差对不同的机床和加工的加工精度的影响也不同。图 2-109 中所示的以滚动轴承支承的主轴，由于内环滚道的圆度误差，当内环随主轴一起旋转时，主轴将沿 O-O' 方向产生径向跳动。对于各种车床，车削时主轴的受力方向是一定的（切削力的方向是固定的）。在定向力的作用下轴承内环、滚动体、外环仅在外环滚道的某一确定位置上相接触（该位置称为外环的承载区）。由于内环随主轴转动，内环滚道上的每一点都要通过外环的承载区，因此内环的形状误差将被反映到工件上去，使工件也产生圆度误差。外环的形状误差对工件加工误差的影响极小。但在镗床类的机床上镗孔时，主轴、内环和镗刀一起旋转，切削力在内环滚道上的作用部位不变，即内环滚道承载区的位置固定不变，内环滚道的承载区要沿外环滚道移动，因此，外环滚道的形状误差将反映到工件上，使工件产生形状误差。内环的形状误差对工件影响不大。

　　主轴的轴向窜动在车削端面时会使端面产生平面度误差，如图 2-114 所示。当主轴向前窜动时形成右螺旋面，向后窜动时形成左螺旋面，也使端面与内、外圆柱面产生垂直度误差。当车削螺纹时会产生周期性螺距误差，对车削圆柱面的尺寸精度没有影响。

　　主轴的纯角度摆动在车削时仍可以获得圆的加工表面，但由于主轴的纯角度摆动，使回转轴线产生偏斜，与导轨不平行，车出的加工表面产生圆柱度误差；在镗孔时使镗出的孔产生圆度误差。

（2）导轨的误差　现以车床为例来说明导轨误差对零件加工精度的影响。车床床身导轨是某些部件的安装和运动基准。有关标准对床身导轨的制造精度规定了以下3方面的要求：

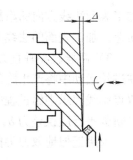

1）导轨在水平面内的直线度误差。设想用一个水平面截车床导轨，截平面与导轨的实际交线和理想交线形状如图2-115所示。该图形象地反映了导轨的直线度误差δ。由于在水平面内存在直线度误差，车刀在沿工件的轴线方向进给时，将沿工件的半径方向（即加工表面的法线方向）产生相应的附加位移δ，导致工件半径上产生加工误差Δ（$\Delta = \delta$）。车削后的工件将产生形状误差。图2-115中所示车刀位置

图2-114　轴向窜动引起
的加工误差

I、II是加工过程中车刀所处的两个不同的轴向进给位置。

2）导轨在垂直平面内的直线度误差。用垂直平面截车床导轨，可同样反映出导轨在垂直平面的直线度误差δ。该误差同样使车刀在进给运动中沿加工表面的切线方向产生附加位移δ，在工件半径上导致加工误差Δ，如图2-116所示。

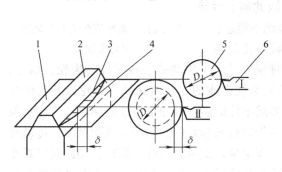

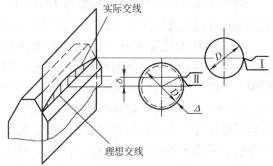

图2-115　导轨在水平面内的直线度误差

1—截平面　2—导轨　3—理想的导轨交线
4—导轨的实际交线　5—假想工件尺寸　6—车刀

图2-116　导轨在垂直平面内的直线度误差

由于

$$\left(\frac{D}{2} + \Delta\right)^2 = \delta^2 + \left(\frac{D}{2}\right)^2$$

即

$$\frac{D^2}{4} + D \times \Delta + \Delta^2 = \delta^2 + \frac{D^2}{4}$$

因为加工误差Δ很小，故将Δ^2略去不计，则有

$$\Delta = \frac{\delta^2}{D}$$

由于沿导轨长度方向上的不同位置处的δ是不同的，所以沿工件的轴线方向的Δ也不相同，车削后工件产生形状误差。因为D比δ大得多（在正常情况下δ在0.05mm以下），所以车削加工中床身导轨在垂直平面内的直线度误差对加工精度的影响远小于水平面内的直线度误差对加工精度的影响。

导轨在水平面内的直线度误差引起的刀具附加位移沿着加工表面的法线方向，导致的加工误差为$\Delta = \delta$。在垂直平面内的直线度误差引起的刀具附加位移沿着加工表面的切线方向，导致的加工误差为$\Delta = \frac{\delta^2}{D}$。若导轨在水平面内和垂直平面内的直线度误差相同，显然刀具沿

加工表面法线方向的附加位移导致的加工误差远大于刀具沿切线方向的附加位移导致的加工误差。加工表面的法线方向称为误差的敏感方向。分析加工误差时应注意误差的敏感方向。

3）两导轨在垂直方向的平行度误差。当车床前、后导轨在垂直方向上不平行时，刀具在进给运动中将产生附加的摆动（图2-117），使刀尖运动的轨迹变成一条空间曲线。图中双点画线表示进给过程中车刀的瞬时位置对起始位置（图中实线）的变化状态。若前、后导轨的平行度误差为δ，刀具在进给过程中的附加摆动使工件在半径上产生加工误差Δ。

如果近似地取刀尖摆动时的水平位移为Δ，$\alpha = \alpha'$。

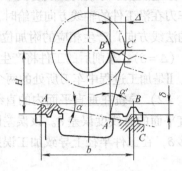

得	$\triangle ABC \backsim \triangle A'B'C'$
则有	$\Delta : \delta = H : b$
所以	$\Delta = (H/B) \cdot \delta$

一般情况下沿导轨长度方向上的不同位置的δ是不相同的，所以工件沿轴线方向上的Δ值也不相同，车削后的工件将产生圆柱度误差。

对于车床$H/B \approx 2/3$，外圆磨床$H/B \approx 1$，因此前、后导轨在垂直方向上的平行度误差所引起的加工误差绝不能忽视。

图2-117　两导轨在垂直方向的平行度误差

（3）机床的传动误差　传动误差是指内联系传动链中首、末两端传动元件之间的相对运动误差。这种误差是由于传动链中各元件（齿轮、蜗杆、蜗轮、丝杠、螺母等）的制造误差、装配误差和磨损造成的。它使螺纹、齿轮以及其他按展成原理加工的表面在切削时产生加工误差。要减小传动误差对加工精度的影响，应注意保证传动链中传动元件的制造和装配精度，特别是传动链末端元件的制造和装配精度；传动路线越长、传动元件越多则传动误差越大，因此，应尽量减少传动元件，缩短传动路线以减小传动误差；必要时可以采用附加的校正机构来减小传动误差。图2-118所示为在高精度丝杠车床或螺纹磨床上用校正装置来补偿丝杠螺距误差的示意图。图2-118中螺旋传动副的螺母和摆杆连接为一体，摆杆的另一端和校正尺接触，当螺母移动时摆杆就沿校正尺滑动。由于校正尺上与摆杆接触的表面预先已加工出与丝杠螺距误差相对应的曲线，当螺母移动时摆杆就随曲线的凸、凹抬高或下降，使螺母产生附加转动。当螺母的转动与丝杠的转动方向相反时，工件的螺距增大；方向相同时螺距减小。这种增大和减小正好抵消丝杠的螺距误差。

2. 调整误差

调整误差是指工艺系统在加工时未调整到正确位置而产生的误差。例如采用调整法加工时，若刀具相对于工件未调整到正确位置，必然会产生加工误差，降低零件的加工精度。为了减小调整误差，对于中小型工件可制造一个标准件，或采用对刀样板来调整刀具和工件的相对位置；对于铣床夹具，为了方便、准确地调整铣刀和工件的相对位置，常常设计专门的对刀块来调整刀具的位置；在精密加工中常常采用对刀显微镜、光测、电测等来调整刀具和工件的相对位置。

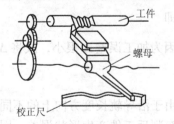

图2-118　螺距校正示意图

调整误差的大小与调整中所用工具（标准件、对刀样板等）的精度、调整过程中测量工件所产生的误差、机床调整机构的精度和灵敏度等因素有关。

3. 原理误差

由于采用了近似的成形运动或近似的刀具刃口轮廓而引起的加工误差，称为原理误差。

在加工时为了得到要求的加工表面，必须使刀具和工件作相应的成形运动。例如车螺纹必须使车刀和工件之间有准确的螺旋运动，即工件绕轴线回转一周，车刀必须沿工件的轴线方向准确地移动一个螺旋导程。如果车床主轴和丝杠挂轮的传动比不是准确的等于所要求的传动比，加工后螺纹的螺距必然不等于理想螺距，从而造成加工误差。又如电火花线切割加工时，一般情况下都是用折线（电极丝的运动轨迹）代替设计图样上的理想曲线或直线段，也必然存在加工误差。这两种情况都是由于采用了近似的成形运动，其加工误差都属于原理误差。

除上述情况外，在用成形刀具加工成形表面时，为了简化刀具的设计及制造，常常用近似的圆弧刃口来代替非圆弧曲线的刃口，或者用其他近似的刃口轮廓来代替理想的刃口轮廓。如用阿基米德蜗杆或法向直廓蜗杆作为基本蜗杆代替渐开线基本蜗杆制造齿轮滚刀，这样也会导致加工表面产生误差，这种加工误差也属于原理误差。

从理论上讲，应该采用理想的成形运动和理想的刀具刃口轮廓进行加工，以获得加工表面的理想形状。但这样做有时会使机床、夹具、刀具的结构极其复杂，制造困难，或者由于成形运动的环节增多，机构运动的误差增大，反而得不到高的加工精度。相反，由于采用了近似的成形运动或刀具刃口轮廓，既可满足加工的精度要求，又可以简化设备，使工艺过程更为经济。所以，不能认为存在原理误差的加工方法就不是完善的加工方法。

4. 刀具、夹具的制造误差和磨损

刀具的制造误差和磨损对零件加工精度的影响随刀具的种类不同而有所不同。当用定尺寸刀具，如钻头、铰刀、键槽拉刀、丝锥、板牙、键槽铣刀等进行加工时，被加工表面的尺寸精度主要受刀具工作部分的尺寸及制造精度的影响。

对于成形刀具（如成形车刀、成形铣刀等）和按展成法加工的刀具（如齿轮滚刀、花键滚刀、插齿刀等），其刃口轮廓及有关尺寸精度将直接影响被加工表面的精度。

对于以上的各种刀具应根据工件的精度要求来进行设计、制造和选用。

对于普通车刀、刨刀等单刃刀具来说，制造误差对加工精度的影响极小。

在切削过程中，随着刀具的磨损刀尖和工件的相对位置要改变，加工误差也会随之增大。在一般情况下，车刀、刨刀等单刃刀具磨损后对加工精度的影响较小，可以不考虑。但当用这些刀具加工大直径的长工件、大平面，或在一次装刀后要加工一批工件时，刀具磨损的影响也应当加以注意。对于不同的加工要求应合理控制刀具的磨损，及时进行调整或刃磨。在刃磨成形刀具和展成刀具时，除恢复刀具的切削性能外还应注意保证不破坏它们的精度要求，否则刃磨后将造成较大的加工误差。考虑到刀具的磨损对加工精度的影响，在切削加工过程中要注意正确选择切削用量和冷却润滑液，以减小刀具的磨损速度。

除刀具的制造误差和磨损对加工精度的影响外，对于成形刀具，如果安装不正确，加工时也会使被加工表面产生误差。如图 2-119 所示车螺纹时，由于螺纹车刀刀尖角的等分线与工件的回转轴线不垂直，使螺纹的断面角产生误差。所以，使用成形刀具必须特别注意刀具的正确装夹。

工件通过夹具定位，可使被加工表面相对于机床和刀具具

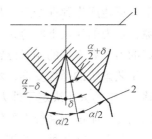

图 2-119　螺纹车刀未正确安装
1—工件轴线　2—螺纹车刀

有正确的位置。因此，夹具的制造误差和磨损将直接影响工件的加工精度。例如三爪自定心卡盘的定心误差，使车削的外圆柱面和内孔与工件的定位基面间产生同轴度误差。铣床夹具上支承工件的水平定位面与铣床工作台面不平行，铣出的平面将和定位面间产生平行度误差，对刀装置的误差将影响加工表面的尺寸和位置精度。因此，夹具设计时应根据工件的加工要求规定夹具及主要零件的尺寸、位置公差。如果夹具上的定位元件和引导元件磨损，将进一步增大加工误差。因此，夹具在使用过程中应定期检验，及时更换或修理磨损严重的元件。

5. 工件的几何误差

在切削加工中，由于毛坯自身存在形状或位置误差，加工后在工件上出现与毛坯误差相类似的加工误差，这种现象称为误差复映。如图 2-120 所示车削一个有圆度误差的毛坯，将车刀调整到图中的圆的位置。因为工件存在形状误差，当工件顺时针旋转时背吃刀量由 a_{P1} 变化到 a_{P2}。因为 $a_{P1} > a_{P2}$，相应的背向力 $F_{P1} > F_{P2}$，由切削力引起的工艺系统的位移 $Y_1 > Y_2$。车削后工件的误差 Δ 为：

$$\Delta = Y_1 - Y_2$$

与之对应的毛坯误差 $\Delta_{毛}$ 为：　$\Delta_{毛} = a_{P1} - a_{P2}$

令

$$\frac{\Delta}{\Delta_{毛}} = \frac{Y_1 - Y_2}{a_{P1} - a_{P2}} = \varepsilon$$

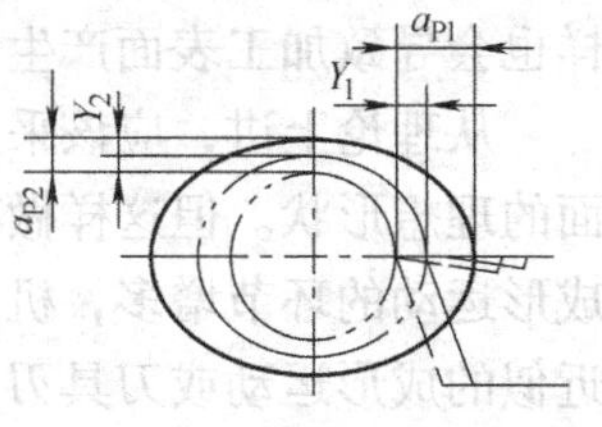

图 2-120　毛坯形状误差

比值 ε 称为误差复映系数，它表明加工误差与毛坯误差间的比例关系。ε 是一个小于 1 的数，所以由误差复映引起的加工误差会以一定的比例将毛坯误差缩小。

如果毛坯经过第一次进给后，再次进给，则第二次进给后的加工误差为：

$$\Delta_2 = \varepsilon_2 \Delta_1 = \varepsilon_2 \varepsilon_1 \Delta_{毛}$$

式中　Δ_1、ε_1——第一次进给后的加工误差和误差复映系数。

同理，若工件经 n 次进给，最后的加工误差为：

$$\Delta_n = \varepsilon_1 \varepsilon_2 \varepsilon_3 \cdots \varepsilon_n \Delta_{毛} = \varepsilon_{总} \Delta_{毛}$$

式中　　$\varepsilon_{总}$——总的误差复映系数；

$\varepsilon_1 \varepsilon_2 \varepsilon_3 \cdots \varepsilon_n$——各次进给的误差复映系数。

由于复映系数总小于 1，所以采用合理的工艺安排总可以使复映误差减小到允许的范围之内。

二、工艺系统的力效应对加工精度的影响

在加工过程中，工艺系统的组成环节在切削力、夹紧力、传动力、惯性力、重力等的作用下，可能产生弹性变形，某些接触面上还可能产生塑形变形。系统中某些配合元件间存在间隙，在力的作用下配合元件也可能产生消除间隙的位移。由于变形和位移的影响，已经调整好的刀具和工件的相对位置将发生改变，从而导致加工误差。

工艺系统的弹性变形、塑性变形和配合间隙消除所引起位移量的总和称为工艺系统的总位移[⊖]。它的大小决定于外力的大小，也决定于工艺系统抵抗变形的能力，这种能力称为系统的刚度。刚度用系统上的作用力与在力作用方向上所引起的位移之比来表示。在加工过程中，工艺系统在各种力的作用下，将在各个受力方向上产生相应的位移。其中以零件被加工

⊖　为使叙述简练，在下文中无特别说明时位移均指总位移。

表面在其法线方向相对于刀具的位移,对加工精度的影响最大,对该位移进行分析更有实用价值。所以工艺系统的刚度是指作用于工件加工表面法线方向上的切削力,与刀具在切削力作用下相对于工件在该方向上的位移之比。即

$$K = \frac{F_P}{Y_n}$$

式中　K——工艺系统的刚度;

　　　F_P——法向切削力;

　　　Y_n——法向位移。

则系统的位移为:

$$Y_n = \frac{F_P}{K}$$

由上式可以看出对于一个确定的工艺系统,作用在系统上的力越大,系统的位移量也越大。假若系统刚度极大,尽管有切削力等的作用,也可以将系统的位移量限制在加工精度所允许的范围之内。所以为了保证加工精度,必须对工艺系统各环节的刚度进行分析研究。

1. 工艺系统的刚度分析

(1) 工件和刀具的刚度　在讨论工件的刚度时为了便于分析,假设机床和刀具的刚度很大,受力后其变形极小,可略去不计。

以车削外圆柱面为例,用两顶尖支承车削光滑圆柱面,作用于工件加工表面法线方向的切削分力为 F_P (图 2-121a),工件受力变形的位移量可按自由支承的二支点梁计算:

$$Y_工 = \frac{F_P \cdot X^2 (L - X)^2}{3EIL}$$

式中　E、I——工件材料的弹性模量和工件断面的惯性矩。

对于一定的加工条件,E、I 都是定值,所以工件的位移 $Y_工$ 是走刀位置 X 的函数。其最大位移 $Y_{工max}$ 在 $X = L/2$ 处,即

$$Y_{工max} = \frac{F_P L^3}{48EI}$$

加工后工件的形状如图 2-121b 所示。为了减小加工误差,应合理选择刀具的几何参数(如增大主偏角 κ_r)以减小径向切削力 F_P,或采用跟刀架,以提高工件抵抗变形的能力。

当加工某些薄壁零件时,夹紧力会使工件产生较大的弹性变形,造成加工误差。图 2-122a 所示是将薄壁圆环夹持在三爪自定心卡盘内进行镗孔(或磨孔)加工,在夹紧力作用下产生的弹性变形状态。加工出的孔如图 2-122b 所示。当松开三爪自定心卡盘后,圆环由于弹性恢复,使已经加工好的孔产生形状误差,如图 2-122c 所示。为了减小夹紧力引起的加工误差,可在薄壁环外套一个开口的过渡环,如图 2-122d 所示。这样,可使夹紧力在薄壁环的外圆面上均匀分布,减小工件的变形和加工误差。

刀具的刚度根据刀具结构和工作条件而各不相同。车削外圆柱面时,在切削力作用下车刀变形(不包括刀架)的位移量是很小的,由车刀变形引起的加工误差可以不必考虑。但在内圆磨床上磨孔时,如果磨杆刚度不够,会在孔的两端产生较大的"喇叭口"(图 2-9)。

(2) 机床的刚度　机床的刚度是机床性能的一项重要指标,是影响机械加工精度的重要因素。如果机床刚度差,加工时就会使工艺系统变形增大,造成较大的加工误差。机床的刚度是由机床各部件的刚度决定的。各部件的刚度决定于部件中各组成零件自身的受力变形

和各零件间的连接情况，很难用计算方法求得。目前，多数情况都是用实验来测定机床的刚度。如用两顶尖支承工件，当工件的刚度足够时，经实验测定车床的刚度沿主轴回转轴线方向是变化的，自尾顶尖到床头顶尖两端刚度小，中间（即1/2处）位置刚度最大。在车削外圆柱面时，如果机床刚度差，则车削时由切削力引起的工件和刀具在背向力F_p方向（即加工表面的法线方向）的位移在机床的尾座端最大，使背吃刀量变小，随刀具的进给背吃刀量逐渐增大，至工件长度的1/2处背吃刀量变为最大，以后又逐渐减小，至到车头端。车削后工件直径两端大中间小，呈马鞍形，如图2-123所示。

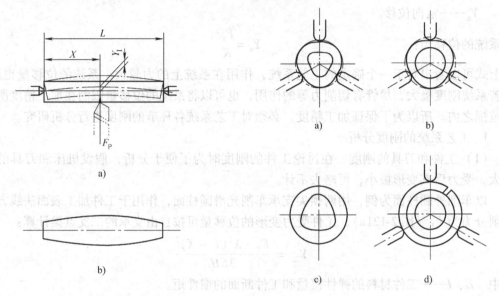

图2-121　用两顶尖支承车圆柱面　　　　　　图2-122　夹紧力引起的加工误差
a）两顶尖支承工件　b）工件的形状误差　　　a）工件弹性变形　b）变形状态下加工出孔
　　　　　　　　　　　　　　　　　　　c）弹性恢复使孔变形　d）加过渡环减小变形

　　为了减少机床在加工过程中的受力变形，可采取以下措施提高机床各部件的刚度：对机床进行合理的结构设计；使连接表面的实际接触面积增加以使这些区域在受力时的变形减小；对某些配合零件施加预加载荷以消除配合面间的间隙。

　　2. 工件内应力对加工精度的影响

　　工件的内引力是指无外载荷作用的情况下，工件内部存在的应力。具有内应力的工件处在一种不稳定的状态中，即使在常温状态下内应力也在不断地变化，直至内应力全部消失为止。在内应力变化的过程中零件可能产生变形，使原有的精度逐渐丧失（严重时会导致裂纹）。为了减小或消除内应力对零件加工精度的影响，必须对内应力产生的原因及减小内应力的方法进行研究。

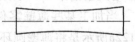

图2-123　车床刚度不足
造成的加工误差

　　（1）毛坯制造过程中产生的内应力　在毛坯制造过程中，由于某些毛坯形状复杂、断面尺寸变化较大，在铸、锻、焊、热处理等的加热、冷却过程中，各部分冷、热收缩不均匀，因而产生内应力。另外，金相组织转变时的体积变化也会使毛坯内部产生相当大的内应力。如图2-124a所示零件，在铸造冷却过程中壁1、3散热容易，冷却较快，壁2较厚，冷却较慢。当壁1、3从塑性状态冷却到弹性状态时，因温度降低引起1、3沿长度方向收缩，由于壁 2 处的金属温度还高，仍处于塑性状态，所以对壁 1、3 的收缩不起阻碍作用。但当壁 2 也冷却到弹性状态时，壁 1、3 早已进入弹性状态，壁 2 的收缩受壁 1、3 的阻碍，因此在壁 1、3 的金属内部形成压应力，壁 2 的金属内部形成拉应力，这些应力处于暂时平衡状态。如果将零件的壁 1 断开，原来的应力平衡状态遭到破坏，在内应力作用下壁 2 沿长度方向收缩，壁 3 沿长度方向伸长，工件产生弯曲变形，如图 2-124b 所示。

和上述情况类似，整块模坯在热处理时表面冷却速度快，中心冷却速度慢，形成冷却速度不均匀或热处理后模坯金相组织不一致，产生内应力，而且越靠近边角处应力变化越大。图 2-125 所示过程是以整块淬硬钢料为模坯，用电火花线切割加工指针凸模。凸模形状如图中

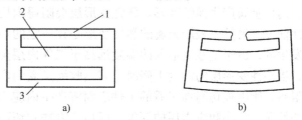

图 2-124　铸件因内应力引起变形
a）零件毛坯　b）内应力引起的变形

双点画线所示。图 2-125a 所示是从指针凸模左侧开始，按箭头方向进行切割。随着切割的进行坯料左、右两侧的联接材料被逐渐割断，模坯的应力平衡状态逐渐丧失，使坯料的右侧部分（包括指针凸模）不断偏斜。当电极丝切割到指针头部时形成图 2-125a 所示变形状态，因此切割出的凸模达不到预期的尺寸要求。

为了消除上述影响，可从指针凸模右侧开始，按箭头方向进行切割。尽管在切割过程中指针凸模右侧部分的坯料也会产生和图 2-125a 类似的变形，但坯料上的凸模部分并不偏斜，所以坯料的变形不会影响凸模的加工精度。此外，还可考虑在模坯上作出穿丝孔，从模坯内部切割指针凸模，使模坯外形不被切开，仍为一个封闭整体，如图 2-125c 所示。同样，可以减小内应力引起的变形，以保证加工精度。

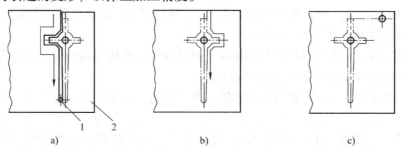

图 2-125　内应力引起模坯变形
a）不正确的切割方式　b）、c）正确的切割方式
1—电极丝　2—模坯

（2）冷校直产生的内应力　用冷校直方法校直零件的过程如图 2-126 所示。图 2-126a 中实线是零件未经校直的状态，设零件未经校直时尚无内应力。在外力 F 的作用下零件产生弹性变形，其应力分布如图 2-126b 所示。当外力 F 去除后，由于弹性恢复零件仍成弯曲状态。对处于弹性变形状态下的零件继续加大外力，直到工件上、下部分（图 2-126b、c 双点画线以外的部分）一定厚度的金属层产生塑性变形。在这种状态下去除外力后，工件内部弹性变形部分的应力形成力矩 M_1，使零件有恢复到原始状态的趋势。由于上、下部分已有一定厚度的金属层产生了塑性变形阻止这种恢复，形成与弹形变形层应力相反的应力。该

应力形成力矩 M_2，如图 2-126c 所示。如果零件逐渐回复到平直状态时 $M_1 = M_2$（内应力处于平衡状态），零件即被校直，但产生了内应力。如果进行机械加工，将塑性变形的金属层部分或全部切除，内应力的平衡状态将被破坏，工件又会产生弯曲变形。

（3）切削加工引起的内应力　切削加工时，由于刀具的挤压和摩擦作用，使工件被加工表面的表层金属产生塑性变形，内层金属产生弹性变形。塑性变形层会阻碍内层金属的弹性恢复。另外，表层金属的塑性变形是在一定的切削温度下发生的，由于塑性变形区的温度远高于工件内层金属的温度，当塑性变形层的温度下降时，其热收缩又受到内层金属的阻碍，所以被切削加工后的工件表面将产生内应力。内应力的性质、大小和应力层的深度，因加工方法和切削条件的不同而异。在某些情况下，表面层中的应力会使零件变形，甚至产生裂纹，影响零件的加工精度和使用性能。每进行一次切削都会产生应力层，但随着工艺过程的继续，其切削用量将越来越小，所以应力层的深层也将越来越小。

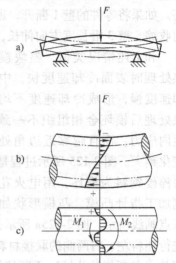

图 2-126　冷校直引起的内应力
a）校直的受力状况
b）、c）校直过程的应力状况

（4）减小或消涂内应力的措施　由前面的讲述可知，无论是在毛坯制造还是在工件的机械加工过程中，往往会不同程度地引起内应力，使加工对象处于一种不稳定的状态中。由于内应力引起的变形常常使零件原有的加工精度丧失，所以应设法减小或消除内应力。其主要方法有：

1）合理设计零件的结构。在设计机器或模具零件时应尽量减小断面尺寸的突然变化，以减小铸、锻件在毛坯制造过程中产生内应力。

2）采用时效处理。为了减小或消除内应力，可以对毛坯或半成品零件进行时效处理。

时效处理有两种：自然时效和人工时效。

自然时效是零件在大气温度变化的影响下自然变形，使内应力消失。这种方法一般需要 2~3 个月，甚至半年以上，容易造成产品积压。

人工时效是采用人工的办法减小或消除工件的应力。其方法之一是在 3~4h 内将工件均匀加热到 500~600℃，保温 4~6h，然后以 20~50℃/h 的降温速度使工件随炉冷却到 100~200℃后出炉。这种方法称为高温时效，多用于铸造毛坯的首次时效处理。另一种方法是将工件加热到 200~300℃，以消除部分应力和强化基体。这种方法称为低温时效，适用于精度和刚度较好的零件。此外，对某些零件还可以采用振动、敲击和反复多次加载荷等办法进行人工时效。

一般时效处理可安排在粗加工之后进行，对于某些精度要求高的零件，在加工过程中常常要反复多次进行时效处理。各种时效处理的目的都是促使材料通过塑性变形使内应力减小和强化基体，以提高零件抗内应力变形的能力。

三、工艺系统的热变形对加工精度的影响

在切削加工过程中，工艺系统因受热将产生热变形。由于系统各组成部分的热容、线（膨）胀系数、受热及散热条件不完全相同，各部分热（膨）胀的情况也不完全一样，结果使已经调整好的刀具与工件之间的相对位置改变，造成加工误差。由热变形引起的加工误差对精加工和大件加工的影响尤为突出。据统计，在这两类加工中，热变形造成的加工误差约占总加工误差的40%～70%。因此，在精加工中不能忽视工艺系统热变形的影响。

引起热变形的根源是工艺系统在加工过程中出现的各种热源，这些热源有以下几种：

1）切削热。切削热的产生与被加工材料的性能、切削用量、刀具的几何参数等因素有关。切削热主要传递给工件、刀具和切屑，它们之间的分配比例将随加工条件而异。切削热对工件的加工精度有直接影响。

2）摩擦热。这部分热量主要产生于机床的运动副（轴和轴承、齿轮副、螺旋副、摩擦离合器、工作台与导轨等）和液压传动部分。这部分热量造成了机床各部分温度的不均匀分布，导致机床零、部件的不均匀膨胀，破坏机床原有的几何精度，造成加工误差。

3）由动力热源和周围环境传来的热量。机床上的电动机、变压器、接触器等产生的热量以及工作环境内的加热器、照明设备、日光照射等传来的热量，将通过辐射、对流、传导等方式传递到机床的不同部位，使机床产生不均匀变形，破坏机床原有的几何精度。例如靠近窗口的机床，床身顶部和侧面受日光照射影响后，就会出现顶部凸起和床身扭曲的现象；上、下午照射情况不同，机床的变形也不一样。

研究工艺系统的热变形，不像研究工艺系统的受力变形那样，考虑系统的变形位移时几乎不涉及时间因素。而热变形必须考虑时间因素，这不仅是由于切削、摩擦和热辐射释放出的热量多少是时间的函数，而且热量的传导、温度场的变迁也和时间有关。因此，研究热变形对机械加工精度的影响就比较复杂。下面分别对机床、工件、刀具的热变形对加工精度的影响进行讨论。

1. 机床的热变形

机床工作时，轴承、齿轮、螺旋副、离合器、导轨、电动机、接触器和液压部件等所产生的热量，一部分被周围介质所吸收，其余部分则传给热源附近的机床零件，使之产生热变形，这种热变形是不均匀的，常常会造成机床零、部件间的相对位置改变，导致加工误差的产生。

由于影响机床热变形的因素很多，情况复杂，所以多采用实验方法进行研究。图2-127所示为几种机床热变形的一般趋势。图中实线是无热变形的状态，双点画线是变形后的状态。

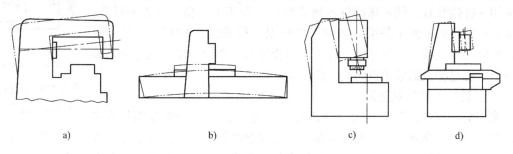

a)   b)   c)   d)

图 2-127 几种机床热变形的一般趋势

a) 铣床　b) 龙门刨床　c) 磨床　d) 坐标镗床

当机床开动后，由于各种热源的影响相关零、部件的温度会逐渐升高，同时也通过各种传热方式将热量向周围散放。当单位时间内传入的热量与散放的热量相等时，温度不再升高，即进入热平衡状态。热平衡是研究加工精度必须关心的一个重要问题。当整个机床达到热平衡后，机床各部件的相对位置便趋于稳定，使热变形引起的加工误差易于控制和补偿。在机床达到热平衡状态之前，机床的几何精度是变化的，它对加工精度的影响也是变化的，要控制这种变化着的误差困难极大。因此，精密加工常在机床到达热平衡之后进行。由于各种机床的差异较大，它们达到热平衡的时间也各不相同。对一般的车床和磨床，达到热平衡需空运转 4~6h。某些中小型精密机床经过不断改进之后，达到热平衡的空运转时间可控制在 1~2h 之内。

为了减小机床热变形引起的加工误差，可采取以下措施：

1）减小热量的产生。机床上产生热量的主要热源是负载较大、相对运动速度较高的一些零部件，例如主轴轴承、高速度运动部件的导轨和螺旋传动副等。要减少它们的发热量，主要应从减少这些摩擦副的摩擦因数着手，可以采用液压摩擦（动压和静压技术的应用）和滚动摩擦（如滚动轴承、滚动导轨的应用）代替滑动摩擦，以便大幅度地减小摩擦因数，从而减少摩擦热的产生。在机床上采用静压轴承或导轨以及采用滚动轴承或滚动导轨时，还必须注意解决它们的刚度问题。静压技术在机床轴承和导轨上得到广泛地应用，不仅仅是因为它具有很小的摩擦因数，它的刚度问题也得到了比较完善地解决。

2）充分冷却。对容易发热的零、部件采取必要的冷却措施，将机床产生的热量用外来的介质带走，以减少传给机床部件的热量。

3）在机床达到热平衡后再进行加工。机床开动后空运转一段时间，让其达到或接近热平衡后再进行加工。对某些精密零件进行加工时，尽管有不切削的间断时间，也使机床不停车空转，以保持机床的热平衡状态。

应当指出，机床在热平衡状态下进行加工，只能消除热平衡前使加工精度不稳定的状况；热平衡状态下的温差造成机床有关部件的位置偏移对加工精度的影响，只能采用其他方法来消除。

4）恒温控制。将螺纹磨床、坐标镗床等精密设备安装在恒温室内，可以减少环境温度变化对加工精度的影响。恒温室的温度要求一般控制在 20℃ 左右。

5）改善机床的结构。在设计机床时，从结构上采取措施对热量进行合理诱导。在机床需要散热的部位加大有关零部件的散热面积，希望保留热量的部位减少散热面积，尽量使关键零、部件的温差减小。此外，还可以采用热补偿装置，使机床部件的热变形向无损于加工精度的方向转化。图 2-128 所示平面磨床是采用热空气加热温升较低的立柱后壁，使立柱前、后壁的温差减小，以降低立柱的弯曲变形的。图中热空气从电动机风扇排出，通过特设的管道流向立柱的后壁空间。

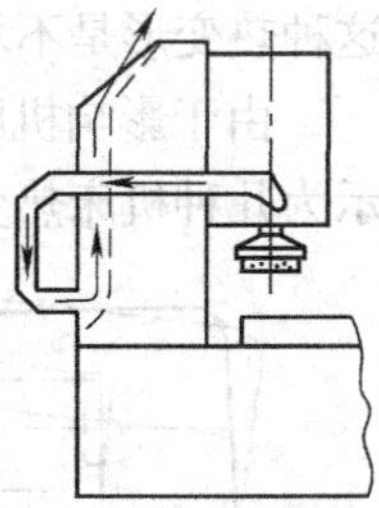

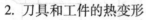

图 2-128　用热空气加热立柱后壁

2. 刀具和工件的热变形

在切削过程中，切削热大部分由切屑带走，其余部分则分别传入工件、刀具和周围介质。传入刀具的热量所占比例虽然不大，但由于刀具体积小、热容小，热量都集中于刀具的切削部分，故刀具仍有相当程度的温升，其热变形也比较明显。

车刀的热变形一般只影响尺寸精度，但在车削长度较大的工件时，进给路程长，在开始阶段切屑与刀具的温差较大，所以传入刀具的热量较多，刀具温度变化较大，产生的热伸长也大，这样就会使车出的外圆直径逐渐变小，造成形状误差。但是由于刀具的热容小，很快就能达到热平衡，使刀具的热变形量保持不变。在某些情况下刀具的热变形还能与刀具的磨损相互补偿，故在一般情况下对加工精度的影响并不严重。

减小刀具热变形对加工精度影响的主要措施是采用冷却润滑液。通过冷却介质可将大量的切削热带走，而且润滑作用也减小了摩擦热的产生，从而使刀具热变形减少到极微小的数值。

在切削加工中，工件的热变形主要是由于切削热的作用。据一些试验结果表明，对于不同的加工方法，传入工件的热量也不相同。车削加工时约有 50% ~ 80% 的切削热由切屑带走，10% ~ 40% 的切削热传入刀具，3% ~ 9% 的切削热传入工件；而钻削加工时，切屑带走的热量约 28%，14.5% 的切削热传入刀具，52.5% 的切削热传入工件。即使传入工件的热量相同，对于形状和尺寸不同的工件，温升和热变形也不一样。由于加工的精度要求不同，工件热变形对加工精度的影响有时可以忽略，有时则不能忽略。因此，研究工件热变形对加工精度的影响，应联系实际加工要求和条件进行。以车削外圆柱面为例，在开始车削时工件的温升为零，随着切削时间的增加，工件的温度逐渐升高，工件直径也逐渐增大，加工终了直径的增大量为最大。因其增大量均在加工过程中被切除，因此工件冷却后将出现靠尾座一端直径大，车头一端直径小的锥度，外圆柱面很难达到高的精度要求。要使工件外径达到高的精度（特别是形状精度），应在粗加工之后再进行精加工。精加工（精车或磨）必须在工件冷却后再进行。可采用高速精车或施用大量冷却液进行磨削，以消除工件的热变形对加工精度的影响。

此外，工件受热后还会产生轴向伸长，若在顶尖间进行车削加工，由于轴向伸长受两顶尖的阻碍，造成轴向压力。对长径比较大的细长工件，当温升足够大时，工件将产生纵向弯曲，使被加工表面产生形状误差。有经验的车工在车削过程中，总是根据实际情况适时放松尾顶尖，以调整顶尖对工件的轴向压力，或者采用类似于外圆磨床的弹性顶尖。在螺纹加工中工件的热伸长使螺纹产生螺距累积误差。

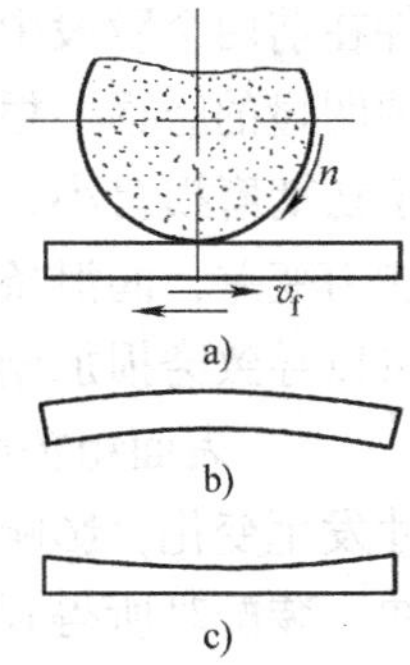

图 2-129a 所示为在平面磨床上磨削较薄的平板状零件。工件单面受热，上、下面之间产生温差，使工件产生翘曲，如图 2-129b 所示。工件在翘曲状态下磨平，冷却后则出现（上凹）形状误差，如图 2-129c 所示。欲减小工件的热变形，必须减小上、下面的温差，可以采用流量充足的冷却液或提高进给速度 v_f，使砂轮保持锋利以减少传入工件的热量和热量的产生。

图 2-129　磨削热引起的加工误差
a）磨削平面
b）工件受热变形
c）热变形造成的加工误差

第六节　机械加工的表面质量

零件被加工表面的质量受许多因素的影响。对于不同的工艺方法，如机械加工和特种加工，两者在加工机理上有着本质的区别，因而影响加工表面质量的因素也各不相同。本节只讲述机械加工的表面质量问题。

机械加工的表面质量是指工件经过切削加工以后，表面层物理机械性质的变化状况、表面的微观几何形状误差和表面波度。

1）表面的微观几何形状误差。表面的微观几何形状误差即表面粗糙度。它主要受切削时的残留面积高度、积屑瘤、鳞刺以及切削过程中工艺系统的振动等因素的综合影响。

2）表面波度。表面波度是介于表面宏观几何形状误差（如平面度、圆度等）和微观几何形状误差之间的一种表面误差。一般由加工过程中工艺系统的振动引起。

3）表面层的物理力学性能。表面层的物理力学性能主要是指表面层冷作硬化的程度、表面层残余应力的性质及其大小。由于切削过程中表面层发生极大的塑性变形，所以使表面产生冷作硬化层；由于切削层的变形和切削热的综合影响，也使被切削表面产生残余应力。

一、表面质量对零件使用性能的影响

1. 表面粗糙度的影响

1）表面粗糙度影响零件的耐磨性。当两个零件表面相互接触时，最初接触的只是表面微观几何形状的一些凸峰，因此实际接触面积只是理论接触面积的一部分，单位面积上的压力很大。对于有相对运动的接触表面，由于微观几何形状的凹、凸部分相互咬合、挤裂和切断，因而会加速零件的磨损。即使在有润滑的条件下，由于凸峰处的压强超过临界值，使润滑油膜破坏，金属直接接触，也同样使零件的磨损加剧。但并不是粗糙度越小越耐磨。因为在正常状态下工作的零件，其磨损过程划分成初期磨损、正常磨损和剧烈磨损 3 个阶段。零件在前两个阶段中才能正常工作。在正常磨损阶段，即使经过较长的工作过程也可能不会出现明显的磨损。根据有关实验表明，当 $R_a = 0.63 \sim 0.32 \mu m$ 时，零件的初期磨损量最小。由于初期磨损量小，就能使零件在较长时间内保持其配合状态。过分光滑的表面储存润滑液的能力变差，润滑条件恶化，在紧密接触的两表面间会产生分子粘合现象而咬合在一起，同样可以导致磨损加剧。

2）表面粗糙度影响零件的配合性质。对于要求动配合的零件，由于磨损会使零件的尺寸发生变化，影响零件的配合性质，零件表面的粗糙度选择不当，会使零件的磨损速度加快，装配时所得到的合理间隙便迅速增大，一台新设备很快就失去正常的工作能力。所以在要求配合精密、间隙很小的情况下，不仅要保证配合面的尺寸和几何形状精度，同时还应保证一定的表面粗糙度。同样，对于过盈配合的零件，其过盈量是轴和孔的直径之差，如果表面粗糙度选择不当，由于轴、孔表面微观几何误差的波峰在装配时被挤平填入波谷，将使实际的过盈量减小，达不到预期的配合要求。

3）表面粗糙度影响零件的疲劳强度。当零件承受交变载荷时，表面微观几何形状的凹入处容易出现应力集中，导致疲劳裂纹。表面越粗糙，疲劳强度也越低。

4）表面粗糙度影响零件的抗腐蚀性能。表面粗糙的零件容易在表面微观几何形状的谷底聚集水分和其他腐蚀性物质而遭受腐蚀，随着腐蚀作用逐渐深入金属内部，会造成零件材料的逐渐剥落和损坏。

另外，表面粗糙的零件相配合时，会使联接表面的有效接触面积减小，接触刚度下降。对于某些要求具备密封性能的表面，小的表面粗糙度能够获得较好的密封性能。

2. 表面冷作硬化的影响

机械加工过程中都会产生不同程度的冷作硬化现象，使零件表面层硬度增加、脆性增大、抗冲击的能力下降。冷硬层一般都能提高零件的耐磨性和疲劳强度，但并不是冷作硬化的程度越高越好。当冷作硬化现象达到一定程度后，如果再提高硬化程度，会使零件表面产生裂纹，其耐磨性和疲劳强度反而会下降。

3. 表面残余应力的影响

加工过程中所产生的表面残余应力有拉应力和压应力之分。拉应力容易使已加工表面产生裂纹，降低零件的疲劳强度；而残余压应力则能使疲劳强度提高。

二、影响表面质量的因素

1. 影响表面粗糙度的因素

表面粗糙度与切削时所形成的残留面积的高度有关。以车削为例，切削刃相对于工件作切削运动所形成的残留面积高度如图 2-130 所示。

刀尖有圆弧时 $H \approx f^2/8r_\varepsilon$

刀尖无圆弧时 $H = f/(\mathrm{ctg}\kappa_r + \mathrm{ctg}\kappa_r')$

式中　H——残留面积高度，单位为 mm；

　　　　f——进给量，单位为 mm/r；

　κ_r、κ_r'——刀具的主偏角和副偏角，单位为（°）；

　　　r_ε——刀尖圆弧半径，单位为 mm。

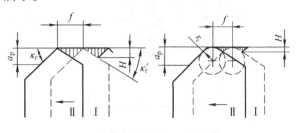

图 2-130　残留面积

由上式可以看出，H 与 f、r_ε 及 κ_r、κ_r' 有关，要降低残留面积的高度，应减小 f、κ_r、κ_r' 增大 r_ε。但是，减小 f 会增加切削时间；κ_r 不能太小，否则将使背向力 F_p 过大，影响加工精度。所以，要减小 H 一般应适当地减小 f、κ_r 增大 r_ε。

按上式计算的残留面积高度是一个理论值，它不是表面微观几何误差的波峰高度。因为在切削加工过程中，表面粗糙度还要受切削加工材料的性质、积屑瘤、鳞刺、振动以及后刀面的粗糙度、切削刃的磨损情况等因素的影响。所以，已加工表面的粗糙度很难接近上述计算结果。

加工脆性材料时会产生崩碎切屑，使加工表面凹、凸不平，而且由于切削过程的振动，常使已加工表面变得粗糙。

加工塑料材料时有产生带状切屑、节状切屑、粒状切屑等几种可能的情况。对于一定的切削条件，一般情况下产生带状切屑的切削力波动最小，切削过程平稳，易获得粗糙度小的已加工表面；产生粒状切屑的切削力波动最大，切削过程易产生振动，常使加工表面变得粗糙。

在切削过程中切屑和前刀面之间存在着很大的挤压和摩擦。当切屑自身的内摩擦力小于切屑底层与前刀面间的外摩擦力时，底层金属就会脱离切屑粘附在前刀面上，形成积屑瘤。如果积屑瘤顶部超过刀刃，它将代替刀刃进行切削，在已加工表面上形成形状不规则的沟痕，影响表面粗糙度。同时，因积屑瘤时生时灭，使切削力时大时小，易激发振动，也同样使已加工表面变得粗糙。

综上所述，切削加工的表面粗糙度受几何因素（切削刃相对于加工零件的运动轨迹）和物理因素（工件材料的力学性能及切削过程中的某些物理现象）的综合影响。所以，减小切削加工表面的粗糙度，就应根据切削过程的某些基本规律和切削条件，合理选择刀具几何参数和切削用量，合理施用冷却润滑液，抑制积屑瘤和鳞刺的产生，并应减小或消除切削过程中的振动。

2. 影响表面硬化和残余应力的因素

如图 2-131 所示，切削加工时，金属材料在刀具的挤压作用下产生弹性变形和塑性变形，刃前区材料的变形会深入到已加工表面以下一定深度。随着刀具和工件间的相对运动，金属自 A 点分离，A 点以下的金属层继续受刃口圆弧（半径为 ρ）和后刀面的挤压、摩擦作用，再次产生塑性变形后成为已加工表面，经反复变形使已加工表面出现冷作硬化现象。表面的冷硬程度通常以冷硬层的深度和显微硬度表示。冷硬层显微硬度的分布情况如图 2-132 所示。

要减小冷硬现象，应采取措施减小已加工表面的塑性变形。如适当增大刀具的前角和减小刃口圆弧半径，使切削刃保持锋利。还可以适当增大刀具的后角和减小后刀面的粗糙度，以减小已加工表面和后刀面的接触面积，减小后刀面和已加工表面之间的摩擦。

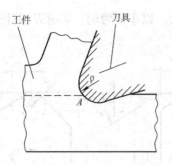

图 2-131　切削区的变形

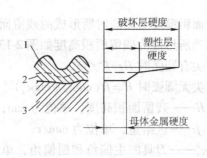

图 2-132　冷硬层的分布
1—破坏层　2—塑性变形层　3—母体金属

表面残余应力是切削过程中已加工表面受切削热和塑性变形影响所致。在高速切削碳钢时，刀具和工件摩擦面的温度可达 600~800℃。已加工表面的塑性变形都是在受热膨胀的状态下发生的，金属的表面层温度比内层高出许多。切削后，当表面层和内层金属的温度都下降到室温时，表面层金属的收缩量大，内层的收缩量小。表层的收缩受到内层的阻碍，因而表面形成拉应力，内层形成压应力。另外，已加工表面的塑性变形过程是在内层金属处于弹性变形的状态下发生的。已加工表面形成之后，因刀具的挤压作用消失，表层金属会阻碍内层金属的弹性恢复。如果内层的弹性变形是压缩变形，则在表层形成拉应力，反之形成压应力。

由于高速切削时刀具和工件摩擦面的温度可高达 600~800℃，碳钢的相变温度为720℃，因而工件表层金属还可能发生相变，导致应力的产生，所以已加工表面的残余应力是由上述原因的综合作用所致。

一般情况下可采取适当提高切削速度、增大前角、减小刃口圆弧半径、合理选择润滑冷却液等措施，降低切削温度、减小塑性变形，从而使残余应力减小。

3. 工艺系统的振动

工艺系统的振动会造成刀具和工件沿振动方向的附加运动，在已加工表面留下波纹，使表面粗糙度增大。振动还会造成机床零件的联接松动，甚至使机床零件或刀具损坏，缩短设备和工具的使用寿命。振动发出的噪声还会造成环境的污染。在许多情况下会由于振动而使工艺过程无法实施。为了减小振动而改变切削用量，会导致生产率下降，所以研究机械加工过程中的振动是十分重要的。

(1) 振动的类型　切削过程中发生的振动现象有以下几种类型。

1) 自由振动。工艺系统受到冲击力作用引起的振动就是自由振动。这种振动的特点是：要有一个冲击力的作用（由切削力突然变化或外界冲击引起），振动频率等于振动系统的固有频率。但这种振动是迅速衰减的，因此，这种振动的持续时间不会很长。

2) 受迫振动。这种振动是由外界的周期干扰力作用引起的，是一种不衰减振动。受迫振动具有以下特点：

①振动在外界干扰力的作用下产生，但振动本身并不能引起干扰力的变化。

②振动的频率总是与外界干扰力的频率相同，而与工艺系统的固有频率无关。

③振幅的大小与干扰力、系统刚度及阻尼系数有关，干扰力越大，刚度及阻尼系数越小，则振幅越大。当干扰力的频率与系统固有频率的比值接近或等于 1 时，振幅达到最大值，这种现象称为共振。共振所造成的危害最大，应予以防止。

引起受迫振动的原因可能来自工艺系统内部，如切削过程不连续（铣刀等多刃刀具加工或车削不连续的表面）导致切削力的周期性变化；旋转运动的工件和机床零部件（砂轮、带轮、齿轮、卡盘、花盘）不平衡导致离心力方向的周期变化。此外，还可能来自外部振源（其他机床、锻锤、火车、汽车等，通过地基将振动传给机床）的作用。

3）自激振动。自激振动是在没有外来周期性干扰力作用的条件下产生的振动。这种振动之所以能够维持，是由于振动过程本身能够引起某种力的周期性变化，而这种周期性变化的力能向振动系统周期性地补充能量，弥补振动时由于阻尼作用引起的能量消耗，使振动得以继续。

自激振动的主要特点是：

①自激振动能从振动本身引起的周期性变化的力获取能量，弥补振动时的能量消耗来维持自己的振动。当振动停止时，能量的补充过程也立即停止。

②自激振动的频率等于或接近于系统的固有频率。

③自激振动振幅的大小及振动能否持续，决定于每一振动周期内系统所获得的能量与所消耗能量的对比情况。如果所获得的能量大于所消耗的能量，则振幅将不断增大；反之，则振幅将不断减小，一直到所获得的能量等于所消耗的能量为止。如果振幅为某一数值时，所获得的能量都小于所消耗的能量，则自激振动将会消失。由此可见，减弱和消除自激振动的根本途径是尽量减少振动系统所获得的能量，或者增加振动系统所消耗的能量。

（2）抑制和消除振动的措施　自由振动和受迫振动是由于工艺系统受到冲击力和周期性变化的外力引起的。因此，只要把引起振动的原因去除，振动就可以消除。为防止和消除自由振动和受迫振动，可以从以下几个方面着手：

1）对于机床传动齿轮，应保证必要的齿距精度和齿形精度；对电机转子和砂轮等，要进行仔细的静平衡或动平衡；对于旋转的工件，如果质量分布不均匀时，应安装配重，以减小或消除引起振动的作用力。

2）当进行不连续的加工（如加工不连续的表面和铣削加工）时，可适当减小切削用量（或采用齿数较多的铣刀）以减小切削时的冲击，使切削过程平稳。尤其要适当调整工件或刀具（铣削）的转速，使断续切削所造成的切削力波动的频率尽可能远离工艺系统的固有频率，以使振动减弱。

3）为了消除锻压设备、车辆等外部振源的影响，对某些机床（精密机床）的基础可以采取隔振措施（如在基础周围开隔振沟），或者使机床设备远离振源。

切削加工过程中的自激振动不是在任何情况下都会出现的，仅在某些条件下产生。但是自激振动是一个比较复杂、比较难以解决的问题，根据有关实验和实践经验，抑制或消除自激振动可采取以下措施：

1）合理选择切削用量。根据有关资料，当车削中碳钢时切削速度在 20~60m/min 范围易产生自激振动；进给量小时易产生自激振动；背吃刀量大也易产生自激振动。为了防止自激振动的产生、实现稳定切削，应将车削速度选择在 20~60m/min 范围之外（高于或低于）。由于增大进给量对防止自激振动有利，并可扩大切削的稳定区，所以，在车削加工时，应在车削表面粗糙度允许的条件下选用较大的进给量进行加工，以利于生产率的提高。

2）合理选择刀具的几何参数和刀具结构。合理选择刀具几何参数是实现稳定切削过程的最简便而又行之有效的途径。

实践经验表明，对车削加工采用较大的主偏角、副偏角和刀尖圆弧半径较小的车刀进行切削，常常能防止振动的产生。

在较高切削速度下工作的车刀，其前角对振动的影响较小；车刀在低速和中速下工作时，较大的前角有利于减小振动（但过大的前角将削弱刀具强度）。

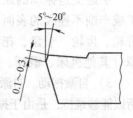

图 2-133 消振棱

小的后角使刀具在出现振动时不易切入工件，对振动起到阻尼作用，但后角不宜过小，否则将使刀具和已加工表面的摩擦面积增大。通常可在后刀面上磨出一窄条小棱面（称为消振棱），既可增大阻尼又不使摩擦面增大，如图 2-133 所示。

在生产实践中常采用如图 2-134 所示的弹簧刀杆。这种刀杆在切削力增加时，可自动让刀，能减小切削力的波动，预防振动的产生。

3）提高工艺系统的刚度。提高工艺系统的刚度可以增强系统的抗振能力，其办法有：车削细长轴时，采用中心架或跟刀架；缩短顶尖伸出长度；缩短刀具伸出长度等。

4）采用各种减振器和阻尼器。减振器和阻尼器有各种不同结构，但这些装置大都是利用摩擦阻尼或物体碰撞等作用来消耗工艺系统中维持振动的能量，从而达到抑制振动的目的。

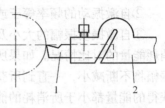

图 2-134 弹簧刀杆减振
1—车刀 2—弹簧刀杆

图 2-135 所示为重块减振。在靠近刀具一端的孔内放一重块，并使其和孔壁间有一定的间隙，当发生振动时，重块不断碰击刀杆，将振动的部分能量吸收，而使维持振动的能量减小。图 2-136 所示为车削用的减振器。当发生振动时，减振器不断冲击刀杆吸收振动能量，起到抑制振动的作用。

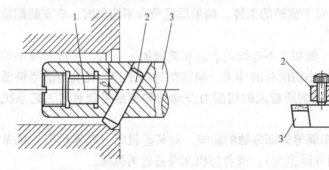

图 2-135 重块减振
1—重块 2—镗刀 3—镗杆

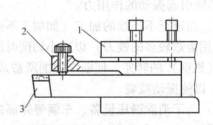

图 2-136 车削用的减振器
1—刀架 2—减振器 3—车刀

作业与思考题

1. 制订模具零件工艺规程的主要依据是什么？

2. 在导柱和其他轴类零件的加工过程中，为什么常采用两端顶尖孔作定位基准？对顶尖孔有哪些要求？

3. 导柱在磨削加工之前为什么要对顶尖孔进行修整加工？顶尖孔的修整方法有哪些？

4. 拟订图 2-137 所示导柱和衬套的工艺路线。试确定加工设备、各表面的加工余量，完成工艺过程卡的填写。

123

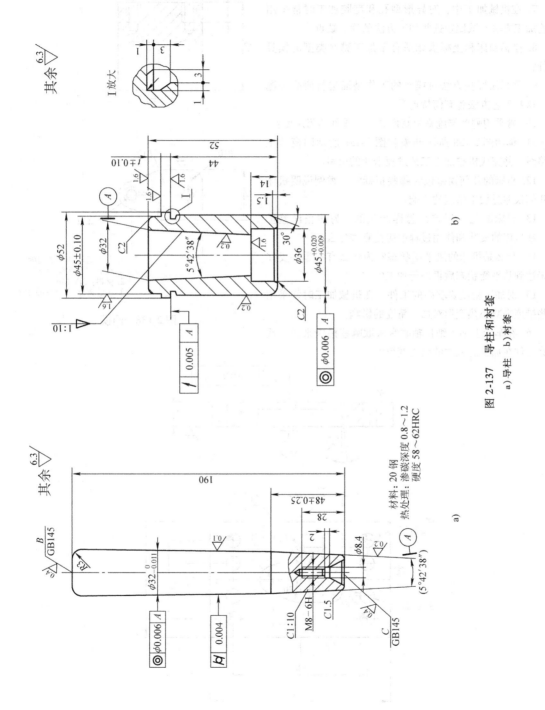

图 2-137　导柱和衬套
a) 导柱　b) 衬套

5. 导套在磨削加工时，常采用哪些方法来保证配合表面间的位置精度要求？

6. 在机械加工中对非圆柱状凸模可采用哪些方法进行加工，试比较各种加工方法的优、缺点。

7. 在机械加工中，对异形型孔和型腔加工时常采用哪些加工方法？试比较这些加工方法的优、缺点。

8. 坐标镗床和坐标磨床适合于加工哪些类型的模具零件？

9. 常采用哪些方法对模具的工作型面进行研磨和抛光，这些工艺方法各有何特点？

10. 常采用哪些措施来提高模具工作零件的耐用度？

11. 编制图 2-138 所示凸模和图 2-139 所示凹模的工艺路线，并完成机械加工工艺过程卡片的填写。

12. 机床的几何误差包含哪些指标？试举例说明机床的几何误差对加工精度的影响。

13. 机床的几何误差是怎样产生的？为防止误差扩大，在机床的安装和使用过程中应注意些什么？

14. 什么是机床的热平衡状态？为什么有些零件要在机床达到热平衡状态后再进行加工？

15. 对加工精度要求高的工件，在机械加工时常采用哪些措施来减小热变形对加工精度的影响？

16. 在车床上加工细长轴时常采取哪些措施来减少或消除工件在加工过程中的受力变形？

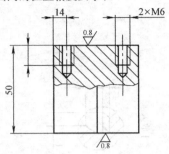

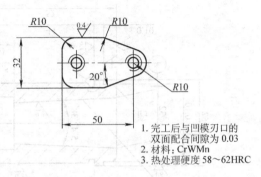

1. 完工后与凹模刃口的双面配合间隙为 0.03
2. 材料：CrWMn
3. 热处理硬度 58～62HRC

图 2-138　凸模

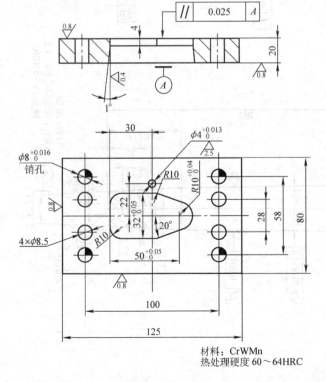

材料：CrWMn
热处理硬度 60～64HRC

图 2-139　凹模

17. 车削轴类零件时，工件产生形状误差如图 2-140 所示。试分析产生误差的原因。

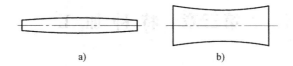

图 2-140　有形状误差的工件

a）腰鼓形　b）马鞍形

18. 工件的内应力是怎样产生的？怎样减小或消除内应力对加工精度的影响？

19. 机械加工表面质量包含哪些指标？各受哪些因素的影响？

第三章 特 种 加 工

随着工业生产的发展和科学技术的进步，具有高强度、高硬度、高韧性、高脆性、耐高温等特殊性能的新材料不断出现，使切削加工出现了许多新的困难和问题。在模具制造中对形状复杂的型腔、凸模和凹模型孔等采用切削方法往往难于加工，特种加工就是在这种情况下产生和发展起来的。特种加工是直接利用电能、热能、光能、化学能、电化学能、声能等进行加工的工艺方法。与传统的切削加工方法相比，其加工机理完全不同。目前，在生产中应用的特种加工有电火花加工、电火花线切割加工、电铸加工、电解加工、超声加工和化学加工等。

第一节 电火花加工

电火花加工是在一定介质中，通过工具电极和工件电极之间脉冲放电时的电腐蚀作用，对工件进行加工的一种工艺方法。它可以加工各种高熔点、高硬度、高强度、高纯度、高韧性材料，并在生产中显示出很多优越性，因此得到了迅速地发展和广泛地应用。在模具制造中，电火花加工被用于型孔和型腔的加工。

一、电火花加工的原理、特点和应用

1. 电火花加工的原理

早在一百多年前，人们就发现电器开关在断开或闭合时，往往会产生火花而把触点腐蚀成粗糙不平的凹坑，并逐渐损坏。这是一种有害的电腐蚀现象。随着人们对电腐蚀现象的深入研究，认识到在液体介质内进行重复性脉冲放电，能对导电材料进行加工，因而产生了电火花加工。要使脉冲放电能够用于零件加工，应具备下列基本条件：

1）必须使接在不同极性上的工具和工件之间保持一定的距离以形成放电间隙。这个间隙的大小与加工电压、加工介质等因素有关，一般在 $0.01 \sim 0.5\mathrm{mm}$ 左右。在加工过程中还必须用工具电极的进给和调节装置来保持这个放电间隙，使脉冲放电能连续进行。

2）放电必须在具有一定绝缘性能的液体介质（工作液）中进行。液体介质还能够将电蚀产物从放电间隙中排除出去并对电极表面进行较好的冷却。

目前，大多数电火花机床采用煤油作工作液进行穿孔和型腔加工。在大功率工作条件下（如大型复杂型腔模的加工），为了避免煤油着火，采用燃点较高的机油或煤油与机油混合物等作为工作液。近年来，新开发的电火花加工专用工作液（粘度低、冷却性好、不燃烧、无味）应用十分广泛；去离子水和蒸馏水（流动性和冷却性好、不燃烧、无味）适用于精加工和高速穿孔加工。

3）脉冲波形基本是单向的（图 3-1）。放电延续时间 t_i 称为脉冲宽度。t_i 应在 $0.1 \sim 1000\mu\mathrm{s}$ 之间，以使放电所产生的热量来不及从放电点过多传导扩散到其他部位，从而只在极小的范围内使金属局部熔化，直至汽化。相邻脉冲之间的间隔时间 t_0 称为脉冲间隔。t_0 应不小于 $10\mu\mathrm{s}$。它使放电介质有足够的时间恢复绝缘状态（称为消电离），以免引起持续电弧放电，烧伤加工表面而无法用作尺寸加工。$T = t_i + t_0$ 称为脉冲周期。

4）有足够的脉冲放电能量，以保证放电部位的金属熔化或汽化。

图 3-2 所示为电火花加工原理图。将工件和工具电极（以下简称电极）分别安装在工作台和主轴上，调整好相对位置，充入工作液并达到规定的要求。电极在自动进给调节装置带动下，与工件保持一定的放电间隙。由于工件和电极的表面（微观）是凸凹不平的，当脉冲电源接通后，两极间的电压首先在相对间隙最小处或绝缘强度最低处升高到击

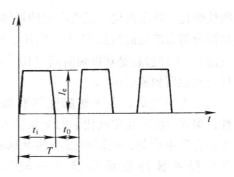

图 3-1　脉冲电流波形

t_i—脉冲宽度　t_0—脉冲间隔

T—脉冲周期　I_e—电流峰值

穿电压，使介质被击穿形成放电通道，在局部产生电火花放电。瞬间高温使工件和电极表面都被蚀除掉一小部分金属，形成小的凹坑，如图 3-3 所示。

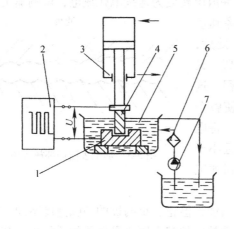

图 3-2　电火花加工原理图

1—工件　2—脉冲电源　3—自动进给装置

4—工具电极　5—工作液　6—过滤器　7—泵

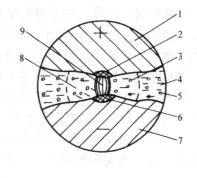

图 3-3　放电状况微观图

1—阳极　2—阴极汽化、熔化区　3—熔化

的金属微粒　4—工作介质　5—凝固的金属

微粒　6—阴极汽化、熔化区　7—阴极

8—气泡　9—放电通道

一次脉冲放电的过程可以分为电离、放电、热膨胀、抛出金属和消电离等几个连续的阶段。

①电离。由于工件和电极表面存在着微观的凹凸不平，在两者相距最近的点上电场强度最大，会使附近的液体介质首先被电离为电子和正离子。

②放电。在电场的作用下，电子高速奔向阳极，并产生电火花放电，形成放电通道。在这个过程中，两极间液体介质的电阻从绝缘状态的几兆欧姆骤降到几分之一欧姆。由于放电通道受放电时磁场力和周围的液体介质的压缩，其截面积极小，电流强度可达 $10^5 \sim 10^6 \mathrm{A/cm^2}$。放电状况如图 3-3 所示。

③热膨胀。由于放电通道中电子和离子高速运动时相互碰撞，产生大量的热能；阳极和阴极表面受高速电子和离子流的撞击，其动能也转化成热能，因此在两极之间沿通道形成了一个温度高达 $10000 \sim 12000℃$ 的瞬时高温热源。在热源作用区的电极和工件表面层金属会

很快熔化，甚至汽化。通道周围的液体介质（一般为煤油）除一部分汽化外，另一部分被高温分解为游离的炭黑和 H_2、C_2H_2、C_4H_4、C_nH_{2n} 等气体（使工作液变黑，在极间冒出小气泡）。上述过程是在极短时间（$10^{-7} \sim 10^{-5}s$）内完成的，因此，具有突然膨胀、爆炸的特性（可以听到噼啪声）。

④抛出金属。由于热膨胀具有爆炸的特性，爆炸力将熔化和汽化了的金属抛入附近的液体介质中冷却，凝固成细小的圆球状颗粒，其直径视脉冲能量而异（一般为 $0.1 \sim 500\mu m$），电极表面则形成一个周围凸起的微小圆形凹坑，如图 3-4 所示。

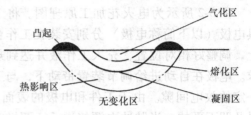

图 3-4 放电凹坑剖面示意图

⑤消电离。使放电区的带电粒子复合为中性粒子的过程。在一次脉冲放电后应有一段间隔时间，使间隙内的介质消电离而恢复绝缘强度，以实现下一次脉冲击穿放电。如果电蚀产物和气泡来不及很快排除，就会改变间隙内介质的成分和绝缘强度、破坏消电离过程，易使脉冲放电转变为连续电弧放电，影响加工。

一次脉冲放电之后，两极间的电压急剧下降到接近于零，间隙中的电介质立即恢复到绝缘状态。此后，电极不断地向工件进给，两极间的电压再次升高，又在另一处绝缘强度最小的地方重复上述放电过程。这样以很高的频率连续不断地重复放电的结果，使整个被加工表面由无数小的放电凹坑构成（图 3-5），将电极（由于存在"极性效应"，所以电极的损耗远远小于工件的蚀除量）的轮廓形状复制在工件上，达到加工的目的。

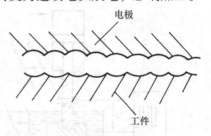

图 3-5 加工表面局部放大图

在脉冲放电过程中，工件和电极都要受到电腐蚀，但正、负两极的蚀除速度不同。这种两极蚀除速度不同的现象称为极性效应。产生极性效应的基本原因是电子的质量小，其惯性也小，在电场力作用下容易在短时间内获得较大的运动速度，即使采用较短的脉冲进行加工也能大量、迅速地到达阳极，轰击阳极表面，而正离子由于质量大，惯性也大，在相同时间内所获得的速度远小于电子，当采用短脉冲进行加工时，大部分正离子尚未到达负极表面，脉冲便已结束，所以负极的蚀除量小于正极；但是，当用较长的脉冲加工时，正离子可以有足够的时间加速，获得较大的运动速度，并有足够的时间到达负极表面，加上它的质量大，因而正离子对负极的轰击作用远大于电子对正极的轰击，负极的蚀除量则大于正极。

电极和工件的蚀除量不仅与脉冲宽度有关，而且还受电极及工件材料、加工介质、电源种类、单个脉冲能量等多种因素的综合影响。在电火花加工过程中，极性效应越显著越好。因此必须充分利用极性效应，合理选择加工极性，以提高加工速度、减少电极的损耗。在实际生产中，把工件接正极的加工称为"正极性加工"或"正极性接法"；工件接负极的加工称为"负极性加工"或"负极性接法"。极性的选择主要靠实验确定。

2. 电火花加工的特点

1）可以加工用机械加工难于加工或无法加工的材料，如淬火钢、硬质合金、耐热合金等。

2）电极和工件在加工过程中不接触，两者间的宏观作用力很小，所以便于加工小孔、深孔、窄缝零件，而不受电极和工件刚度的限制；对于各种型孔、立体曲面、复杂形状的工件，均可采用成型电极一次加工。

3）电极材料不必比工件材料硬。

4）直接利用电能、热能进行加工，便于实现加工过程的自动控制。

3. 电火花加工的应用

由于电火花加工有其独特的优点，加上电火花加工工艺技术水平的不断提高、数控电火花机床的普及，其应用领域日益扩大，已在模具制造、机械、宇航、航空、电子、仪器、轻工等部门用来解决各种难加工的材料和复杂形状零件的加工问题。

在模具制造中，电火花加工主要用于加工复杂形状冲裁凹模型孔、型腔模的型腔以及型芯上的窄槽等。为避免热处理变形，一般都在淬火之后进行电火花加工。

二、影响电火花加工质量的主要工艺因素

加工质量包括零件的加工精度和电蚀表面的质量。

1. 影响加工精度的工艺因素

电火花加工过程是一个复杂的多参数输入、多参数输出系统，影响加工精度的工艺因素很多，主要有机床本身的制造精度、工件的装夹精度、电极制造及装夹精度、电极损耗、放电间隙、加工斜度等工艺因素。这里主要讨论加工过程中电极损耗、放电间隙等因素对加工精度的影响。

（1）电极损耗对加工精度的影响　在电火花加工过程中，电极会受到电腐蚀而损耗。电极损耗是影响加工精度的一个重要因素，因此掌握电极损耗规律，从各方面采取措施尽量减少电极损耗，对保证加工精度是很重要的。

型腔加工时，多用电极的体积损耗率来衡量电极的损耗情况，即

$$C_V = \frac{V_E}{V_W} \times 100\% \tag{3-1}$$

式中　C_V——电极的体积损耗率；

V_E——电极的体积损耗速度，单位为 mm^3/min；

V_W——工件的蚀除体积速度，单位为 mm^3/min。

穿孔加工时，多用长度损耗来衡量电极的损耗，即

$$C_L = \frac{h_E}{h_W} \tag{3-2}$$

式中　C_L——电极的长度损耗率；

h_E——电极长度方向上的损耗尺寸，单位为 mm；

h_W——工件上已加工出的深度尺寸，单位为 mm。

在加工过程中电极不同部位的损耗是不同的。电极的尖角、棱边等凸起部位的电场强度较强，易形成尖端放电，所以这些部位比平坦部位要损耗得快。电极的不均匀损耗必然使加工精度下降。

电极的损耗受电极材料的热学物理常数的综合影响。常用电极材料的热学物理常数见表3-1。当脉冲放电能量相同时，金属的熔点、沸点、比热容、熔化热、汽化热越高，则电极耐腐蚀的性能越高，损耗越小。另一方面，热导率大的材料，在相同的放电时间内能较多地把瞬时产生的热量从放电区传导出去，使热损耗相对增大，同样可以减小电极的损耗。如钨

和石墨的熔点、沸点高，石墨的热容量又很大，它们的耐腐蚀性也高。铜的热导率虽然比钢大，但其熔点远比钢低，所以它不如钢耐腐蚀。

表 3-1　常用材料的热学物理常数

热学物理常数	材　料				
	铜	石墨	钢	钨	铝
比热容 $c/\mathrm{J \cdot kg^{-1} \cdot K^{-1}}$	393.56	1674.7	695.0	154.91	1004.8
密度 $\rho/\mathrm{kg \cdot m^{-3}}$	8.9×10^3	2.2×10^3	7.9×10^3	19.3×10^3	2.7×10^3
热导率 $\lambda/\mathrm{W \cdot m^{-1} \cdot K^{-1}}$	384.93	48.95	33.47	150.62	205.02
熔点 $t_\mathrm{r}/℃$	1083	3500	1535	3410	657
熔化热 $q_\mathrm{r}/\mathrm{J \cdot kg^{-1}}$	1.80×10^5	—	2.09×10^5	1.59×10^5	3.85×10^5
沸点 $t_\mathrm{f}/℃$	2595	3700	2735	5930	2450
汽化热 $q_\mathrm{g}/\mathrm{J \cdot kg^{-1}}$	3.59×10^6	4.60×10^7	6.65×10^6	3.39×10^6	9.32×10^6
传温系数 $\alpha(\alpha = \lambda/c_\mathrm{p})/\mathrm{m^2 \cdot s^{-1}}$	1.1×10^{-4}	0.133×10^{-4}	0.061×10^{-4}	0.504×10^{-4}	0.756×10^{-4}

　　注:1. 热导率为0℃的值。
　　　　2. K 为热力学温度的单位。

此外，电极损耗还受脉冲电源的电参数、加工面积等因素的综合影响。因此，在电火花加工中应正确选择脉冲电源的电参数和加工极性；用耐腐蚀性能好的材料制造电极；改善工艺条件，以减小电极损耗对加工精度的影响。一般把电极损耗小于1%的加工称为低损耗加工。由于电火花加工设备和工艺水平的不断提高，目前已使成形加工的精度达到 0.01mm 以上。

（2）放电间隙对加工精度的影响　电火花加工时，电极和工件之间发生脉冲放电需保持一定的放电间隙。由于放电间隙的存在，使加工出的工件型孔（或型腔）尺寸和电极尺寸相比，沿加工轮廓要相差一个放电间隙（单边间隙）。若不考虑电蚀产物引起的二次放电（由于电蚀产物在侧面间隙中滞留引起的，电极侧面和已加工面之间的放电现象）和电极进给时机械误差的影响，放电间隙可用下面的经验公式表示：

$$\delta = K_\delta t_\mathrm{i}^{0.3} I_\mathrm{e}^{0.3} \qquad (3\text{-}3)$$

式中　δ——放电间隙，单位为 μm；

　　　t_i——脉冲宽度，单位为 μs；

　　　I_e——放电峰值电流，单位为 A；

　　　K_δ——系数（与电极、工件材料有关）。

从上式可知，要使放电间隙保持稳定，必须使脉冲电源的电参数保持稳定，同时还应使机床精度和刚度也保持稳定。特别要注意电蚀产物在间隙中的滞留而引起的二次放电对放电间隙的影响。一般单边放电间隙值为 0.01 ~ 0.1mm。加工精度与放电间隙的大小是否稳定和均匀有关，间隙越稳定、均匀，加工精度越高。目前，采用稳定的脉冲电源和高精度机床、在加工过程稳定性良好的情况下，放电间隙误差可以控制在 0.05δ 范围内。

（3）加工斜度对加工精度的影响　在加工过程中随着加工深度的增加，二次放电次数增多，侧面间隙逐渐增大，使被加工孔入口处的间隙大于出口处的间隙，出现加工斜度，使加工表面产生形状误差，如图 3-6 所示。二次放电的次数越多，单个脉冲的能量越大，则加工斜度越大。二次放电的次数与电蚀产物的排除条件有关。因此，应从工艺上采取措施及时排除电蚀产物，使加工斜度减小。目前，精加工时斜度可控制在 10′ 以下。

2. 影响表面质量的工艺因素

（1）表面粗糙度　电火花加工后的表面是由脉冲放电时所形成的大量凹坑排列重叠而形成的。在一定的加工条件下，加工表面的粗糙度可用以下经验公式表示：

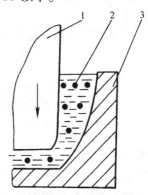

$$R_{\mathrm{a}} = K_{R_{\mathrm{a}}} t_{\mathrm{i}}^{0.3} I_{\mathrm{e}}^{0.4} \qquad (3\text{-}4)$$

式中　R_{a}——实测的表面粗糙度评定参数，单位为 μm；

$K_{R_{\mathrm{a}}}$——系数（用铜电极加工淬火钢，按负极性加工时 $K_{R_{\mathrm{a}}} = 2.3$）；

t_{i}——脉冲宽度，单位为 μs；

I_{e}——电流峰值，单位为 A。

图 3-6　二次放电造成
侧面间隙增大
1—工具电极　2—电蚀
产物　3—工件

由上式可以看出，电蚀表面粗糙度的评定参数 R_{a} 随脉冲宽度和电流峰值增大而增大。在一定的加工条件下，脉冲宽度和电流峰值增大使单个脉冲能量增大，电蚀凹坑的断面尺寸也增大，所以表面粗糙度主要取决于单个脉冲能量。单个脉冲能量越大，表面越粗糙。要使 R_{a} 减小，必须减小单个脉冲能量。

电火花加工的表面粗糙度，粗加工一般可达 $R_{\mathrm{a}} = 25 \sim 12.5\,\mu\mathrm{m}$；精加工可达 $R_{\mathrm{a}} = 3.2 \sim 0.8\,\mu\mathrm{m}$；微细加工可达 $R_{\mathrm{a}} = 0.8 \sim 0.2\,\mu\mathrm{m}$。加工熔点高的硬质合金等可获得比钢更小一些的表面粗糙度。由于电极的相对运动，侧壁表面粗糙度比底面的小。近年来研制的超光脉冲电源已使电火花成形加工的粗糙度达到 $R_{\mathrm{a}} = 0.20 \sim 0.10\,\mu\mathrm{m}$ 左右。

（2）表面变化层　经电火花加工后的表面将产生包括凝固层和热影响层的表面变化层（图 3-4）。它的化学（工作介质和石墨电极的碳元素渗入工件表层）、物理、力学性能均有所变化。

凝固层是工件表层材料在脉冲放电的瞬时高温作用下熔化后未能抛出，在脉冲放电结束后迅速冷却、凝固而保留下来的金属层。其晶粒非常细小，有很强的抗腐蚀能力。

热影响层位于凝固层和工件基体材料之间。该层金属受到放电点传来的高温影响，使材料的金相组织发生了变化。对未淬火钢，热影响层就是淬火层。对经过淬火的钢，热影响层是重新淬火层。由于所采用的电参数、冷却条件及工件材料原来的热处理状况不同，变化层的硬度变化情况也不一样。图 3-7 所示为未淬火 T10 钢经电火花加工后的表层显微硬度，图 3-8 所示为已淬火 T10 钢的情况。

表面变化层的厚度与工件材料及脉冲电源的电参数有关，它随着脉冲能量的增加而增厚。粗加工时变化层一般为 $0.1 \sim 0.5\,\mathrm{mm}$，精加工时变化层一般为 $0.01 \sim 0.05\,\mathrm{mm}$。凝固层的硬度一般比较高，故电火花加工后的工件耐磨性比机械加工后的好，但增加了钳工研磨、抛光的困难。

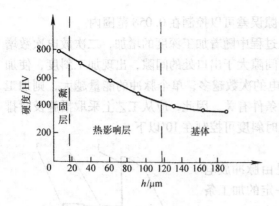

图 3-7　未淬火 T10 钢经电火花
加工后的表面显微硬度
规准：$t_i = 120\mu s$　$I_e = 16A$

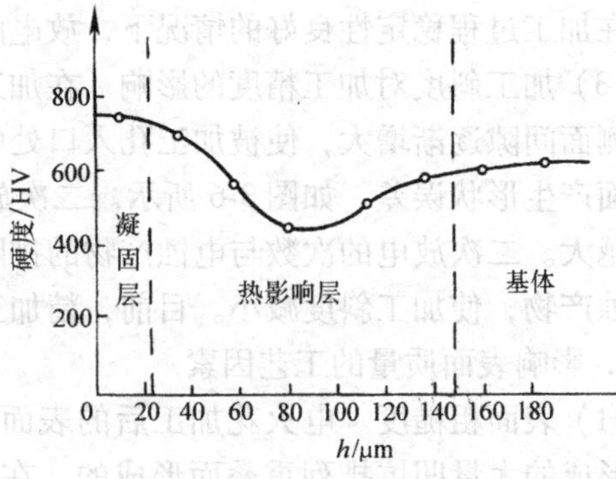

图 3-8　已淬火 T10 钢经火花
加工后的表面层显微硬度
规准：$t_i = 280\mu m$　$I_e = 50A$

三、型孔加工

用电火花加工方法加工通孔称为穿孔加工。它在模具制造中主要用于加工用切削加工方法难于加工的冷冲模凹模型孔。

采用电火花加工型孔形状复杂的凹模，可以不用镶拼结构，而采用整体结构。这样既可节约模具设计和制造工时，又能提高凹模强度。用电火花加工的冲模，容易获得均匀的配合间隙和所需的落料斜度，刃口平直耐磨，可以相应地提高冲件质量和模具的使用寿命。但加工中电极的损耗影响加工精度，难以达到小的表面粗糙度，要获得小的棱边和尖角也比较困难。随着电火花加工技术的日臻完善，这些问题也会逐步得到解决。

1. 型孔加工工艺

一般用电火花加工的冷冲模凹模型孔，都是较为复杂且机械加工难以加工的型孔。为了避免淬火变形的影响，电火花加工应在淬火后进行。所以，在电火花加工之前要将所有的需要机械加工的表面和孔加工完，淬火后将上、下表面和相邻两侧面（基准面）磨削出来，再进行电火花加工。一般凹模在电火花加工前需要进行加工的工序见表 3-2。

表 3-2　一般凹模在电火花加工前需要进行加工的工序

序号	工序	加工内容及技术要求
1	下料	用锯床锯割所需的材料，包括需切削的材料
2	锻造	锻造所需的形状，并改善其内部组织
3	退火	消除锻造后的内应力，并改善其加工性能
4	刨（铣）	刨（铣）四周及上、下平面，厚度留余量 $0.4 \sim 0.6mm$
5	平磨	磨上、下平面及相邻两侧面，对角尺，达 $R_a 0.63 \sim 1.25\mu m$
6	划线	钳工按图样画出型孔及其他安装孔
7	钳工	按画线钻排孔（去除型孔废料），单边留余量 $0.5 \sim 1mm$
8	铣（插）	以画线为准铣（插）出型孔，单边留余量 $0.3 \sim 0.5mm$
9	钳工	加工其余各孔
10	热处理	按图样要求淬火
11	平磨	磨上、下及相邻两侧面（基准面）。为使模具光整，最好将六面都磨出来

注：为了提高电火花加工的生产率和便于工作液强迫循环，凹模模坯应去除型孔废料，只留很少的余量（$0.3 \sim 0.5mm$）作为电火花加工余量。

电火花加工型孔的主要方法有：

（1）直接用凸模加工　直接用凸模作电极加工凹模型孔时，需要将凸模适当加长，用电火花线切割等方法将凸模加工出来，加工后将凸模上的损耗部分去除。凸、凹模的配合间隙靠控制脉冲放电间隙来保证。用这种方法可以获得均匀的配合间隙，模具质量高，不需另外制造电极，工艺简单。但是，钢凸模作电极的加工速度低，在直流分量的作用下易磁化，使电蚀产物被吸附在电极放电间隙的磁场中形成不稳定的二次放电。此方法适用于形状复杂的凹模或多型孔凹模，如电机定子、转子、矽钢片冲模等（见本节冲裁模加工实例）。

由于直接用凸模作电极加工凹模，凸、凹模的配合间隙靠控制脉冲放电间隙来保证。当凸、凹模配合间隙很小时，必须保证放电间隙也很小，但过小的放电间隙使加工困难。在这种情况下可将电极的工作部分用化学浸蚀法蚀除一层金属，使断面尺寸均匀缩小 $\delta - (Z/2)$（Z 为凸、凹模双边配合间隙；δ 为单边放电间隙），以利于放电间隙的控制。反之，当凸、凹模的配合间隙较大，可以用电镀法将电极工作部位的断面尺寸均匀扩大 $Z/2 - \delta$，以满足加工时的间隙要求

（2）用纯铜和石墨等电极加工　用纯铜和石墨等电极材料专门设计制作的电极用于加工一般较为复杂的凹模型孔，其凸、凹模之间的配合间隙不受放电间隙的影响，可以通过电极设计得到任意的配合间隙。

由于电火花线切割加工的广泛应用，一般较为复杂的凹模型孔普遍采用电火花线切割加工。对于一些不便在淬火之前用铣削等方法去除凹模型孔落料部分废料的凹模，可先用电火花线切割加工出直刃口，再用电火花加工出落料部分，如图 3-9 所示。

由于电火花加工要产生加工斜度、型孔加工后其孔壁要产生倾斜，为防止型孔的工作部分产生反向斜度影响模具正常工作，在穿孔加工时应将凹模的底面向上。

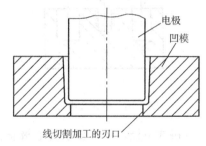

图 3-9　电火花加工凹模型孔落料部分

2. 电极设计

凹模型孔的加工精度与电极的精度和穿孔时的工艺条件密切相关。为了保证型孔的加工精度，在设计电极时必须合理选择电极材料和确定电极尺寸。此外，还要使电极在结构上便于制造和安装。

（1）电极材料　根据电火花加工原理，可以认为任何导电材料都可以用来制作电极。但在生产中应选择损耗小、加工过程稳定、生产率高、机械加工性能良好、来源丰富、价格低廉的材料作电极材料。常用电极材料的种类和性能见表 3-3。选择电极材料时应根据加工对象、工艺方法、脉冲电源的类型等因素综合考虑。

（2）电极结构　电极的结构形式应根据电极外形尺寸的大小与复杂程度、电极的结构工艺性等因素综合考虑。

1）整体式电极。整体式电极是用一块整体材料加工而成的，是最常用的结构形式。对于横截面积及重量较大的电极，可在电极上开孔以减轻电极重量，但孔不能开通，孔口向上，如图 3-10 所示。

表 3-3 常用电极材料的种类和性质

电极材料	电火花加工性能		机械加工性能	说　明
	加工稳定性	电极损耗		
钢	较差	中等	好	在选择电参数时应注意加工的稳定性，可以用凸模作电极
铸铁	一般	中等	好	
石墨	较好	较小	较好	机械强度较差，易崩角
黄铜	好	大	较好	电极损耗太大
纯铜	好	较小	较差	磨削困难
铜钨合金	好	小	较好	价格贵，多用于深孔、直壁孔、硬质合金穿孔
银钨合金	好	小	较好	价格昂贵，用于精密及有特殊要求的加工

2）组合电极。在同一凹模上有多个型孔时，在某些情况下可以把多个电极组合在一起，如图 3-11 所示，一次穿孔可完成各型孔的加工，这种电极称为组合电极。用组合电极加工的生产率高，各型孔间的位置精度取决于各电极的位置精度。

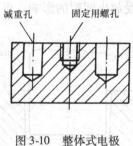

图 3-10　整体式电极

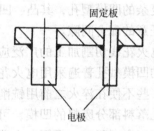

图 3-11　组合式电极

3）镶拼式电极。形状复杂的电极整体加工有困难时，常将其分成几块，分别加工后再镶拼成整体，这样既节省材料又便于电极制造。

电极不论采用哪种结构都应有足够的刚度，以利于提高加工过程的稳定性。对于体积小、易变形的电极，可将电极工作部分以外的截面尺寸增大以提高刚度。对于体积较大的电极，要尽可能减轻电极的重量，以减小机床的变形。电极与主轴连接后，其重心应位于主轴中心线上，这对于较重的电极尤为重要，否则会产生附加偏心力矩，使电极轴线偏斜，影响模具的加工精度。

（3）电极尺寸

1）电极横截面尺寸的确定。垂直于电极进给方向的电极截面尺寸称为电极的横截面尺寸。在凸、凹模图样上的公差有不同的标注方法。当凸模与凹模分开加工时，在凸、凹模图样上均标注公差；当凸模与凹模配合加工时，落料模将公差注在凹模上，冲孔模将公差注在凸模上，另一个只注基本尺寸。因此，电极截面尺寸分别按下述两种情况计算。

当按凹模型孔尺寸及公差确定横截面尺寸时，电极的轮廓应比型孔均匀地缩小一个放电间隙值。如图 3-12 所示，与型孔尺寸相对应的尺寸为：

$$a = A - 2\delta$$
$$b = B + 2\delta$$

$$c = C \tag{3-5}$$
$$r_1 = R_1 + \delta$$
$$r_2 = R_2 - \delta$$

式中 A、B、C、R_1、R_2——型孔基本尺寸（如果电火花加工后需要修磨与抛光，该尺寸应包含修磨与抛光余量），单位为 mm；

a、b、c、r_1、r_2——电极横截面基本尺寸，单位为 mm；

δ——单边放电间隙，单位为 mm。

当按凸模尺寸和公差确定电极的横截面尺寸时，随凸模、凹模配合间隙 Z（双面）的不同，分为 3 种情况：

①配合间隙等于放电间隙（$Z = 2\delta$）时，电极与凸模截面基本尺寸完全相同。

②配合间隙小于放电间隙（$Z < 2\delta$）时，电极轮廓应比凸模轮廓均匀地缩小一个数值 a_1，但形状相似。

③配合间隙大于放电间隙（$Z > 2\delta$）时，电极轮廓应比凸模轮廓均匀地放大一个数值 a_1，但形状相似。

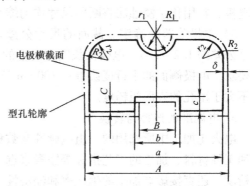

图 3-12 按型孔尺寸计算电极横截面尺寸

电极单边缩小或放大的数值可用下式计算：

$$a_1 = \frac{1}{2} \mid Z - 2\delta \mid \tag{3-6}$$

式中 a_1——电极横截面轮廓的单边缩小或放大量，单位为 mm；

Z——凸、凹模双边配合间隙，单位为 mm；

δ——单边放电间隙，单位为 mm。

2) 电极长度尺寸的确定。电极的长度取决于凹模结构形式、型孔的复杂程度、加工深度、电极使用次数、装夹形式及电极制造工艺等一系列因素，可按图 3-13 进行计算。

$$L = Kt + h + l + (0.4 \sim 0.8)(n - 1)Kt \tag{3-7}$$

式中 t——凹模有效厚度（电火花加工的深度），单位为 mm；

h——当凹模下部挖空时，电极需要加长的长度，单位为 mm；

l——为夹持电极而增加的长度（约为 10 ~ 20mm）；

n——电极的使用次数；

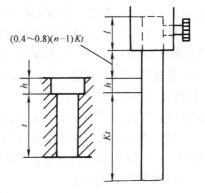

图 3-13 电极长度尺寸

K——与电极材料、型孔复杂程度等因素有关的系数。K 值选用的经验数据：纯铜为 2 ~ 2.5、黄铜为 3 ~ 3.5、石墨为 1.7 ~ 2、铸铁为 2.5 ~ 3、钢为 3 ~ 3.5。当电极材料损耗小、型孔简单、电极轮廓无尖角时，K 值取小值；反之取大值。

若加工硬质合金时，由于电极损耗较大，电极长度应适当加长些，但其总长度不宜过长，太长会带来制造上的困难。

在生产中为了减少脉冲参数的转换次数，使操作简化，有时将电极适当增长，并将增长部分的截面尺寸均匀地缩小；做成阶梯状成为阶梯电极，如图3-14所示。阶梯部分的长度 L_1 一般取凹模加工厚度的1.5倍左右，阶梯部分的均匀缩小量 $h_1 = 0.10 \sim 0.15\text{mm}$。对阶梯部分不便进行切削加工的电极，常用化学浸蚀法将断面尺寸均匀缩小。

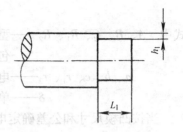

图3-14　阶梯电极

3）电极公差的确定。截面的尺寸公差取凹模刃口相应尺寸公差的 $1/2 \sim 2/3$。电极在长度方向上的尺寸公差没有严格要求。电极侧面的平行度误差在100mm长度上不超过0.01mm。电极工作表面的表面粗糙度不大于型孔的表面粗糙度。

3. 电规准的选择与转换

电火花加工中所选用的一组电脉冲参数称为电规准。电规准应根据工件的加工要求、电极和工件材料、加工的工艺指标等因素来选择。选择的电规准是否恰当，不仅影响模具的加工精度，还直接影响加工的生产率和经济性。在生产中主要通过工艺试验来确定电规准。通常要用数个规准才能完成凹模型孔加工的全过程。电规准分为粗、中、精3种。从一个规准调整到另一个规准称为电规准的转换。

粗规准主要用于粗加工。对它的要求是生产率高，工具电极损耗小，被加工表面的粗糙度 $R_a < 12.5\mu\text{m}$。所以，粗规准一般采用较大的电流峰值，较长的脉冲宽度（$t_i = 20 \sim 60\mu\text{s}$）。采用钢电极时，电极相对损耗应低于10%。

中规准是粗、精加工间过渡性加工所采用的电规准，用以减小精加工余量，促进加工稳定性和提高加工速度。中规准采用的脉冲宽度一般为 $6 \sim 20\mu\text{s}$，被加工表面粗糙度 $R_a = 6.3 \sim 3.2\text{mm}$。

精规准用来进行精加工。要求在保证冲模各项技术要求（如配合间隙、表面粗糙度和刃口斜度）的前提下尽可能提高生产率。故多采用小的电流峰值、高频率和短的脉冲宽度（$t_i = 2 \sim 6\mu\text{s}$），被加工表面粗糙度可达 $R_a = 1.6 \sim 0.8\mu\text{m}$。

粗、精规准的正确配合可以较好地解决电火花加工的质量和生产率之间的矛盾。凹模型孔用阶梯电极加工时，电规准转换的程序是：当阶梯电极工作端的阶梯进给到凹模刃口处时，转换成中规准过度加工 $1 \sim 2\text{mm}$ 后，再转入精规准加工，若精规准有两挡，还应依次进行转换。在规准转换时，其他工艺条件也要适当配合。粗规准加工时，排屑容易，冲油压力应小些；转入精规准加工后加工深度增加，放电间隙减小，排屑困难，冲油压力应逐渐增大；当穿透工件时，冲油压力适当降低。对加工斜度、粗糙度要求较小和精度要求较高的冲模加工，要将上部冲油改为下部抽油，以减小二次放电的影响。

4. 冲裁模加工实例

图3-15所示为电机定子凹模。凹模上有36个型孔，凸、凹模配合间隙为 $0.10 \sim 0.12\text{mm}$（双边），模具材料为Cr12MoV，硬度为 $60 \sim 64\text{HRC}$。

由于凹模工作型孔较多，且各型孔在圆周分布有较严格的位置精度要求，使用常规的配作存在一定的难度。采用凸模作电极对凹模型孔进行电火花加工，既简单又能保证其位置精

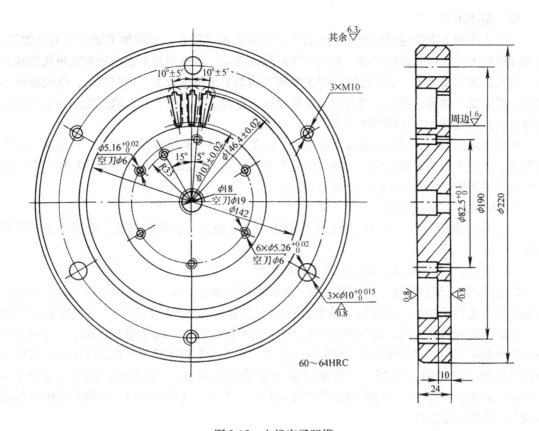

图 3-15　电机定子凹模

度和配合间隙的要求。其工艺过程简述如下：

（1）电极（凸模）加工工艺　工艺过程：锻造→退火→粗、精刨→淬火与回火→成型磨削；或锻造→退火→刨（或铣）平面→淬火与回火→磨上、下平面→线切割加工。

凸模长度应加长一段作为电火花加工的电极，其长度根据凹模刃口高度确定。

（2）电极（凸模）固定板的加工工艺　锻造→退火→粗、精车→画线→加工孔（孔比凸模单边放大 1~2mm 作为浇注合金间隙）→磨平面。

（3）电极（凸模）的固定　在专用分度坐标装置（万能回转台）上分别找正各凸模位置，用锡基合金（固定电极用合金）将凸模固定在固定板上，达到各型孔位置精度要求。

（4）凹模加工工艺　锻造→退火→粗、精车（外圆及上、下平面）→样板画线→铣出各型孔漏料部分→加工螺钉及销钉孔并在各型孔位置钻冲油孔→淬火与回火→磨平面→退磁→用组合后的凸模作电极，电火花加工各型孔。

（5）凸模的固定　将作电极使用后的凸模与固定板分离，切除凸模上电蚀的一段，以凹模刃口为基准，调整均匀所有凸模与相应凹模刃口之间的间隙，用铋基合金将凸模一次性浇铸在凸模固定板上，利用铋基合金的冷胀性将凸模固定牢固。

凹模各型孔与凸模间隙大小靠电火花加工时所选的电规准控制。如果配合间隙不在放电间隙内，则对凸模电极部分采用化学侵蚀或镀铜的方法适当减小或增大。

利用组合电极（凸模）加工凹模后，还可以将卸料板的型孔电加工出来。因卸料板所需的间隙较大，可采用电极平动法或工作台坐标法加工。

四、型腔加工

用电火花加工方法进行型腔加工比加工凹模型孔困难得多。型腔加工属于不通孔加工，金属蚀除量大，工作液循环困难，电蚀产物排除条件差，电极损耗不能用增加电极长度和进给来补偿；加工面积大，加工过程中要求电规准的调节范围也较大；型腔复杂，电极损耗不均匀，影响加工精度。因此，型腔加工要从设备、电源、工艺等方面采取措施来减小或补偿电极损耗，以提高加工精度和生产率。

与机械加工相比，用电火花加工型腔具有加工质量好、粗糙度小，减少了切削加工和手工劳动，使生产周期缩短的特点。特别是近年来由于电火花加工设备和工艺的日臻完善，它已成为解决型腔中、精加工的一种重要手段。

1. 型腔加工的工艺方法

(1) 单电极加工法　单电极加工法是指用一个电极加工出所需型腔。它用于下列几种情况：

1) 用于加工形状简单、精度要求不高的型腔。

2) 用于加工经过预加工的型腔。为了提高电火花加工效率，型腔在电加工之前采用切削加工方法进行预加工，并留适当的电火花加工余量，在型腔淬火后用一个电极进行精加工，达到型腔的精度要求，如图3-16a所示。一般型腔可用立式铣床进行预加工；复杂型腔或大型型腔可先用立式铣床去除大量的加工余量，再用仿形铣床精铣。在能保证加工成形的条件下电加工余量越小越好。一般型腔侧面余量单边留0.1～0.5mm，底面余量0.2～0.7mm。如果是多台阶复杂型腔则余量应适当减小。电加工余量应均匀，否则将使电极损耗不均匀，影响成形精度。

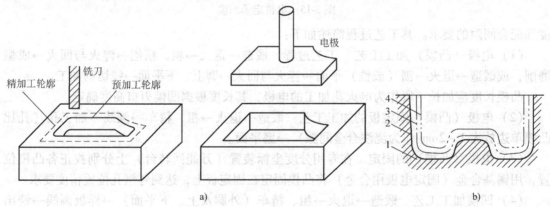

图3-16　型腔预加工和多电极加工示意图
a) 预加工示意图　b) 多电极加工示意图
1—模块　2—精加工后的型腔　3—中加工后的型腔　4—粗加工后的型腔

3) 用平动法加工型腔。对有平动功能的电火花机床，在型腔不预加工的情况下也可用一个电极加工出所需型腔。在加工过程中，先采用低损耗、高生产率的电规准进行粗加工，然后起动平动头带动电极（或数控坐标工作台带动工件）作平面圆周运动，同时按粗、中、精的加工顺序逐级转换电规准，并相应加大电极作平面圆周运动的回转半径，将型腔加工到所规定的尺寸及表面粗糙度要求。

(2) 多电极加工法　多电极加工法是用多个电极，依次更换加工同一个型腔，如图

3-16b所示。每个电极都要对型腔的整个被加工表面进行加工，但电规准各不相同。所以，设计电极时必须根据各电极所用电规准的放电间隙来确定电极尺寸。每更换一个电极进行加工，都必须把被加工表面上由前一个电极加工所产生电蚀痕迹完全去除。

用多电极加工法加工的型腔精度高，尤其适用于加工尖角、窄缝多的型腔。其缺点是需要制造多个电极，并且对电极的制造精度要求很高，更换电极需要保证高的定位精度。因此，这种方法一般用于精密和复杂型腔的加工。

（3）分解电极法　分解电极法是根据型腔的几何形状，把电极分解成主型腔电极和副型腔电极分别制造。先用主型腔电极加工出型腔的主要部分，再用副型腔电极加工型腔的尖角、窄缝等部位。此法能根据主、副型腔的不同加工条件选择不同的电规准，有利于提高加工速度和加工质量，使电极易于制造和修整。但主、副型腔电极的安装精度要求高。

2. 电极设计

（1）电极材料和结构选择

1）电极材料。型腔加工常用的电极材料主要是石墨和纯铜，其性能见表3-3。纯铜组织致密，适用于形状复杂、轮廓清晰、精度要求较高的塑料成型模、压铸模等，但机械加工性能差，难以成形磨削；由于密度大、价格贵、不宜作大、中型电极。石墨电极容易成形，密度小，所以宜作大、中型电极；但其机械强度较差，在采用宽脉冲大电流加工时，容易起弧烧伤。

铜钨合金和银钨合金是较理想的电极材料，但其价格贵，只用于特殊型腔加工。

2）电极结构。整体式电极适用于尺寸大小和复杂程度一般的型腔。镶拼式电极适用于型腔尺寸较大、单块电极坯料尺寸不够或电极形状复杂，将其分块才易于制造的情况。组合式电极适于一模多腔时采用，以提高加工速度，简化各型腔之间的定位工序，易于保证型腔的位置精度。

（2）电极尺寸的确定　加工型腔的电极，其尺寸大小与型腔的加工方法、加工时的放电间隙、电极损耗及是否采用平动等因素有关。电极设计时需确定的电极尺寸如下：

1）电极的水平尺寸。电极在垂直于主轴进给方向上的尺寸称为水平尺寸。当型腔经过预加工，采用单电极进行电火花精加工时，其电极的水平尺寸确定与穿孔加工的相同，只需考虑放电间隙即可。当型腔采用单电极平动加工时，需考虑的因素较多，其计算公式为：

$$a = A \pm Kb \tag{3-8}$$

式中　a——电极水平方向上的基本尺寸，单位为 mm；

$\quad\quad A$——型腔的基本尺寸（如果电火花加工后需要修磨与抛光，该尺寸应包含修磨与抛光余量），单位为 mm；

$\quad\quad K$——与型腔尺寸标注有关的系数；

$\quad\quad b$——电极单边缩放量，单位为 mm；

$$b = e + \delta_j - \gamma_j \tag{3-9}$$

式中　e——平动量，一般取 $0.5 \sim 0.6$ mm；

$\quad\quad \delta_j$——精加工最后一档规准的单边放电间隙。最后一档规准通常指粗糙度 $R_a < 0.8 \mu m$ 时的 δ_j 值，一般为 $0.02 \sim 0.03$ mm；

$\quad\quad \gamma_j$——精加工（平动）时电极侧面损耗（单边），一般不超过 0.1mm，通常忽略不计。

式（3-8）中的"±"号及 K 值按下列原则确定：如图 3-17 所示，与型腔凸出部分相对应的电极凹入部分的尺寸（图 3-17 中 r_2、a_2）应放大，即用"+"号；反之，与型腔凹入部分相对应的电极凸出部分的尺寸（图 3-17 中 r_1、a_1）应缩小，即用"–"号。

当型腔尺寸以两加工表面为尺寸界线标注时，若蚀除方向相反（图 3-18 中 A_1），取 $K=2$；若蚀除方向相同（图 3-18 中 C），取 $K=0$。当型腔尺寸以中心线或非加工面为基准标注（图 3-18 中 R_1、R_2）时，取 $K=1$；凡与型腔中心线之间的位置尺寸以及角度尺寸相对应的电极尺寸不缩不放，取 $K=0$。

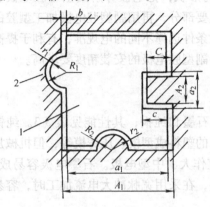

图 3-17　电极水平截面尺寸缩放示意图
1—电极　2—型腔

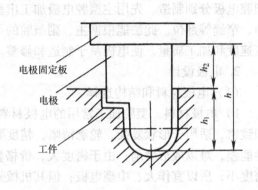

图 3-18　电极垂直方向的尺寸

2）电极垂直方向尺寸。即电极在平行于主轴轴线方向上的尺寸，如图 3-18 所示。可按下式计算：

$$h = h_1 + h_2 \tag{3-10}$$

$$h_1 = H_1 + C_1 H_1 + C_2 S - \delta_j \tag{3-11}$$

式中　h——电极垂直方向的总高度，单位为 mm；

h_1——电极垂直方向的有效工作尺寸，单位为 mm；

H_1——型腔垂直方向的尺寸（型腔深度），单位为 mm；

C_1——粗规准加工时，电极端面相对损耗率，其值小于 1%，$C_1 H_1$ 只适用于未预加工的型腔；

C_2——中、精规准加工时电极端面相对损耗率，其值一般为 20% ~ 25%；

S——中、精规准加工时端面总的进给量，一般为 0.4 ~ 0.5mm；

δ_j——最后一档精规准加工时端面的放电间隙，一般为 0.02 ~ 0.03mm，可忽略不计；

h_2——考虑加工结束时，为避免电极固定板和模块相碰，同一电极能多次使用等因素而增加的高度，一般取 5 ~ 20mm。

（3）排气孔和冲油孔　由于型腔加工的排气、排屑条件比穿孔加工的困难，为防止排气、排屑不畅影响加工速度、加工稳定性和加工质量，设计电极时应在电极上设置适当的排气孔和冲油孔。一般情况下，冲油孔要设计在难于排屑的拐角、窄缝等处，如图 3-19 所示。排气孔要设计在蚀除面积较大的位置（图 3-20）和电极端部有凹入的位置。

冲油孔和排气孔的直径一般为 1 ~ 2mm，过大则会在电蚀表面形成凸起，不易清除。各孔间的距离约为 20 ~ 40mm 左右，以不产生气体和电蚀产物的积存为原则。

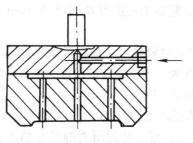
图 3-19　设强迫冲油孔电极

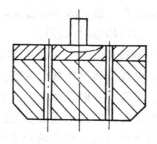
图 3-20　设排气孔的电极

3. 电规准的选择与转换

（1）电规准的选择　正确选择和转换电规准，实现低损耗、高生产率加工，对保证型腔的加工精度和经济效益是很重要的。图 3-21 是用晶体管脉冲电源加工时，脉冲宽度与电极损耗的关系曲线。对一定的电流峰值，随着脉冲宽度的减小，电极损耗增大。脉冲宽度越小，电极损耗上升趋势越明显。当 $t_1 > 500\mu s$ 时电极损耗可以小于 1%。

电流峰值和生产率的关系如图 3-22 所示。增大电流峰值会使生产率提高，提高的幅度与脉冲宽度有关。但是，电流峰值增加会加快电极的损耗，据有关实验资料表明，电极材料不同时电极损耗随电流峰值变化的规律也不同，而且和脉冲宽度有关。因此，在选择电规准时应综合考虑这些因素的影响。

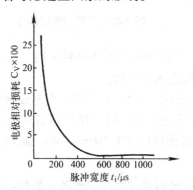

图 3-21　脉冲宽度对电极损耗的影响
电极—Cu　工件—CrWMn　负极性加工　$I_e = 80A$

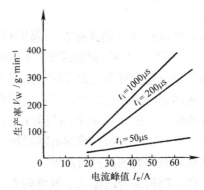

图 3-22　脉冲峰值电流对生产率的影响
电极—Cu　工件—CrWMn　负极性加工

1）粗规准。要求粗规准以高的蚀除速度加工出型腔的基本轮廓，电极损耗要小，电蚀表面不能太粗糙，以免增大精加工的工作量。为此，一般选用宽脉冲（$t_1 > 500\mu s$），大的峰值电流，用负极性进行粗加工。但应注意加工电流与加工面积之间的关系，一般用石墨电极加工钢的电流密度为 $3 \sim 5A/cm^2$，用纯铜电极加工钢的电流密度可稍大一些。

2）中规准。中规准的作用是减小被加工表面的粗糙度（一般中规准加工时 $R_a = 6.3 \sim 3.2\mu m$），为精加工作准备。要求在保持一定加工速度的条件下，电极损耗尽可能小。一般选用脉冲宽度 $t_i = 20 \sim 400\mu s$，用比粗加工小的电流密度进行加工。

3）精规准。精规准用于型腔精加工，所去除的余量一般不超过 $0.1 \sim 0.2mm$。因此，常采用窄的脉冲宽度（$t_i < 20\mu s$）和小的峰值电流进行加工。由于脉冲宽度小，电极损耗大（约 25% 左右），但因精加工余量小，故电极的绝对损耗并不大。

近几年来广泛使用的伺服电机主轴系统能准确地控制加工深度，因而精加工余量可减小到 0.05mm 左右，加上脉冲电源又附有精微加工电路，精加工可达到 R_a 小于 0.4μm 的良好工艺效果，而且精修时间较短。

（2）电规准的转换　电规准转换的档数应根据加工对象确定。加工尺寸小、形状简单的浅型腔，电规准转换档数可少些；加工尺寸大、深度大、形状复杂的型腔，电规准转换档数应多些。粗规准一般选择 1 档；中规准和精规准选择 2～4 档。

开始加工时，应选粗规准参数进行加工，当型腔轮廓接近加工深度（大约留 1mm 的余量）时，减小电规准，依次转换成中、精规准各档加工，直至达到所需的尺寸精度和表面粗糙度。

型腔的侧面修光是靠调节电极的平动量来实现的。当采用单电极平动加工时，在转换电规准的同时，应相应调节电极的平动量。

五、电极制造

电极制造应根据电极类型、尺寸大小、电极材料和电极结构的复杂程度等进行考虑。穿孔加工用电极的垂直尺寸一般无严格要求，而水平尺寸要求较高。对这类电极，若适合于切削加工，可用切削加工方法粗加工和精加工。对于纯铜、黄铜一类材料制作的电极，其最后加工可用刨削或由钳工精修来完成，也可采用电火花线切割加工来制作电极。

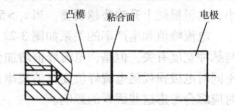

图 3-23　凸模与电极粘合

需要将电极和凸模连接在一起进行成形磨削时（图 3-23），可采用环氧树脂或聚乙烯醇缩醛胶粘合。当粘合面积小不易粘牢时，为了防止磨削过程中脱落，可采用锡焊的方法将电极材料和凸模连接在一起。

直接用钢凸模作电极时，若凸、凹模配合间隙小于放电间隙，则凸模作为电极部分的断面轮廓必须均匀缩小，可采用氢氟酸（HF）6%（体积比，后同）、硝酸（HNO₃）14%、蒸馏水（H₂O）80% 所组成的溶液浸蚀。对钢电极的侵蚀速度为 0.02mm/min。此外，还可采用其他种类的腐蚀液进行浸蚀。

当凸、凹模配合间隙大于放电间隙，需要扩大用作电极部分的凸模断面轮廓时，可采用电镀法。单边扩大量在 0.06mm 以下时表面镀铜；单面扩大量超过 0.06mm 时表面镀锌。

型腔加工用的电极，水平和垂直方向尺寸要求都较严格，比加工穿孔电极困难。对于纯铜电极除采用切削加工法加工外，还可采用电铸法、精锻法等进行加工，最后由钳工精修达到要求。由于使用石墨坯料制作电极时，机械加工、抛光都很容易，所以以机械加工方法为主。当石墨坯料尺寸不够时可在固定端采用钢板螺栓联接或用环氧树脂、聚氯乙稀醋酸液等粘结，制造成拼块电极。拼块要用同一牌号的石墨材料，要注意石墨在烧结制作时形成的纤维组织方向，避免不合理拼合（图 3-24）引起电极的不均匀损耗，降低加工质量。

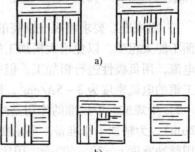

图 3-24　石墨纤维方向及拼块组合
a) 合理拼法　b) 不合理拼法

六、小孔电火花加工工艺

圆形小孔的电火花加工已有了专用加工设备，出现了专用电极制造商，加工直径为 $\phi 0.1 \sim \phi 4mm$ 小孔的空心电极都有商品供应。

电火花高速小孔加工机床采用管状电极，加工时电极作回转和轴向进给运动，管电极中通入 $1 \sim 5MPa$ 的高压工作液（去离子水、蒸馏水、乳化液）。由于高压工作液能迅速将电蚀产物排出，且能够强化火花放电的蚀除作用，因此，这种方法的最大特点是速度高（一般小孔加工速度可达 $60mm/min$ 左右，比普通钻孔速度还要快）。这种加工方法最适合加工 $\phi 0.3 \sim \phi 3mm$ 左右的小孔，且深径比适应范围可超过200，小孔加工精度可达 $\pm 0.02mm$，孔壁的表面粗糙度 $R_a \leqslant 0.32\mu m$。这种方法还可以在斜面和曲面上打孔。目前，这种加工方法已被应用于线切割零件的预穿丝孔、喷嘴以及耐热合金等难加工材料的小孔加工中。

第二节 电火花线切割加工

一、概述

1. 基本原理

电火花线切割加工也是通过电极和工件之间脉冲放电时的电腐蚀作用，对工件进行加工的一种方法。其加工原理与电火花成形加工相同，但加工方式不同，电火花线切割加工采用连续移动的金属丝作电极，如图3-25所示。工件接脉冲电源的正极，电极丝接负极，工件（工作台）相对电极丝按预定的要求运动，从而使电极丝沿着所要求的切割路线进行电腐蚀，实现切割加工。在加工中，电蚀产物由循环流动的工作液带走；电极丝以一定的速度运动（称为走丝运动），其目的是减小电极损耗，且不被火花放电烧断，同时也有利于电蚀产物的排除。

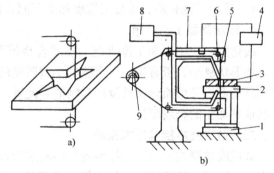

图3-25 电火花线切割加工示意图
a）切割图形 b）机床加工示意图
1—工作台 2—夹具 3—工件 4—脉冲电源 5—电极丝
6—导轮 7—丝架 8—工作液箱 9—储丝筒

2. 线切割加工机床

目前，我国广泛使用的线切割机床主要是数控电火花线切割机床。按其走丝速度分为快速走丝线切割机床和慢速走丝线切割机床两种。

快速走丝线切割机床采用直径为 $0.08 \sim 0.2mm$ 的钼丝或直径为 $0.3mm$ 左右的铜丝作电极，走丝速度约 $8 \sim 10m/s$，而且是双向往返循环运行，成千上万次地反复通过加工间隙，一直使用到断丝为止。工作液通常采用5%左右的乳化液和去离子水等。由于电极丝的快速运动能将工作液带进狭窄的加工缝隙，起到冷却的作用，同时还能将电蚀产物带出加工间隙，以保持加工间隙的"清洁"状态，有利于切割速度的提高。目前，快速走丝线切割机床能达到的加工精度为 $\pm 0.01mm$，表面粗糙度 $R_a = 2.5 \sim 0.63\mu m$，最大切割速度可达 $50mm^2/min$ 以上，切割厚度与机床的结构参数有关，最大可达 $500mm$，可满足一般模具的加工要求。

慢速走丝线切割机床采用直径 0.03 ~ 0.35mm 的铜丝作电极，走丝速度为 3 ~ 12m/min，线电极只是单向通过间隙，不重复使用，可避免电极损耗对加工精度的影响。工作液主要是去离子水和煤油。其加工精度可达 ±0.001mm，粗糙度可达 $R_a < 0.32\mu m$。这类机床还能进行自动穿电极丝和自动卸除加工废料等，自动化程度较高，能实现无人操作加工，但其售价比快速走丝线切割机床的要高得多。

与慢速走丝线切割机床相比，快速走丝线切割机床结构简单、价格便宜、加工生产率较高，精度能满足一般模具要求。因此，目前国内主要生产、使用的是快速走丝数控电火花线切割加工机床。

3. 线切割加工的特点

电火花线切割加工与电火花加工相比，有如下特点：

1）不需要制作电极，可节约电极设计、制造费用，缩短生产周期。

2）能方便地加工出形状复杂、细小的通孔和外表面。

3）由于在加工过程中，快速走丝线切割采用低损耗电源且电极丝高速移动；慢速走丝线切割单向走丝，在加工区域总是保持新电极加工，因而电极损耗极小（一般可忽略不计），有利于加工精度的提高。

4）采用四轴联动，可加工锥度和上下面异形体等零件。

4. 线切割加工的应用

线切割广泛用于加工淬火钢、硬质合金模具零件、样板、各种形状的细小零件、窄缝等。如形状复杂、带有尖角、窄缝的小型凹模的型孔可采用整体结构在淬火后加工，既能保证模具精度，又可简化模具设计和制造。此外，电火花线切割加工还可用于加工除盲孔以外的其他难加工的金属零件。

二、数字程序控制基本原理

数控线切割加工时，数控装置要不断进行插补运算，并向驱动机床工作台的步进电动机发出相互协调的进给脉冲，使工作台（工件）按指定的路线运动。例如，图 3-26 所示的斜线（直线）$\overline{OA}$ 的插补过程中，O 点为切割的起点，X、Y 轴分别表示工作台的纵、横进给方向。取斜线的起点 O 为坐标原点，$\overline{OA}$ 终点的坐标为 (6, 4)。先从坐标原点 O 沿 X 轴正向进给一步，加工点（电极丝）由 O 点移动到 M_1 点。M_1 点在 $\overline{OA}$ 的下方已偏离斜线，产生了偏差。为使加工点向 $\overline{OA}$ 靠拢，需沿 Y 轴正向进给一步，加工点由 M_1 点移到 M_2 点。M_2 点在 $\overline{OA}$ 的上方，也偏离了斜线，产生了新的偏差。为了纠正这个偏差，应沿 X 轴正向进给一步。如此连续插补，直到斜线终点 A (6, 4)。电极丝相对工件的运动轨迹是折线 $O—M_1—M_2—\cdots—A$。斜线（直线）插补就是用上述折线代替直线 $\overline{OA}$，完成对斜线的加工。

图 3-27 所示为圆弧 $\overset{\frown}{AB}$ 的插补过程。取圆心为坐标原点，用 X、Y 轴表示机床工作台的纵、横进给方向，以 A 点为加工起点。若加工点在圆弧外（包括在圆弧上的点），沿 X 轴负向进给一步；加工点在圆弧内，沿 Y 轴正向进给一步，一直插补到圆弧终点 B。和斜线插补一样，用一条折线代替圆弧 $\overset{\frown}{AB}$。

为什么可以用折线代替斜线和圆弧呢？因为控制台每发出一个进给脉冲，工作台进给一步的距离仅为 1μm。斜线和圆弧与折线最大偏差就是工作台进给一步的距离。这个误差是被加工零件的尺寸精度所允许的。

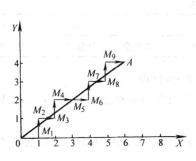

图 3-26 斜线（直线）$\overline{OA}$ 的插补过程

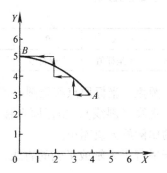

图 3-27 圆弧 $\widehat{AB}$ 的插补过程

从斜线和圆弧插补过程可以看出，工作台的进给是步进的。它每走一步机床数控装置都要自动完成 4 个工作节拍，如图 3-28 所示。

（1）偏差判别　判别加工点对规定图形的偏离位置，以决定工作台的走向。

（2）工作台进给　根据判断的结果，控制工作台在 X 或 Y 方向进给一步，以使加工点向规定图形靠拢。

（3）偏差计算　在加工过程中，工作台每进给一步，都由机床的数控装置根据数

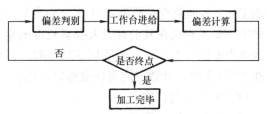

图 3-28　工作节拍框图

控程序计算出新的加工点与规定图形之间的偏差，作为下一步判断的依据。

（4）终点判断　每当进给一步并完成偏差计算之后，就判断是否已加工到图形的终点。若加工点已到终点，便停止加工，否则，应按加工节拍继续加工，直到终点为止。线切割加工时，其加工图形一般是由若干个直线和圆弧组成的，可将其分割成单一的直线和圆弧段，逐段进行切割加工。为了在一条线段加工到终点时能自动结束加工，数控线切割机床通过控制线段从起点加工到终点时工作台在 X 或 Y 方向上的进给总长度来进行终点判断。为此，在数控装置中设立了计数器来进行计数。在加工前将 X 或 Y 方向上的进给的总长度存入计数器，加工过程中工作台在计数方向上每进给一步，计数器就减去 1，当计数器中存入的数值被减到零时，表示已切割到终点，加工结束。

三、程序编制

要使数控线切割机床按照预定的要求自动完成切割加工，首先要把被加工零件的切割顺序、切割方向及有关尺寸等信息，按一定格式记录在机床所需要的输入介质（穿孔纸带）上，输入给机床的数控装置，经数控装置运算变换以后控制机床的运动。从被加工的零件图到获得机床所需控制介质的全过程，称为程序编制。

（一）3B 格式程序编制

1. 程序格式

目前，我国常用数控线切割机床的 3B 程序格式见表 3-4。

（1）分隔符号 B　因为 X、Y、J 均为数码，用分隔符号（B）将其隔开，以免混淆。

（2）坐标值（X、Y）　为了简化数控装置，规定只输入坐标的绝对值，其单位为 μm，

μm 以下应四舍五入。

表 3-4　3B 程序格式

B	X	B	Y	B	J	G	Z
分隔符号	X 坐标值	分隔符号	Y 坐标值	分隔符号	计数长度	计数方向	加工指令

对于圆弧，坐标原点移至圆心，X、Y 为圆弧起点的坐标值。

对于直线（斜线），坐标原点移至直线起点，X、Y 为终点坐标值。允许将 X 和 Y 的值按相同的比例放大或缩小。

对于平行于 X 轴或 Y 轴的直线，即当 X 或 Y 为零时，X、Y 值均可不写，但分隔符号必须保留。

（3）计数方向 G　选取 X 方向进给总长度进行计数的称为计 X，用 G_X 表示；选取 Y 方向进给总长度进行计数的称为计 Y，用 G_Y 表示。为了保证加工精度，应正确选择计数方向。如图 3-27 所示圆弧，应选 X 方向为计数方向，若选 Y 方向计数，工作台只进给两步就要停止加工，X 方向就少进给两步（称为漏走）。为防止漏走，对于直线（或斜线），应选两坐标轴中，加工直线在其上有最大投影长度的坐标轴方向为计数方向，可按图 3-29 选取。当直线终点坐标 (X_e, Y_e) 在阴影区域内时，计数方向取 G_Y；在阴影区域外时取 G_X。斜线正好在 45° 线上时，计数方向可任意选取。即：

$|Y_e| > |X_e|$ 时，取 G_Y；

$|X_e| > |Y_e|$ 时，取 G_X；

$|X_e| = |Y_e|$ 时，取 G_X 或 G_Y 均可。

对于圆弧，按图 3-30 选取。圆弧终点坐标 (X_e, Y_e) 在阴影区内取 G_X，反之取 G_Y，与斜线相反。若终点正好在 45° 斜线上时，计数方向可以任意选取。即：

$|X_e| > |Y_e|$ 时，取 G_Y；

$|Y_e| > |X_e|$ 时，取 G_X；

$|X_e| = |Y_e|$ 时，取 G_X 或 G_Y 均可。

对于计数长度 J　计数长度是指被加工图形在计数方向上的投影长度（即绝对值）的总和，以 μm 为单位。对于计数长度 J 应补足 6 位，如计数长度为 1988μm，应写成 001988。近年来生产的线切割机床，由于数控功能较强不必补足 6 位，只写有效位数即可。

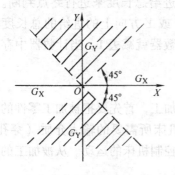

图 3-29　斜线的计数方向

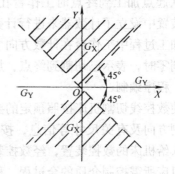

图 3-30　圆弧的计数方向

（4）计数长度 J　计数长度是指被加工图形在计数方向上的投影长度（即绝对值）的总和，以 μm 为单位。对于计数长度 J 应补足 6 位，如计数长度为 1988μm，应写成 001988。近年来生产的线切割机床，由于数控功能较强不必补足 6 位，只写有效位数即可。

例 3-1　加工图 3-31 所示斜线 OA，其终点为 $A(X_e, Y_e)$，且 $Y_e > X_e$，试确定 G 和 J。

因为 $|Y_e| > |X_e|$，$\overline{OA}$斜线与 X 轴角大于 $45°$，计数方向取 G_Y，斜线$\overline{OA}$在 Y 轴上的投影长度为 Y_e，故 $J = Y_e$。

例 3-2　加工图 3-32 所示圆弧，加工起点在第四象限，终点 B（X_e, Y_e）在第一象限，试确定 G 和 J。

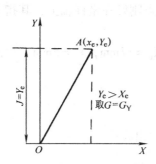

图 3-31　斜线的 G 和 J

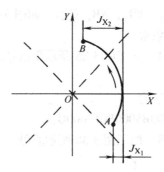

图 3-32　圆弧的 G 和 J

加工终点靠近 Y 轴，$|Y_e| > |X_e|$，计数方向取 G_X；计数长度为各象限中的圆弧段在 X 轴上投影长度的总和，即 $J = J_{X_1} + J_{X_2}$。

例 3-3　加工图 3-33 所示圆弧，加工终点为 B（X_e, Y_e），试确定 G 和 J。

因加工终点 B 靠近 X 轴，$|X_e| > |Y_e|$，故计数方向取 G_Y，J 为各象限的圆弧段在 Y 轴上投影长度的总和，即

$$J = J_{Y_1} + J_{Y_2} + J_{Y_3}$$

（5）加工指令 Z　加工指令 Z 是用来传送被加工图形的形状、所在象限和加工方向等信息的。控制台根据这些指令正确选用偏差计算公式进行偏差计算，控制工作台的进给方向，从而实现机床的自动化加工。加工指令共 12 种，如图 3-34 所示。

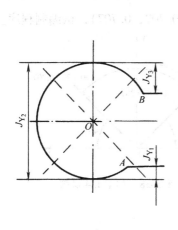

图 3-33　圆弧的 G 和 J

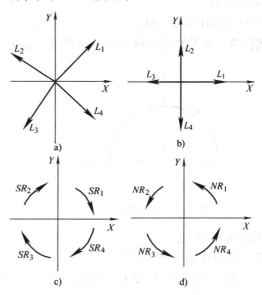

图 3-34　加工指令

a）加工直线处在象限中　b）加工直线和坐标轴重合

c）顺时针加工圆弧　d）逆时针加工圆弧

位于 4 个象限中的直线段称为斜线。加工斜线的加工指令分别用 L_1、L_2、L_3、L_4 表示，如图 3-34a 所示。与坐标轴相重合的直线，根据进给方向其加工指令可按图 3-34b 选取。

加工圆弧时，若被加工圆弧的加工起点在坐标系的 4 个象限中，并按顺时针插补，如图 3-34c 所示，加工指令分别用 SR_1、SR_2、SR_3、SR_4 表示；按逆时针方向插补时，分别用 NR_1、NR_2、NR_3、NR_4 表示，如图 3-34d 所示。若加工起点刚好在坐标轴上，其指令应选圆弧跨越的象限。

例 3-4 加工图 3-35 所示斜线 $\overline{OA}$，终点 A 的坐标为 $X_e = 17\mathrm{mm}$，$Y_e = 5\mathrm{mm}$，写出加工程序。

其程序为：

B17000B5000B017000$G_X$$L_1$

例 3-5 加工图 3-36 所示直线，其长度为 21.5mm，写出程序。

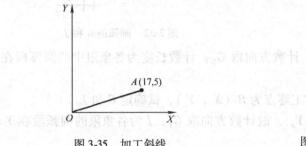

图 3-35 加工斜线

图 3-36 加工与 Y 轴正方向重合的直线

相应的程序为：

BBB021500$G_Y$$L_2$

例 3-6 加工图 3-37 所示圆弧，加工起点的坐标为（-5, 0），试编制程序。

其程序为：

B5000BB010000$G_X$$SR_2$

例 3-7 加工如图 3-38 所示 1/4 圆弧，加工起点为 A（0.707, 0.707），试编制程序。

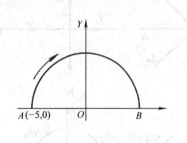

图 3-37 加工半圆弧

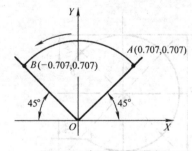

图 3-38 加工 1/4 圆弧

相应的程序为：

B707B707B001414$G_X$$NR_1$

由于终点恰好在 45°线上，故也可取 G_Y，即

B707B707B000586$G_Y$$NR_1$

例 3-8 加工图 3-39 所示圆弧，加工起点为 A（-2, 9），终点为 B（9, -2），试编制加工程序。

圆弧半径：$R = \sqrt{2000^2 + 9000^2} = 9220\,\mu m$

计数长度：$J_{Y_{AC}} = 9000\,\mu m$

$\qquad\qquad J_{Y_{CD}} = 9220\,\mu m$

$\qquad\qquad J_{Y_{DB}} = R - 2000 = 7220\,\mu m$

$\qquad$则$\quad J_Y = J_{Y_{AC}} + J_{Y_{CD}} + J_{Y_{DB}}$

$\qquad\qquad\quad = （9000 + 9220 + 7220） = 25440\,\mu m$

其程序为：

B2000B9000B025440G_YNR_2

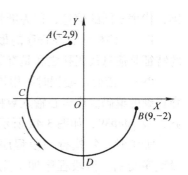

图 3-39　加工圆弧段

2. 纸带编码

通常，数控线切割机床 3B 程序格式采用 5 单位标准纸带，其代码说明见表 3-5。

表 3-5　常用 3B 格式代码

穿孔带代码						数据符号	意　义
I_5	I_4	I_0	I_3	I_2	I_1		
		●				0	数字 0
●		●			●	1	数字 1
●		●		●		2	数字 2
●		●		●	●	3	数字 3
●		●	●			4	数字 4
●		●	●		●	5	数字 5
		●	●	●		6	数字 6
●		●	●	●	●	7	数字 7
●	●	●			●	8	数字 8
●	●	●		●	●	9	数字 9
●		●	●		●	B	分隔符号
●	●	●			●	G_X	计数方向为 X 坐标轴
●	●	●	●			G_Y	计数方向为 Y 坐标轴
●	●	●			●	L_1	直线在第一象限插补
●		●			●	L_2	直线在第二象限插补
●		●	●			L_3	直线在第三象限插补
	●	●			●	L_4	直线在第四象限插补
●		●		●	●	SR_1	顺时针圆弧插补，起点在第一象限
		●			●	SR_2	顺时针圆弧插补，起点在第二象限
●		●			●	SR_3	顺时针圆弧插补，起点在第三象限
		●	●	●		SR_4	顺时针圆弧插补，起点在第四象限
	●	●	●		●	NR_1	逆时针圆弧插补，起点在第一象限
●		●		●		NR_2	逆时针圆弧插补，起点在第二象限
	●	●			●	NR_3	逆时针圆弧插补，起点在第三象限
●	●	●		●		NR_4	逆时针圆弧插补，起点在第四象限
	●	●	●	●		D	停机码
●	●	●	●	●	●	Φ	废码

纸带上有 I_1、I_2、I_3、I_4、I_5 5 列大孔和 1 列小孔 I_0。I_0 称为同步孔，用以产生同步读入信息并起引导作用。其余 5 列大孔称为信息代码孔，每行相应的位置上以有孔、无孔不同编

排，代表不同的信息，称为纸带编码。

D——停机码，在程序的最后。其作用是当工件加工完毕后，使机床自动停机。停机码的特征是信息代码孔之和是奇数。

Φ——废码。编程时不用该码。穿孔时若某编码穿错，可将该行穿成废码，下一行再补穿正确的编码。废码在输入数控装置时不起任何作用。例如 739 误穿成 759 时，可利用废码修改成 7ΦΦ39，如图 3-40 所示。废码的特征是该行全部穿有孔。

加工时，每执行一段程序，机床即按这段程序切割。该段程序加工完毕后，能自动执行下一段程序。穿孔时，相邻程序段之间应留些空格，以便阅读和校对纸带。纸带穿孔一般靠人工操纵键盘由穿孔机完成。

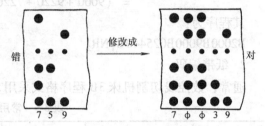

图 3-40　废码的用途

3. 程序编制的步骤与方法

在编程前，应了解数控线切割机床的规格及主要参数，控制系统所具备的功能及编程指令格式等；要对零件图样进行工艺分析，明确加工要求，进行工艺处理和工艺计算。

（1）工艺处理　工艺处理应注意以下几点：

1）工具、夹具的设计选择。应尽可能选择通用（或标准）工具和夹具。所选夹具应便于装夹、便于协调工件和机床的尺寸关系。在通用工具、夹具不能满足使用要求时，才进行新工具与夹具的设计。在加工大型模具时要特别注意工件的定位，尤其在加工快结束时，工件容易变形，要防止因重力作用使电极丝夹紧，影响加工。

2）正确选择穿丝孔和电极丝切入的位置。穿丝孔是电极丝相对于工件运动的起点，同时也是程序执行的起点，故也称"程序起点"，一般选在工件上的基准点处。为缩短开始切割时的切入长度，穿丝孔也可设在距离型孔边缘 2～5mm 处。加工凸模时为减小变形，电极丝切割时的运动轨迹与毛坯边缘的距离应大于 5mm。

3）确定切割路线。正确的切割路线能减小工件变形，容易保证加工精度。一般在开始加工时应沿着离开工件夹具的方向进行切割，最后再转向夹具方向。

（2）工艺计算　线切割加工时，为了获得所要求的加工尺寸，电极丝和加工图形之间必须保持一定的距离，如图 3-41 所示。图中双点画线表示电极丝中心的轨迹，实线表示型孔或凸模轮廓。编程时首先要求出电极丝中心轨迹与加工图形的垂直距离 ΔR（补偿距离），并将电极丝中心轨迹分割成单一的直线或圆弧段，求出各线段的交点坐标后，逐段进行编程。可按以下步骤进行计算：

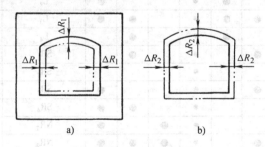

图 3-41　电极丝中心轨迹
a）凹模　b）凸模

1）根据工件的装夹情况和切割方向，确定相应的计算坐标系。为了简化计算，应尽量选取图形的对称轴线为坐标轴。

2）按选定的电极丝半径 r、放电间隙 δ 和凸、凹模的单面配合间隙 $Z/2$ 计算电极丝中心的补偿距离 ΔR。

若凸模和凹模型孔的基本尺寸相同，要求按型孔配作凸模，并保持单面间隙值 $Z/2$，则加工凹模的补偿距离 $\Delta R_1 = r + \delta$，如图 3-41a 所示；加工凸模的补偿距离 $\Delta R_2 = r + \delta - Z/2$，如图 3-41b 所示。

3）将电极丝中心轨迹分割成平滑的直线和单一的圆弧线，按型孔或凸模的平均尺寸计算出各线段交点的坐标值。

4. 编制程序

根据电极丝中心轨迹各交点坐标值及各线段的加工顺序，逐段编制切割程序。

5. 程序检验

编写好的程序一般要经过检验才能用于正式加工。机床数控系统一般都提供程序检验的方法，常见的方法主要有画图检验和空运行等。画图检验主要是验证程序中是否存在错误语法，零件的加工图形是否正确；空运行是总体验证程序实际加工情况，验证加工中是否存在干涉和碰撞、机床行程是否满足等。

上述工作，若采用一般的计算工具由人工来完成各个阶段工作的编程称为手工编程。当被加工零件形状不十分复杂时，都可以采用手工编程。当加工工件形状复杂时，电极丝移动轨迹的计算十分繁琐，且容易出现错误，必须借助计算机进行自动编程。

6. 手工编程实例

例 3-9 编制加工图 3-42 所示凸凹模（图示尺寸是根据刃口尺寸公差及凸凹模配合间隙计算出的平均尺寸）的数控线切割程序。电极丝为 $\phi 0.1\text{mm}$ 的钼丝，单面放电极间隙为 0.01mm。下面主要就工艺计算和程序编制进行讲述。

1）确定计算坐标系。由于图形上下对称，孔的圆心在图形对称轴上，故选对称轴为计算坐标系的 X 轴，圆心为坐标原点（图 3-43）。因为图形对称于 X 轴，所以只需求出 X 轴上半部（或下半部）钼丝中心轨迹上各线段的交点坐标值，从而使计算过程简化。

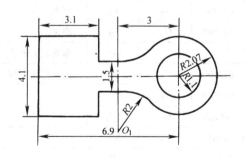

图 3-42 凸凹模

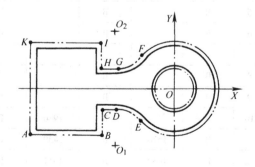

图 3-43 凸凹模编程示意图

2）确定补偿距离。补偿距离为：

$$\Delta R = \left(\frac{0.1}{2} + 0.01 \right)\text{mm} = 0.06\text{mm}$$

钼丝中心轨迹如图 3-43 中双点画线所示。

3）计算交点坐标。将电极丝中心轨迹划分成单一的直线或圆弧段。

求 E 点的坐标值：因两圆弧的切点必定在两圆弧的连心线 OO_1 上。直线 OO_1 的方程为 $Y = \dfrac{2.75}{3}X$。故 E 点的坐标值 X、Y 可以通过解下面的方程组求得：

$$X^2 + Y^2 = 2.13^2$$

$$2.75X - 3Y = 0$$

解得 $\qquad X = -1.570\text{mm}, Y = -1.4393\text{mm}$。

其余交点坐标可直接从图形尺寸得到，见表3-6。

表3-6 凸凹模电极丝中心轨迹各线段交点及圆心坐标

交点	X	Y	交点	X	Y	圆心	X	Y
A	-6.96	-2.11	F	-1.57	1.439	O	0	0
B	-3.74	-2.11	G	-3	0.81	O_1	-3	-2.75
C	-3.74	-0.81	H	-3.74	0.81	O_2	-3	2.75
D	-3	-0.81	I	-3.74	2.11			
E	-1.57	-1.439	K	-6.96	2.11			

切割型孔时电极丝中心至圆心 O 的距离（半径）为

$$R = (1.1 - 0.06)\text{mm} = 1.04\text{mm}$$

4）编写程序单。切割凸凹模时，不仅要切割外表面，而且还要切割内表面，因此在凸凹模型孔的中心 O 处钻穿丝孔。先切割型孔，然后再按 $B \rightarrow C \rightarrow D \rightarrow E \rightarrow F \rightarrow G \rightarrow H \rightarrow I \rightarrow K \rightarrow A \rightarrow B$ 的顺序切割，其切割程序单见表3-7。

表3-7 凸凹模线切割程序单（3B 型）

序号	B	X	B	Y	B	J	G	Z	备 注
1	B		B		B	001040	G_X	L_3	穿丝切割
2	B	1040	B		B	004160	G_Y	SR_2	
3	B		B		B	001040	G_X	L_1	
4								D	拆卸钼丝
5	B		B		B	013000	G_Y	L_4	空走
6	B		B		B	003740	G_X	L_3	空走
7								D	重新装上钼丝
8	B		B		B	012190	G_Y	L_2	切入并加工 BC 段
9	B		B		B	000740	G_X	L_1	
10	B		B	1940	B	000629	G_Y	SR_1	
11	B	1570	B	1439	B	005641	G_Y	NR_3	
12	B	1430	B	1311	B	001430	G_X	SR_4	
13	B		B		B	000740	G_X	L_3	
14	B		B		B	001300	G_Y	L_2	
15	B		B		B	003220	G_X	L_3	
16	B		B		B	004220	G_Y	L_4	
17	B		B		B	003220	G_X	L_1	
18	B		B		B	008000	G_Y	L_4	退出
19								D	加工结束

加工程序单是按加工顺序依次逐段编制的，每加工一条线段就应编写一个程序段。加工

程序单中除安排切割工件图形线段的程序外，还应安排切入、退出、空走以及停机、拆丝、装丝等程序。如图 3-43 所示的切割路线的程序单中除切割图形线段的程序外，还应有从穿丝孔到图形起始切割点的切入程序；切割完成后使电极丝回到坐标原点 O 的退出程序；穿丝后加工外形轮廓的切入程序等。

切割图形上各条线段交点的坐标是按计算坐标系计算的，而加工程序中的数码和指令是按切割时所选的坐标系（即切割坐标系）来填写的。如切割直线 $\overline{AB}$ 时，切割坐标系的坐标原点为 A 点；切割圆弧 $\overset{\frown}{DE}$ 时，切割坐标系的坐标原点为 O_1 点。因此，在填写程序单时应根据各交点在计算坐标系中的坐标，利用坐标平移求得它们在相应切割坐标系中的坐标。

（二）4B 格式程序编制

3B 格式程序数控系统没有间隙补偿功能，必须按电极丝中心轨迹编程，当零件复杂时编程工作量较大。为了减少编程的工作量，近年来已广泛采用了带有间隙自动补偿功能的数控系统，其中 4B 格式就是在 3B 格式的基础上发展起来的。这种格式按工件轮廓编程，数控系统使电极丝相对工件轮廓自动实现间隙补偿。

由于 4B 格式数控系统是根据圆弧的凸、凹性，以及所加工的是凸模还是凹模实现间隙补偿的，所以，程序格式中增加一个 R 和 D 或 DD（圆弧的凸、凹性）而成为 4B 型程序格式。这种格式按工件轮廓线编程，补偿距离 ΔR 是单独输入数控装置的，加工凸模或凹模也是通过控制面板上的凸、凹开关的位置来确定的。这种格式不能处理尖角的自动间隙补偿，所以尖角一般取 $R = 0.1\text{mm}$ 的过渡圆弧来编程。4B 程序格式见表 3-8。

表 3-8   4B 程序格式

B	X	B	Y	B	J	B	R	G	D 或 DD	Z
分隔符号	X坐标值	分隔符号	Y坐标值	分隔符号	计数长度	分隔符号	圆弧半径	计数方向	曲线形式	加工指令

注：R 为所要加工的圆弧半径；D 代表凸圆弧曲线；DD 代表凹圆弧曲线。

4B 格式程序编程实例见例 3-10。

例 3-10 图 3-44 所示为落料凹模设计图样，要求凸模按凹模配作，保证双边配合间隙为 0.06mm，试编制凹模和凸模的数控线切割程序。电极丝为 $\phi0.12\text{mm}$ 的钼丝，单边放电间隙为 0.01mm。

1）编制凹模程序。建立图 3-45 所示坐标系并计算出平均尺寸，穿丝孔选在 O 点，加工顺序为 $O \to H \to I \to J \to K \to L \to A \to B \to C \to D \to E \to F \to G \to H \to O$。

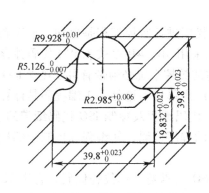

图 3-44   凹模型孔设计图

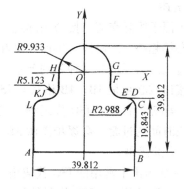

图 3-45   凹模型孔及平均尺寸

补偿距离 $\Delta R_{凹} = \left(\dfrac{0.12}{2} + 0.01\right)mm = 0.07mm$，单独输入。

切割程序单见表3-9。

表3-9　凹模切割程序单（4B 型）

序号	B	X	B	Y	B	J	B	R	G	D 或 DD	Z	备　注
1	B		B		B	009933	B		G_X		L_3	切入
2	B		B		B	004913	B		G_Y		L_4	
3	B	5123	B		B	005123	B	005123	G_X	DD	SR_4	
4	B		B		B	001862	B		G_X		L_3	
5	B		B	2988	B	002988	B	002988	G_Y	D	NR_2	
6	B		B		B	016755	B		G_Y		L_4	
7	B	100	B		B	000100	B	000100	G_X	D	NR_3	过渡圆弧
8	B		B		B	039612	B		G_X		L_1	
9	B		B	100	B	000100	B	000100	G_Y	D	NR_4	过渡圆弧
10	B		B		B	016755	B		G_Y		L_2	
11	B	2988	B		B	002988	B	002988	G_X		NR_1	
12	B		B		B	001862	B		G_X		L_3	
13	B		B	5123	B	005123	B	005123	G_Y	DD	NR_3	
14	B		B		B	004913	B		G_Y		L_2	
15	B	9933	B		B	019866	B	009933	G_Y	D	NR_1	
16	B		B		B	009933	B		G_X		L_1	退出
17										D		停机

2）编制凸模程序。因4B 程序格式有间隙补偿，所以凸模程序只需改变凹模程序中的切入、退出程序段，其他程序段与凹模的相同。

补偿距离 $\Delta R_{凸} = \left(\dfrac{0.12}{2} + 0.01 - \dfrac{0.06}{2}\right)mm = 0.04mm$。

（三）ISO 代码数控程序编制

1. 概述

为了便于国际交流，按照国际统一规范——ISO 代码进行数控编程是电加工编程和控制发展的必然趋势。现阶段，生产厂家和使用单位可以采用3B、4B 格式和ISO 代码并存的方式作为过渡。为了适应这种新的要求，生产厂家制造的数控系统必须带有可以接受 ISO 代码程序的接口或必须是3B、4B 格式与ISO 代码兼容，用户单位不论是手工编程还是计算机辅助编程，都应具备生成 ISO 代码程序或直接采用 ISO 代码编程及穿制 ISO 代码纸带的手段。通过一段时间的过渡，会逐步淘汰 3B、4B 代码格式的程序代码，使编程和控制全部规范为 ISO 国际标准代码。

表3-10 给出了常用的 ISO 代码值及穿孔位置。ISO 代码是 8 单位补偶码，它比 3B、4B 能携带更丰富的信息。ISO 代码的特点是每一行的孔数必须是偶数，故也称 ISO 代码为偶数

码。ISO 代码中的数字代码需在第 5 列和第 6 列穿孔，字母需在第 7 列穿孔，若某行孔数为奇数，则第 8 列孔补偶，以保证每行孔均为偶数。这样做的目的是为了读入时校验。读入时常见的错误是漏掉一个孔或多读一个孔，这时某行孔数便由偶数变为奇数，输入装置可识别并发出警报。

表 3-10　常用 ISO 代码

8	7	6	5	4	3	2	1	符　号	符 号 意 义
		●	●					0	数字 0
●		●	●				●	1	数字 1
●		●	●			●		2	数字 2
		●	●			●	●	3	数字 3
●		●	●		●			4	数字 4
		●	●		●		●	5	数字 5
		●	●		●	●		6	数字 6
●		●	●		●	●	●	7	数字 7
●		●	●	●				8	数字 8
		●	●	●			●	9	数字 9
	●						●	A	绕着 X 轴的转角
	●					●		B	绕着 Y 轴的转角
●	●					●	●	C	绕着 Z 轴的转角
	●				●			D	间隙及电极丝补偿
●	●				●		●	E	其他用
●	●				●	●		F	进给速度
	●				●	●	●	G	准备功能
●	●			●			●	I	圆弧起点对圆心沿 X 轴坐标
●	●			●		●		J	圆弧起点对圆心沿 Y 轴坐标
	●			●		●	●	K	圆弧起点对圆心沿 Z 轴坐标
●	●			●	●			L	其他用
	●			●	●		●	M	辅助功能
	●			●	●	●		N	程序号
●	●		●			●		R	平行于 Z 轴的第三坐标
●	●		●		●			T	其他用（刀具功能）
	●		●		●		●	U	平行于 X 轴的第二坐标
	●		●		●	●		V	平行于 Y 轴的第二坐标
●	●		●		●	●	●	W	平行于 Z 轴的第二坐标
●	●		●	●				X	X 轴方向的主运动
	●		●	●			●	Y	Y 轴方向的主运动
	●		●	●		●		Z	Z 轴方向的主运动

（续）

穿孔带代码								符 号	符号意义
8	7	6	5	4	3	2	1		
●		●		●	●		●	;	分号
●		●		●		●	●	=	等号
		●		●	●			(	括号开
●		●	●				●	)	括号闭
						●		LF	程序段结束
●	●	●	●	●	●	●	●	DEL	注销
				●			●	TAB	制表（或分隔符号）
●		●	●					SPACE	空格

●表示有孔　●同步孔

2. 程序段格式与程序格式

（1）程序字　程序字简称为字，它是机床数字控制的专用术语。它的意义是：一套有规定次序的字符可以作为一个信息单元存储、传递和操作，如 X8500 就是"字"。一个字所含的字符个数叫做字长。一般加工程序中的字都是由一个英文字母与随后的若干位 10 进制数字组成的。这个英文字母称为地址符，地址符由字母 A ~ Z 表示，地址符的含义见表 3-11，地址符与后续数字间可加正、负号。

表3-11　地址字母表

功　能	地　址	意　义
顺序号	N	程序段号
准备功能	G	指令动作方式
坐标字	X、Y、Z	坐标轴移动指令
	A、B、C、U、V	附加轴移动指令
	I、J、K	圆弧中心坐标
锥度参数字	W、H、S	锥度参数指令
进给速度	F	进给速度指令
刀具功能	T	刀具编号指令（切削加工）
辅助功能	M	机床开/关及程序调用指令
补偿字	D	间隙及电极丝补偿指令

程序字包括顺序号字、准备功能字、尺寸字、辅助功能字等。

1）顺序号字。顺序号字也叫程序段号或程序段序号。顺序号位于程序段之首，它的地址符是 N，后续数字一般为 2 ~ 4 位。如 N02、N0010 都是顺序号字。

程序中可以在程序段前任意设置顺序号，可以不写，也可以不按顺序编号，或只在重要程序段前按顺序编号。顺序号的作用是便于对程序进行检查、校对和修改，便于调用子程序。

2）准备功能字。准备功能字的地址符是 G，所以又称为 G 功能或 G 指令。它的定义是：建立机床或控制系统工作方式的一种命令。准备功能中的后续数字大多为两位正整数，即 G00 ~ G99。前置"0"可以省略，如 G2 实际上是 G02。

3）尺寸字。尺寸字也叫尺寸指令。尺寸字在程序段中主要用来指令电极丝运动到达的坐标位置。线切割加工常用地址符有 X、Y、U、V、A、I、J 等。尺寸地址符后续数字为整数，单位为 μm，可加正、负号。

4）辅助功能字。辅助功能字由地址符 M 及随后的 2 位数字组成，即 M00 ~ M99，也称为 M 功能或 M 指令。它是用来指令机床辅助装置的接通和断开，表示机床各种辅助动作及其状态的。

（2）程序段　程序段由若干个程序字组成，它实际上是数控加工程序的一句。

例如 G01　X3000　Y—5000

多数程序段是用来指令机床完成（执行）某一个动作的。在 ISO 代码穿孔纸带上各程序段之间用程序段结束符 LF 分开。在书写、打印和光屏显示程序时，每个程序段一般占一行。

（3）程序段格式　程序段格式是指程序段中的字、字符和数据的安排形式。

一个程序可以由若干个程序段组成，而一个程序段又由若干个字组成。字的功能类别由地址符决定。在此格式的程序中，前面的程序段中已写明，本程序段里又不变化的那些字仍然有效，可以不再重写。

例如 G01　X40000　Y15000

　　　 G01　X40000　Y—5000

第 2 句中的 X40000 可省略不写。

在这种格式中，每个字长不固定，各个程序段长度、程序字的个数都是可变的，故属于可变程序段格式。

（4）程序格式　一个完整的加工程序由程序名及若干程序段（程序主体）和程序结束指令组成。它们在程序中的安排格式称程序格式。一般数控加工的程序格式为：

程序名（单列一段）+程序主体+程序结束指令（单列一段）

1）程序名。程序名即程序文件名。每个程序都必须有文件名，程序文件名用字母和数字表示。注意：文件名不能重复。

2）程序主体。程序主体由若干程序段组成，分为主程序和子程序。有时候，一组程序段在一个程序中会多次出现（如依次加工几个相同的形面），或者在几个程序中都要使用它，可以把这组程序摘出来，命名后单独储存，这组程序段就是子程序。子程序是可由控制程序调用的一般加工程序，它在加工中一般具有独立意义。调用子程序所在的加工程序叫做主程序。子程序可以嵌套，最多可嵌套多少层，由具体的数控系统决定。

3）程序结束指令 M02。它安排在程序的最后，一般单列一段。当数控系统执行到 M02 程序段时，会自动停止进给、停止工作液，并使数控系统复位。

3. ISO 代码及其程序编制

表 3-12 列出了我国快走丝数控电火花线切割机床（以汉川 MD ⅥC EDW 快走丝机床为例）常用的 ISO 指令代码，与国际上使用的标准基本一致。

表 3-12　数控线切割机床常用 ISO 指令代码

代码	功　能	代码	功　能
G00	快速定位	G59	加工坐标系 6
G01	直线插补	G80	接触感知
G02	顺圆插补	G82	半程移动
G03	逆圆插补	G84	微弱放电找正
G40	取消间隙补偿	G90	绝对坐标
G41	左偏间隙补偿　D 偏移量	G91	增量坐标
G42	右偏间隙补偿　D 偏移量	G92	定起点
G50	取消锥度	M00	程序暂停
G51	锥度左偏　A 角度值	M02	程序结束
G52	锥度右偏　A 角度值	M05	接触感知解除
G54	加工坐标系 1	M06	主程序调用文件程序
G55	加工坐标系 2	M97	主程序调用文件结束
G56	加工坐标系 3	W	下导轮到工作台面高度
G57	加工坐标系 4	H	工件厚度
G58	加工坐标系 5	S	工作台面到上导轮高度

（1）G00 快速定位指令。

在线切割机床不放电的情况下，使指定的某轴以最快的速度移动到指定位置。

书写格式：G00　X ___　Y ___

例如，G00　X60000　Y80000

快速定位如图 3-46 所示。

注意：如果程序中指定了 G01、G02 等指令，则 G00 无效。有些系统将这一常用命令作为外部功能使用，即手动功能下使用。

（2）G01 直线插补指令。

书写格式：G01　X ___　Y ___　U ___　V ___

现阶段生产的线切割机床一般都具有 X、Y、U、V 四轴联动功能，即四坐标。G01 指令可使机床在各个坐标平面内加工任意斜率的直线轮廓和用直线逼近的曲线轮廓。

例如　G92　X40000　Y20000

　　　　G01　X80000　Y60000

直线插补如图 3-47 所示。

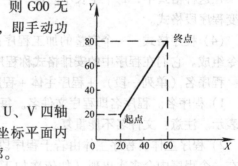

图 3-46　快速定位

（3）G02、G03 圆弧插补指令。

G02——顺时针加工圆弧的插补指令。

G03——逆时针加工圆弧的插补指令。

这两种指令对于各种数控系统都是一样的。对于一些老式数控系统，G02、G03 不能跨象限指令。如果加工的圆弧跨越两个及以上象限，那么就要分两段以上的程序来指令。先进的数控系统可以跨象限一次指令。

书写格式：G02（G03）　X__　Y__　I__　J__

　　　或：G02（G03）　X__　Y__　R__

X、Y——圆弧终点坐标。

I、J——圆心坐标，是圆心相对圆弧起点的增量值，I 是 X 方向坐标值，J 是 Y 方向坐标值。圆心坐标在圆弧插补时不得省略。

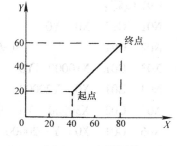

图 3-47　直线插补

R——圆弧半径。

例如　G92　X10000　Y10000

　　　G02　X30000　Y30000　I20000　J0

　　　G03　X45000　Y15000　I15000　J0

或：　G92　X10000　Y10000

　　　G02　X30000　Y30000　R20000

　　　G03　X45000　Y15000　R15000

圆弧插补如图 3-48 所示。

（4）G90、G91、G92 坐标指令。

G90——绝对坐标指令。该指令表示程序段中的编程尺寸是按绝对坐标给定的。即移动指令终点的坐标值 X、Y 都是以工件坐标系坐标原点（程序零点）为基准来计算的。

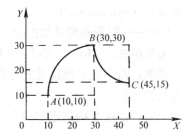

图 3-48　圆弧插补

书写格式：G90　　（单列一段）

说明：系统通电时机床处于 G90 状态。

G91——增量坐标指令。该指令表示程序段中的编程尺寸是按增量坐标给定的，即坐标值均以前一个坐标位置作为起点来计算下一点的坐标值。

书写格式：G91　　（单列一段）

G92——绝对坐标指令。G92 后面要跟坐标，确定电极丝当前位置在编程坐标系中的坐标值，一般此坐标作为加工程序的起点。如图 3-48 所示，G92 定加工起点为 A（10，10），然后切割两段圆弧。

例如，加工图 3-49 所示零件（电极丝直径与放电间隙忽略不计）。

G90 编程：

P1　　　　　　　　　（程序名）

N01　G92　X0　Y0　（确定加工程序的起点）

N02　G01　X10000　Y0

N03　G01　X10000　Y20000

N04　G02　X40000　Y20000　I15000　J0

N05　G01　X40000　Y0

N06　G01　X0　Y0

N07　M02

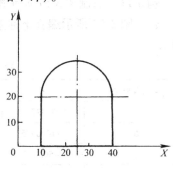

图 3-49　零件加工

G91 编程：

N01　G92　X0　Y0

N02　G91　　　　　　　　　　（表示后面的坐标值均为增量坐标）

N03　G01　X10000　Y0

N04　G01　X0　Y20000

N05　G02　X30000　Y0　I15000　J0

N06　G01　X0　Y—20000

N07　G01　X—40000　Y0

N08　M02

（5）G40、G41、G42 间隙补偿指令。

G41——左偏补偿指令。

书写格式：G41　D __

G42——右偏补偿指令。

书写格式：G42　D __

D——表示偏移量（补偿距离），确定方法与补偿距离 ΔR 相同。一般数控线切割机床偏移量在 $0\sim0.5$mm 之内。

G40——取消间隙补偿指令。

书写格式：G40　（单列一行）

说明：沿着电极丝前进的方向看，电极丝在工件的左边为左偏补偿；电极丝在工件的右边为右偏补偿。

间隙补偿指令的确定如图 3-50 所示。

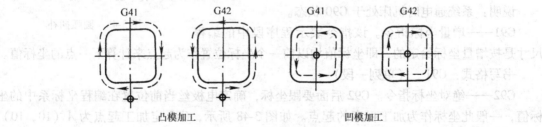

图 3-50　间隙补偿指令的确定

例 3-11　编制图 3-51 所示落料凹模的线切割加工程序。电极丝直径为 $\phi0.15$mm。

建立图 3-52 所示编程坐标系，按平均尺寸计算出凹模刃口轮廓交点及圆心坐标，见表 3-13。

表 3-13　凹模刃口轮廓交点及圆心坐标

交点及圆心	X	Y	交点及圆心	X	Y
A	3.427	9.4157	F	−50.025	−16.0125
B	−14.6975	16.0125	G	−14.6975	−16.0125
C	−50.025	16.0125	H	3.427	−9.4157
D	−50.025	9.7949	O	0	0
E	−50.025	−9.7949	O_1	−60	0

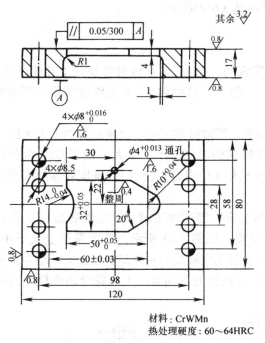

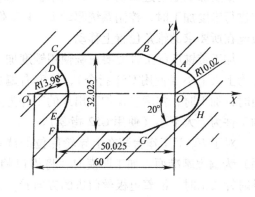

材料：CrWMn
热处理硬度：60～64HRC

图 3-51　凹模　　　　　　　　　　　图 3-52　凹模型孔及平均尺寸

偏移量：$D = r + \delta = \left(\dfrac{0.15}{2} + 0.01 \right) \mathrm{mm} = 0.085 \mathrm{mm}$

穿丝孔在 O 点，按 $O \rightarrow A \rightarrow B \rightarrow C \rightarrow D \rightarrow E \rightarrow F \rightarrow G \rightarrow H \rightarrow A$ 的顺序切割，程序如下：

AM1

G92　X0　Y0

G41　D85　　　　　　　　　（此程序段应放在切入线之前）

G01　X3427　Y9416

G01　X—14698　Y16013

G01　X—50025　Y16013

G01　X—50025　Y9795

G02　X—50025　Y—9795　I—9975　J—9795

G01　X—50025　Y—16013

G01　X—14698　Y—16013

G01　X3427　Y—9416

G03　X3427　Y9416　I—3427　J9416

G40

M02

（6）G50、G51、G52 锥度加工指令。

G51——锥度左偏指令。

书写格式：G51　A ___

G52——锥度右偏指令。

书写格式：G52　A ___

A——角度值。一般四轴联动机床切割锥度可达 ±6°/50mm。

G50——取消锥度指令。

书写格式：G50

锥度加工是通过驱动 U、V 工作台（轴）实现的。U、V 工作台通常装在上导轮部位，在进行锥度加工时，控制系统驱动 U、V 工作台，使上导轮相对 X、Y 工作台平移，带动电极丝在所要求的锥角位置上移动。

加工带锥度的工件时要正确使用锥度加工指令。顺时针加工时，锥度左偏加工出来的工件为上大下小（使用 G51 指令），锥度右偏加工出来的工件为上小下大（使用 G52 指令）；逆时针加工时，锥度左偏加工出来的工件为上小下大（使用 G51 指令），锥度右偏加工出来的工件为上大下小（使用 G52 指令）。

对于 U、V 工作台装在上导轮部位的线切割机床，锥度加工时，以工件底面（工作台面）为编程基准面。加工凹模时，将刃口朝下安装，如图 3-53 所示，锥度属于上大下小。顺时针加工时，沿着电极丝前进的方向看，上导轮带动电极丝向左倾斜实现上大下小为锥度左偏，使用 G51 指令。若逆时针加工，沿着电极丝前进的方向看，上导轮带动电极丝向右倾斜实现上大下小为锥度右偏，使用 G52 指令。

在进行锥度加工时，还需输入工件及工作台参数（图 3-53）：

图中 W——下导轮中心到工作台面的距离，单位为 mm；

H——工件厚度，单位为 mm；

S——工作台面到上导轮中心高度，单位为 mm。

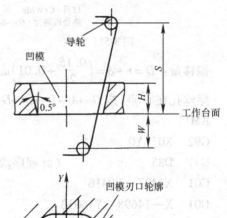

例 3-12 编制图 3-53 所示凹模的切割程序。电极丝直径为 $\phi 0.12$mm，单边放电间隙为 0.01mm，刃口斜度 $A = 0.5°$，工件厚度 $H = 15$mm，下导轮中心到工作台面的距离 $W = 60$mm，工作台面到上导轮中心高度 $S = 100$mm。

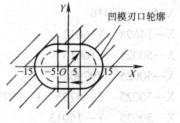

图 3-53 凹模锥度加工

偏移量：$D = \left(\dfrac{0.12}{2} + 0.01 \right)$mm $= 0.07$mm

程序如下：

AM2　　　　　程序名

G92　X0　Y0

W60000

H15000

S100000

G51　A0.5

G42　D70

G01　X5000　Y10000

G02　X5000　Y—10000　I0　J—10000

G01　X—5000　Y—10000

G02　X—5000　Y10000　I0　J10000

G01　X5000　Y10000

G50

G40

M02

（7）G54、G55、G56、G57、G58、G59　加工坐标系。

书写格式：G54（单列一段）

其余 5 个加工坐标系的书写格式与 G54 的相同。

在多孔凹模上，往往需加工多个型孔，此时可以设定不同的程序零点，如图 3-54 所示。建立 G54～G59 6 个加工坐标系，其加工坐标系的坐标原点（程序零点）可设在每个型孔便于编程的某一点上，这样建立的加工坐标系，只需按选定的加工坐标系编程，即可使尺寸计算简化，方便编程。

加工坐标系程序零点的转换如图 3-55 所示。

即：

G54

G92　X0　Y0

G00　X10000　Y20000

G55

G92　X0　Y0

说明：在 G54 系统下起点为（0，0），快速移动到（10，20），定（10，20）为 G55 坐标系统原点。

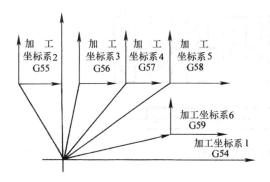

图 3-54　加工坐标系

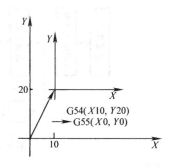

图 3-55　加工坐标系程序零点转换

（8）G80、G82、G84　手动操作指令。

G80——接触感知指令。

利用 G80 代码可以使电极丝从现行位置接触到工件，然后停止。

G82——半程移动指令。

G82 使加工位置沿指定坐标轴返回一半的距离，即当前坐标系中的坐标位置。

G84——校正电极丝指令。

（9）M　辅助功能指令。

M00——程序暂停，按"回车"键才能执行下面的程序。

M02——程序结束。

M05——接触感知解除。

M96——程序调用（子程序）。

书写格式：M96 程序名（程序名后加"."）

M97——程序调用结束。

（四）自动编程

当零件的形状比较复杂或具有非圆弧曲线时，人工编程的工作量大，而且容易出错，甚至无法实现。为简化编程、提高工作效率，采用计算机自动编程是必然趋势。目前，我国用于线切割加工的自动编程软件主要有：XY、SKX—1、SXZ—1、SB—2、SKG、XCY—1、SKY、YH 等，经过后置处理可生成 3B（或 4B）格式的程序清单。较先进的 YCUT 等线切割自动编程软件可直接读入 AutoCAD 的 DWG、DXF 格式，自动生成 3B（或 4B）和 ISO 代码。目前，功能较强的线切割机床都装有 CAXA 线切割自动编程软件。CAXA 是 CAD 方式输入的编程软件，可完成绘图设计、加工代码生成联机通讯等，CAXA 还可直接读取 EXB、DWG、DXF、IGES 等格式文件，完成自动编程。

四、线切割加工工艺

电火花线切割加工一般作为工件加工中最后的工序。要达到加工零件的精度及表面粗糙度要求，应合理控制线切割加工时的各种工艺因素（电参数、切割速度、工件装夹等），同时应安排好零件的工艺路线及线切割加工前的准备加工。有关线切割加工的工艺准备和工艺过程如图 3-56 所示。

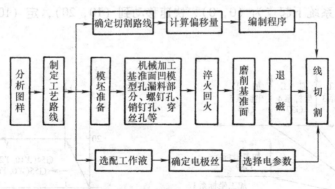

图 3-56　线切割加工工艺过程

1. 模坯准备

（1）工件材料及毛坯　工件材料是设计时确定的。在采用快速走丝机床和乳化液介质的情况下，通常切割铜、铝、淬火钢等材料较稳定，切割速度也快；而切割不锈钢、磁钢、硬质合金等材料时，加工不太稳定，切割速度也慢。

模具工作零件一般采用锻造毛坯，其线切割加工常在淬火与回火后进行。由于受材料淬透性的影响，当大面积去除金属和切断加工时，会使材料内部残余应力的相对平衡状态遭到破坏而产生变形，影响加工精度，甚至在切割过程中造成材料突然开裂。为减少这种影响，除在设计时选用锻造性能好、淬透性好、热处理变形小的合金工具钢（如 Cr12、Cr12MoV、CrWMn）作模具材料外，对模具毛坯锻造及热处理工艺也应正确进行。

（2）模坯准备工序　模坯的准备工序是指凸模或凹模在线切割加工之前的全部加工工序。

凹模的准备工序：

1）下料：用锯床切断所需材料。

2）锻造：改善内部组织，并锻成所需的形状。

3）退火：消除锻造内应力，改善加工性能。

4）刨（铣）：刨六面，厚度留磨余量 0.4~0.6mm。

5）磨：磨出上、下平面及相邻两侧面，对角尺。

6）划线：划出刃口轮廓线、孔（螺孔、销孔、穿丝孔等）的位置。

7）加工型孔部分：当凹模较大时，为减少线切割加工量，需将型孔漏料部分铣（车）出，只切割刃口高度；对淬透性差的材料，可将型孔的部分材料去除，留 3~5mm 切割余量。

8）孔加工：加工螺孔、销孔、穿丝孔等。

9）淬火：达设计要求。

10）磨：磨削上、下平面及相邻两侧面，对角尺。

11）退磁处理。

凸模的准备工序可根据凸模的结构特点，参照凹模的准备工序，将其中不需要的工序去掉即可。但应注意以下几点：

1）为便于加工和装夹，一般都将毛坯锻造成平行六面体。对尺寸、形状相同，断面尺寸较小的凸模，可将几个凸模制成一个毛坯。

2）凸模的切割轮廓线与毛坯侧面之间应留足够的切割余量（一般不小于 5mm）。毛坯上还要留出装夹部位。

3）在有些情况下，为防止切割时模坯产生变形，在模坯上加工出穿丝孔。切割的引入程序从穿丝孔开始。

2. 工艺参数的选择

（1）脉冲参数的选择　线切割加工一般都采用晶体管高频脉冲电源，用单个脉冲能量小、脉宽窄、频率高的脉冲参数进行正极性加工。加工时，可改变的脉冲参数主要有电流峰值、脉冲宽度、脉冲间隔、空载电压、放电电流。要求获得较好的表面粗糙度时，所选用的电参数要小；若要求获得较高的切割速度，脉冲参数要选大一些，但加工电流的增大受排屑条件及电极丝截面积的限制，过大的电流易引起断丝。快速走丝线切割加工脉冲参数的选择见表 3-14。

表 3-14　快速走丝线切割加工脉冲参数的选择

应　用	脉冲宽度 $t_i/\mu s$	电流峰值 I_e/A	脉冲间隔 $t_o/\mu s$	空载电压/V
快速切割或 加大厚度工件 $R_a > 2.5\mu m$	20~40	大于 12	为实现稳定加工， 一般选择 $t_o/t_i = 3~4$ 以上	一般为 70~90
半精加工 $R_a = 1.25~2.5\mu m$	6~20	6~12		
精加工 $R_a < 1.25\mu m$	2~6	4.8 以下		

（2）电极丝的选择　电极丝应具有良好的导电性和抗电蚀性，抗拉强度高、材质均匀。

常用电极丝有钼丝、钨丝、黄铜丝等。钨丝抗拉强度高，直径在 $\phi0.03\sim0.1mm$ 范围内，一般用于各种窄缝的精加工，但价格昂贵。黄铜丝适于慢速加工，加工表面粗糙度和平直度较好，蚀屑附着少；但抗拉强度差，损耗大，直径在 $\phi0.1\sim0.3mm$ 范围内；一般用于慢速单向走丝加工。钼丝抗拉强度高，适于快速走丝加工（我国快速走丝机床大都选用钼丝作电极丝），直径在 $\phi0.08\sim0.2mm$ 范围内。

电极丝直径的选择应根据切缝宽窄、工件厚度和拐角尺寸大小来选择。若加工带尖角、窄缝的小型模具宜选用较细的电极丝；若加工大厚度工件或大电流切割时应选较粗的电极丝。

（3）工作液的选配 工作液对切割速度、表面粗糙度、加工精度等都有较大影响，加工时必须正确选配。常用工作液主要有乳化液和去离子水。

对于慢速走丝线切割加工，目前普遍使用去离子水作工作液。为了提高切割速度，在加工时还要加进有利于提高切割速度的导电液以增加工作液的电阻率。加工淬火钢使电阻率在 $2\times10^4\Omega\cdot cm$ 左右；加工硬质合金使电阻率在 $30\times10^4\Omega\cdot cm$ 左右。对于快速走丝线切割加工，目前最常用的工作液是乳化液。乳化液是由乳化油和工作介质配制（浓度为 5% ~ 10%）而成的。工作介质可用自来水，也可用蒸馏水、高纯水和磁化水。

3. 工件的装夹与调整

装夹工件时，必须保证工件的切割部位位于机床工作台纵横进给的允许范围之内，避免撞极限，同时应考虑切割时电极丝的运动空间。

（1）工件的装夹

1）悬臂式装夹。图 3-57 所示为悬臂方式装夹工件。这种方式装夹方便，适用性强，但由于工件一端悬伸，易出现切割表面与工件上、下平面间的垂直度误差；仅用于工件加工要求不高或悬臂较短的情况。

2）两端支撑方式装夹。图 3-58 所示为两端支撑方式装夹工件。这种方式装夹方便、稳定，定位精度高，但不适于装夹较小的零件。

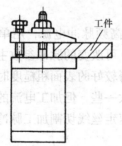

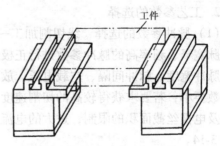

图 3-57 悬臂方式装夹工件　　　　　图 3-58 两端支撑方式装夹工件

3）桥式支撑方式装夹。这种方式是在通用夹具上放置垫铁后再装夹工件，如图 3-59 所示。这种方式装夹方便，对大、中、小型工件都适用。

4）板式支撑方式装夹。图 3-60 所示为板式支撑方式装夹工件。它根据常用的工件形状和尺寸，采用有通孔的支撑板装夹工件。这种方式装夹精度高，但通用性差。

（2）工件的调整 采用以上方式装夹工件，还必须配合找正法进行调整，方能使工件的定位基准面分别与机床的工作台面和工作台的进给方向 x、y 保持平行，以保证所切割的表面与基准面之间的相对位置精度。常用的找正方法有：

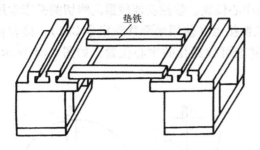

图 3-59 桥式支撑方式装夹工件

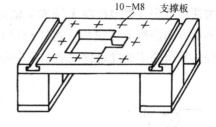

图 3-60 板式支撑方式装夹工件

1）用百分表找正。如图 3-61 所示，用磁力表架将百分表固定在丝架或其他位置上，百分表的测量头与工件基面接触，往复移动工作台，按百分表指示值调整工件的位置，直至百分表指针的偏摆范围达到所要求的数值。找正应在相互垂直的三个方向上进行。

2）划线法找正。工件的切割图形与定位基准之间的相互位置精度要求不高时，可采用划线找正，如图 3-62 所示。利用固定在丝架上的划针对正工件上划出的基准线，往复移动工作台，目测划针、基准间的偏离情况，将工件调整到正确位置。

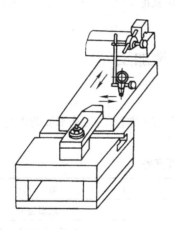

图 3-61 用百分表找正

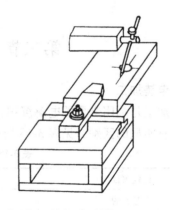

图 3-62 划线法找正

4. 电极丝位置的调整

线切割加工之前，应将电极丝调整到切割的起始坐标位置上，其调整方法有以下几种：

（1）目测法 对于加工要求较低的工件，在确定电极丝与工件上有关基准间的相对位置时，可以直接利用目测或借助 2～8 倍的放大镜来进行观察。如图 3-63 所示，利用穿丝孔处划出的十字基准线，分别沿划线方向观察电极丝与基准线的相对位置，根据两者的偏离情况移动工作台，当电极丝中心分别与纵横方向基准线重合时，工作台纵、横方向上的读数就确定了电极丝中心的位置。

（2）火花法 如图 3-64 所示，移动工作台使工件的基准面逐渐靠近电极丝，在出现火花的瞬时，记下工作台的相应坐标值，再根据放电间隙推算电极丝中心的坐标。此法简单易行，但往往因电极丝靠近基准面时产生的放电间隙，与正常切割条件下的放电间隙不完全相同而产生误差。

（3）自动找中心　所谓自动找中心，就是让电极丝在工件孔的中心自动定位。此法是根据线电极与工件的短路信号，来确定电极丝的中心位置。数控功能较强的线切割机床常用这种方法。首先让线电极在 X 轴或 Y 轴方向与孔壁接触（使用半程移动指令 G82），接着在另一轴的方向进行上述过程，这样经过几次重复就可找到孔的中心位置，如图 3-65 所示。当误差达到所要求的允许值之后，定中心结束。

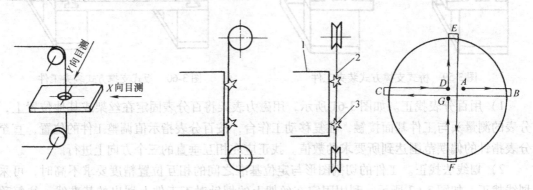

图 3-63　目测法调整电极丝位置　　　　图 3-64　火花法调整电极丝位置　　　　图 3-65　自动找中心

1—工件　2—电极丝　3—火花

第三节　电化学及化学加工

一、电铸加工

电铸加工是利用金属的电解沉积，翻制金属制品的工艺方法。其基本原理与电镀相同，但两者又有明显的区别，见表 3-15 所列。

表 3-15　电镀、电铸的主要区别

比较项目	电　镀	电　铸
工艺目的	表面装饰，防腐蚀	成形加工
镀层厚度	0.02 ~ 0.05mm	0.05 ~ 6mm 或以上
要　　求	表面光亮、平滑	一定的尺寸和形状精度
镀层牢固程度	与工件牢固结合	要求与原模能分离

1. 电铸加工的原理和特点

电铸加工如图 3-66 所示。用导电的原模作阴极，电铸材料作阳极，含电铸材料的金属盐溶液作电铸溶液。在直流电源（电压为 6 ~ 12V，电流密度为 15 ~ 30A/dm^2）的作用下，电铸溶液中的金属离子在阴极获得电子还原成金属原子，沉积在原模表面；而阳极上的金属原子失去电子成为正离子，源源不断地溶解到电铸溶液中进行补充，使溶液中金属离子的浓度保持不变。

当原模上的电铸层逐渐加厚到所要求的厚度后，将其与原模分离，即获得与原模型面相反的电铸件。

电铸加工具有以下特点：

1）能准确地复制形状复杂的成形表面，制件表面粗糙度（$R_a = 0.1\mu m$ 左右）小。用同一原模能生产多个电铸件（其形状、尺寸的一致性极好）。

2）设备简单、操作容易。

3）电铸速度慢（需几十甚至上百小时）；电铸件的尖角和凹槽部位不易获得均匀的铸层；尺寸大而薄的铸件容易变形。

在模具制造中，电铸加工法主要用于加工塑料压模、注射模等模具的型腔。为了保证型腔有足够的强度和刚度，其铸层厚度一般为 6~8mm。用镍作电铸材料时，电铸时间约 8 天左右，电铸件的抗拉强度一般为 $(1.4~1.6) \times 10^6 Pa$，硬度为 35~50HRC，不需进行热处理。对承受冲击载荷的型腔（如锻模型腔），不宜采用电铸法制造。

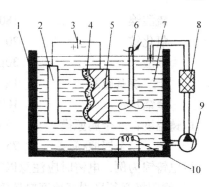

图 3-66　电铸加工
1—电铸槽　2—阳极　3—直流电源
4—电铸层　5—原模（阴极）　6—搅拌器
7—电铸液　8—过滤器　9—泵
10—加热器

2. 电铸法制模的工艺过程

电铸法制模是预先按型腔的形状、尺寸做成原模，在原模上电铸一层适当厚度的镍（或铜）后将镍壳从原模上脱下，外形经过机械加工，镶入模套内作型腔。其加工的工艺过程如下：

原模设计与制造→原模表面处理→电铸至规定厚度→衬背处理→脱模→清洗干燥→成品。

（1）原模设计与制造　原模的尺寸应与型腔一致，沿型腔深度方向应加长 5~8mm，以备电铸后切除端面的粗糙部分，原模电铸表面应有脱膜斜度（一般取 15'~30'），并进行抛光，使表面粗糙度达 $R_a = 0.16~0.08\mu m$。此外，还应考虑电铸时的挂装位置。

根据电铸模具的要求、铸件数量等情况，可采用不锈钢、铝、低熔点合金、有机玻璃、塑料、石膏、蜡等为原材料制造原模。凡是金属材料制作的原模，在电铸前需要进行表面钝化处理，使金属原模表面形成一层钝化膜，以便电铸后易于脱模（一般用重铬酸盐溶液处理）。对于非金属材料制作的原模要进行表面导电化处理，其处理方法有：

1）以极细的石墨粉、铜粉或银粉调入少量胶合剂做成导电漆，均匀地涂在原模表面。

2）用真空镀膜或阴极溅射（离子镀）的方法使原模表面覆盖一薄层金或银的金属膜。

3）用化学镀的方法在原模表面镀一层银、铜或镍的薄层。

（2）电铸金属及电铸溶液　电铸金属应根据模具要求进行选择。常用的电铸金属有铜、镍和铁三种，相应的电铸溶液为含有所选用电铸金属离子的硫酸盐、氨基磺酸盐和氧化物等的水溶液。

电铸铜所用的电铸溶液由下列成分组成：

硫酸铜	250~270g
硫酸	60~70g
酚磺酸	8ml
蒸馏水	1000ml
电铸温度	25~50℃

电铸镍所用的电铸溶液由下列成分组成：

硫酸镍	180g
氯化铵	20～25g
硼酸	30g
十二烷基硫酸	1g
蒸馏水	1000ml
电铸温度：非金属原模	45～55℃
金属原模	75～80℃

以电铸镍为例，电铸时应注意以下几点：

1）镍阳极必须采用高纯度电解镍板，其面积是电铸模型投影面积的 1～2 倍，采用铜螺钉与导线连接。

2）电铸槽内不应混入有机物及金属杂质，每 2～3 天分析调整溶液，并维持电铸溶液的水位，液温采用恒温控制。

3）原模放入电铸槽内 1min 后，待原模完全浸透再接通电源，开始 4h 内每隔 0.5h 观察铸层情况，并注意电流与温度的调整。

4）在电铸时严禁断电，如中途断电时间不超过 2h 可不必取出原模，待通电后做反向电流处理；如断电超过 2h 则将原模取出，用 20% 稀盐酸活化后再进行电铸。

5）原模及阳极在电铸溶液中的放置对电铸质量影响较大。为改善铸层的均匀性，原模的电铸面与阳极间距离宜大，且距离要均匀，一般不小于 200mm。对不同形状的原模，两者的放置也不相同。

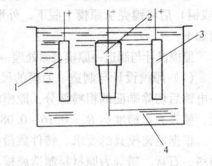

图 3-67　原模与阳极的位置
1、3—阳极　2—原模　4—铸槽

对于轴类的原模宜采用四面或呈三角度形挂置阳极，以改善铸层的圆度，若因设备条件限制，阳极可两面挂置，如图 3-67 所示。铸层达一定厚度后，每隔一二天将原模绕垂直轴线转置 45°。

对于带有凸缘的盘形原模如图 3-68a 所示。垂直挂置则在凹处易生成气泡，一般可采用水平挂置，以改善铸件中间薄四周厚的现象，如图 3-68b 所示。或将原模倾斜 30° 挂置，如图 3-68c 所示。

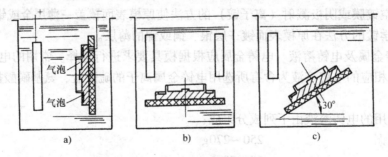

图 3-68　原模放置位置
a）垂直挂置　b）水平挂置　c）倾斜挂置

当铸件达到所要求的厚度后，取出清洗，擦干。

（3）衬背和脱模　有些电铸件（如塑料模具和电火花加工所用的电极等）电铸成形之后，需要用其他材料在其背面加固（称为衬背），以防止变形，然后再对电铸件进行脱模和机械加工。电铸成形件的加固可采用喷涂金属，镶入模套、铸铝，浇注低熔点合金或环氧树脂的方法来获得，见表3-16。

表3-16 电铸成形件的加固

加固方法	简　图	说　明
喷涂金属（铜、钢）	电铸层 喷涂层 原模	在电铸层外面喷涂金属（铜或钢），待达到一定厚度再将外形车成所需的形状
无机粘结	电铸层 无机粘结层 钢套	1）将电铸件的外形按铸件的镀层大致车成形 2）按车制后铸件的外形，配车钢套内形，间隙单边为0.2～0.3mm 3）浇无机粘结剂
铸铝	浇铝　型砂 模框 电铸层	在电铸件的背面铸铝加固，在浇铸前，型腔填以型砂，以防止模具变形
浇环氧树脂或低熔点合金	环氧树脂或低熔点合金 电铸层	电铸电极为了防止在电火花加工时变形、在电铸件的内壁浇以低熔点合金或环氧树脂

　　电铸成形的型腔结构简单，对电铸表面机械加工后可直接镶入模套使用；复杂的型腔，为简化其模套形状，一般都需要加衬背，机械加工后再镶入模套。脱模通常在镶入模套后进行，这样可避免电铸件在机械加工中变形或损坏。脱模方法有用锤敲打、加热或冷却，用脱模架脱出等，要视原模材料的不同合理选用。图3-69所示为电铸型腔与模套的组合及脱模，旋转脱模架的螺钉，就可以将原模从电铸件中取出。

二、电解加工

　　1. 电解加工的基本原理和特点

　　电解加工是利用金属在电解液中发生电化学阳极溶解的原理，将工件加工成形的一种工艺方法。电解加工示意图如图3-70a所示。加工时，工具电极接直流稳压电源（6～24V）的阴极，工件接阳极。两极之间保持一定

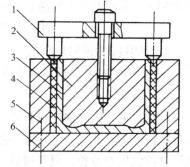

图3-69　电铸型腔与模套的组合及脱模

1—卸模架　2—原模　3—电铸型腔
4—粘结剂　5—模套　6—垫板

的间隙（0.1~1mm），具有一定压力（0.49~1.96MPa）的电解液，从两极间隙间高速流过。当接通电源后（电流可达1000~10000A），工件表面产生阳极溶解。由于两极之间各点的距离不等，其电流密度也不相等（图3-70b中以细实线的疏密程度表示电流密度的大小，实线越密电流密度越大），两极间距离最近的地方通过的电流密度最大可达 $10~70A/cm^2$，该处的溶解速度最快。随着工具电极的不断进给（一般为0.4~1.5mm/min），工件表面不断被溶解（电解产物被电解液冲走），使电解间隙逐渐趋于均匀，工具电极的形状就被复制在工件上，如图3-70c所示。

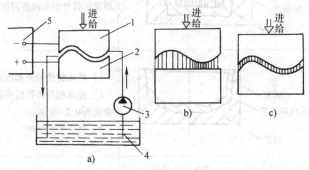

图3-70　电解加工示意图

1—工具电极（阴极）　2—工件（阳极）　3—电解液泵　4—电解液　5—直流电源

电解加工钢制模具零件时，常用的电解液为 NaCl 水溶液，其浓度（质量分数）为14%~18%。电解液的离解反应为

$$H_2O \Longrightarrow H^+ + [OH]^-$$

$$NaCl \Longrightarrow Na^+ + Cl^-$$

电解液中的 H^+、$[OH]^-$、Na^+、Cl^- 离子在电场的作用下，正离子和负离子分别向负极和正极运动。阳极的主要反应如下：

$$Fe - 2e \longrightarrow Fe^{+2}$$

$$Fe^{+2} + 2[OH]^- \longrightarrow Fe(OH)_2 \downarrow$$

由于 $Fe(OH)_2$ 在水溶液中的溶解度很小，沉淀为墨绿色的絮状物，随着电解液的流动而被带走，并逐渐与电解液以及空气中的氧作用生成 $Fe(OH)_3$：

$$4Fe(OH)_2 + 2H_2O + O_2 \longrightarrow 4Fe(OH)_3 \downarrow$$

$Fe(OH)_3$ 为黄褐色沉淀。

正离子 H^+ 从阴极获得电子成为游离的氢气，即

$$2H^+ + 2e \longrightarrow H_2 \uparrow$$

由此可见，电解加工过程中，阳极不断以 Fe^{+2} 的形式被溶解，水被分解消耗，因而电解液的浓度稍有变化。电解液中的氯离子和钠离子起导电作用，本身并不消耗，所以 NaCl 电解液的使用寿命长，只要过滤干净，可以长期使用。

按法拉第电解定律，电解加工的阳极溶解量为

$$M = \eta KIt$$

式中　M——阳极金属溶解量，单位为 g；

　　　η——电流效率；

$$\eta = \frac{实际金属蚀除量}{理论蚀除量}$$

K——被电解物质的电化当量，单位为 g/（A·h）；

I——电解电流，单位为 A；

t——电解时间，单位为 h。

电解加工与其他加工方法相比，具有如下特点：

1）可加工高硬度、高强度、高韧性等难切削的金属（如高温合金、钛合金、淬火钢、不锈钢、硬质合金等），适用范围广。

2）加工生产率高。由于所用的电流密度较大（一般为 $10 \sim 100 A/cm^2$），所以金属去除速度快。用该方法加工型腔比用电火花方法加工提高工效 4 倍以上，在某些情况下甚至超过切削加工。

3）加工中工具和工件间无切削力存在，所以适用于加工易变形的零件。

4）加工后的表面无残余应力和毛刺，表面粗糙度可达 $R_a = 1.25 \sim 0.2 \mu m$，平均加工精度可达 $\pm 0.1 mm$ 左右。

5）加工过程中工具损耗极小，可长期使用。

但由于工具电极设计、制造和修正都比较困难，难以保证很高的精度，且影响电解加工的因素很多，所以难于实现稳定加工；电解加工的附属设备比较多，占地面积较大；电解液对机床设备有腐蚀作用；电解产物需进行妥善处理，否则会污染环境。

2. 型腔电解加工工艺

由于电解加工可以使用成形的工具电极加工形状复杂的型腔，生产率高、粗糙度小，其加工精度可控制在 $\pm$（$0.1 \sim 0.2$）mm，所以在模具制造中多用于精度要求不高的锻模型腔加工。

（1）电解液的选择　在电解加工过程中，电解液除了传递电流使工件进行阳极溶解外，还可破坏阳极表面上形成的钝化薄膜，并把电解产物及热量从加工区域带走。

电解液可分为中性盐溶液、酸性溶液和碱性溶液三大类。中性盐溶液的腐蚀性较小，使用较安全，故应用最普遍，最常用的有 $NaCl$、$NaNO_3$、$NaClO_3$ 三种电解液。$NaCl$ 电解液价廉、电流效率高，并在相当宽的范围内不随浓度和温度的变化而变化，加工过程消耗量也少；但因其杂散电流腐蚀较大，所以成形精度较低。$NaNO_3$、$NaClO_3$ 电解液经济性差，生产效率较低，但加工精度较高。选用电解液时应根据不同的模具材料和工艺要求选择。

当加工精度要求不高的锻模及零件时选择 $NaCl$ 电解液，反之则选择 $NaNO_3$ 和 $NaClO_3$ 电解液。

（2）工具电极设计与制造

1）电极材料。电解加工的电极材料应具备电阻小、有耐液压的刚性、耐腐蚀性好、机械加工性好、导热性好和熔点高等条件。满足这些条件的材料主要有黄铜、纯铜和不锈钢等。

2）电极尺寸确定。设计电极时，一般是先根据被加工型腔尺寸和加工间隙确定电极尺寸，再通过工艺试验对电极尺寸、形状加以修正，以保证电解加工的精度。

在电解加工中，当工作电压和进给速度恒定时，随着工具电极的不断进给，型腔底面的加工间隙逐渐趋于一稳定的数值 Δ_b。称 Δ_b 为平衡间隙，其值按下式计算：

$$\Delta_b = \frac{\eta \omega \gamma U_R}{10 v_c}$$

式中　Δ_b——电解加工平衡间隙,单位为 mm;

　　　η——电流效率;

　　　γ——电解液的电导率,单位为 $\Omega^{-1} \cdot mm^{-1}$;

　　　U_R——电解液的电压降,单位为 V;

　　　v_c——电极的进给速度,单位为 mm/min;

　　　ω——被电解物质的体积电化当量,单位为 $mm^3/(A \cdot min)$。

表 3-17 列出了一些常见金属的电化当量,对于多元素合金,可以按元素含量的比例折算或由试验确定。

表 3-17　常见金属的电化学当量和体积电化当量

金　属	密度 $\rho/g \cdot cm^{-3}$	原子价	电化当量 $K/g \cdot C^{-1}$	体积电化当量 $\omega/mm^3 \cdot A^{-1}min^{-1}$
铁	7.869	2	0.2893×10^{-3}	2.206
		3	0.1929×10^{-3}	1.471
铜	8.92	1	0.6585×10^{-3}	4.429
		2	0.3292×10^{-3}	2.215
镍	8.902	2	0.3042×10^{-3}	2.05
		3	0.2028×10^{-3}	1.366
铬	7.188	3	0.1796×10^{-3}	1.499
		6	0.898×10^{-4}	0.749
铝	2.70	3	0.9327×10^{-4}	2.073
钼	10.218	3	0.3316×10^{-3}	1.947
钒	6.11	3	0.176×10^{-3}	1.728
		5	0.1056×10^{-3}	1.037
锰	7.3	2	0.2847×10^{-3}	2.339
		3	0.1898×10^{-3}	1.559

由上式计算出底平面平衡间隙后,电解加工的侧面间隙 Δ_s 和法向间隙 Δ_n (图 3-71) 可分别按以下公式进行计算:

侧面不绝缘　　　　　　　　$\Delta_s = \Delta_b \sqrt{\dfrac{2s}{\Delta_b} + 1}$

侧面绝缘　　　　　　　　　$\Delta_s = \Delta_b \sqrt{\dfrac{2h}{\Delta_b} + 1}$

法向间隙　　　　　　　　　$\Delta_n = \Delta_b / \cos\theta$

式中　s——加工的进给深度，单位为 mm；

　　　　h——阴极侧面露出高度，单位为 mm；

　　　　θ——型腔的倾斜角度，单位为 rad。

在图 3-71a 所示加工条件下，按型腔尺寸减去相应的 Δ_b 和 Δ_s 即为电极尺寸。当加工图3-71b 所示圆弧时，可沿圆弧长度分别取点 A_1、A_2、$\cdots$、A_n，依次计算出相应的法向间隙 Δ_{n1}、Δ_{n2}、$\cdots$、Δ_{nn}，与该点圆弧半径相减即得工具电极上相应点 B_1、B_2、$\cdots$、B_n 的尺寸。将这些点用平滑曲线连接起来即得到工具电极的形状。在以上计算中只考虑了电极和被加工表面间的几何关系，而未考虑电场和流场（电解液流动规律）的影

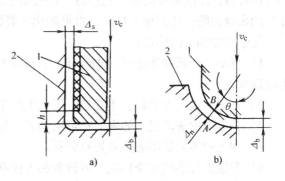

图 3-71　电解间隙
1—工具电极　2—工件

响，所以计算是近似的，当 $\theta > 45°$ 时，计算的误差更大。为了保证型腔的加工精度，还要通过工艺实验对工具电极的形状进行修正。

3）电极制造。电极制造主要采用机械加工，对三维曲面可采用仿形铣、数控铣和反拷贝法（电解加工）制作。反拷贝法是预先准备好基准模型，以基准模型作电极，用电解加工法制作工具电极，然后再用这个工具电极加工模具。为保证电极的加工精度，选用 $NaNO_3$ 作电解液。

3. 混气电解加工

混气电解加工是将具有一定压力的气体与电解液混合后，再送入加工区进行电解加工，如图 3-72 所示。压缩空气经喷嘴引入气、液混合腔（包括引入部、混合部及扩散部），与电解液强烈搅拌成细小气泡，成为均匀的气、液混合物，再经工具电极进入加工区域。

由于气体不导电，而且气体的体积会随着压力的改变而改变，所以在压力高的地方气泡的体积小、电阻率低、电解作用强；在压力低的地方气泡体积大、电阻率高、电解作用弱。混气电解液的这种电阻特性，可使加工区的某些部位在间隙达到一定值时电解作用趋于停止（这时的间隙值称为切断间隙）。所以混气电解加工的型腔侧面间隙小而均匀，能保证较高的成形精度。

因气体的密度和粘度远小于液体，混气后电解液的密度和粘度降低，能使电解液在较低的压力下达到较高的流速，从而降低了对工艺设备的刚度要求；由于气体强烈的搅拌作用，还能驱散粘附在电极表面的惰性离子。同时，混气使加工区内的流场分布均匀，消除"死水区"，使加工稳定。

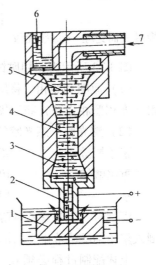

图 3-72　混气电解加工
1—工件　2—工具电极
3—扩散部　4—混合部
5—引入部　6—电解液入口
7—气源入口

三、化学腐蚀加工

1. 化学腐蚀加工的原理和特点

化学腐蚀加工是将零件要加工的部位暴露在化学介质中产生化学反应，使零件材料腐蚀溶解，以获得所需形状和尺寸的一种工艺方法。化学腐蚀加工时，应先将工件表面不加工的部位用抗腐蚀涂层覆盖起来，然后将工件浸渍于腐蚀液中或在工件表面涂覆腐蚀液，将裸露部位的余量去除，达到加工目的。常见的化学腐蚀加工有照相腐蚀、化学铣削和光刻等。

化学腐蚀加工的特点：

1）可加工金属和非金属（如玻璃、石板等）材料，不受被加工材料的硬度影响，不发生物理变化。

2）加工后表面无毛刺、不变形、不产生加工硬化现象。

3）只要腐蚀液能浸入的表面都可以加工，故适合于加工难以进行机械加工的表面。

4）加工时不需要用夹具和贵重装备。

5）腐蚀液和蒸气污染环境，对设备和人体有危害作用，需采用适当的防护措施。

化学腐蚀在模具制造中主要用来加工塑料模型腔表面上的花纹、图案和文字，照相腐蚀的应用较广泛。

2. 照相腐蚀工艺

照相腐蚀加工是把所需图像摄影到照相底片上，再将底片上的图像经过光化学反应，复制到涂有感光胶（乳剂）的型腔工作表面上。经感光后的胶膜不仅不溶于水，而且还增强了抗腐蚀能力。未感光的胶膜能溶于水，用水清洗去除未感光胶膜后，部分金属便裸露出来，经腐蚀液的浸蚀，即能获得所需要的花纹、图案。

照相腐蚀法的工艺过程如下：

原图 → 照相 ────┐
　　　　　　　　　├→ 贴照相底片 → 曝光 → 显影 → 坚膜及修补 → 腐蚀 → 去胶及修整。
模具表面处理 → 涂感光胶 ┘

图 3-73 所示为照相腐蚀主要工序示意图。

（1）原图和照相　将所需图形或文字按一定比例绘制在图纸上即为原图，然后通过照相（专用照相设备）将原图缩小至所需大小的照相底片上。

（2）感光胶　感光胶的配方有很多种。现以聚乙烯醇感光胶为例，其成分为：

聚乙烯醇	$45 \sim 60g$
重铬酸铵	$10g$
水	$1000ml$

配制时，先将聚乙烯醇溶解于900ml的水中蒸煮3h；将重铬酸铵溶解于100ml的水中，倒入聚乙烯醇溶液中，再隔水蒸煮0.5h即可。

上述配制过程必须在暗室进行，暗室可用红灯照明，熬制好的感光胶需严格避光保存。

感光胶的作用原理是：聚乙烯醇和重铬酸铵间不起化学反应。聚乙烯醇的特点是易溶于水，无色透明，有粘结作用，水分挥发后，形成一层薄膜，但用水冲洗、擦拭便可去掉。重铬酸铵是一种感光材料，经光照、感光、显影之后，不易溶于水，和聚乙烯醇的混合物共同形成一层薄膜，较牢固地附着在模具表面上。而未感光部分，仍是聚乙烯醇为主，经水冲洗，用脱脂棉擦拭便可去除。附着在模具表面的感光胶膜经固化后具有一定的抗腐蚀能力，

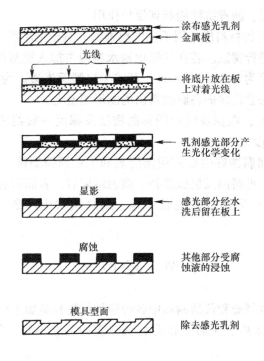

图 3-73　照相腐蚀主要工序示意图

能保护金属不被腐蚀。

（3）腐蚀面清洗和涂胶　涂胶前必须清洗模具表面。对小模具，可将其放入 10% 的 NaOH 溶液中加热去除油污，然后取出用清水冲洗。对较大的模具，先用 10% 的 NaOH 溶液煮沸后冲洗，再用开水冲洗。模具清洗后经电炉烘烤至 50℃ 左右涂胶，否则涂上的感光胶容易起皮脱落。涂胶可采用喷涂法在暗室红灯下进行，在需要感光成像的模具部位反复喷涂多次，每次间隔时间根据室温情况而定，室温高，时间短；室温低，时间长。喷涂时要均匀一致。

（4）贴照相底片　在需要腐蚀的表面上铺上制作好的照相底片，校平表面，用玻璃将底片压紧，垂直表面，用透明胶带将底片粘牢。对于圆角或曲面部位可用白凡土林将底片粘结。型腔设计时应预先考虑到贴片是否方便，必要时可将型腔设计成镶块结构。贴片过程都应在暗室红灯下进行。

（5）感光　将经涂胶和贴片处理后的工件部位，用紫外线光源（如水银灯）照射，使工件表面的感光胶膜按图像感光。在此过程中应调整光源的位置，让感光部分均匀感光。感光时间的长短根据实践经验确定。

（6）显影冲洗　将感光（曝光）后的工件放入 40 ~ 50℃ 的热水中浸 30s 左右，让未感光部分的胶膜溶解于水中，取出后滴上碱性紫 5BN 染料，涂匀显影，待出现清晰的花纹后，再用清水冲洗，并用脱脂棉将未感光部分擦掉。最后用热风吹干。

（7）坚膜及修补　将已显影的型腔模放入 150 ~ 200℃ 的电热恒温干燥箱内，烘焙 5 ~ 20min，以提高胶膜的粘附强度及耐腐蚀性能。型腔表面若有未去净的胶膜，可用刀尖修除干净，缺膜部位用印刷油墨修补。不需进行腐蚀的部位应涂汽油沥青溶液，待汽油挥发后，便留下一层薄薄的沥青层。沥青抗酸能起到保护作用。

（8）腐蚀　腐蚀不同的材料应选用不同的腐蚀液。对于钢型腔，常用三氯化铁水溶液，可用浸蚀或喷洒的方法进行腐蚀。若在三氯化铁水溶液中加入适量的粉末硫酸铜调成糊状，涂在型腔表面（涂层厚度为 0.2~0.4mm），可减少向侧面渗透。为防止侧蚀，也可以在腐蚀剂中添加保护剂或用松香粉刷嵌在腐蚀露出的图形侧壁上。

腐蚀温度为 50~60℃，根据花纹和图形的密度及深度一般约需腐蚀 1~3 次，每次约 30~40min。一般腐蚀深度为 0.3mm。

（9）去胶、修整　将腐蚀好的型腔用漆溶剂和工业酒精擦洗。检查腐蚀效果，有缺陷的地方进行局部修描后，再腐蚀或机械修补。腐蚀结束后，表面附着的感光胶应用火碱溶液冲洗，使保护层烧掉，最后用水冲洗若干遍。用热风吹干，涂一层油膜即完成全部加工。

第四节　超 声 加 工

超声加工是随着机械制造和仪器制造中各种脆性材料和难加工材料的不断出现而得到应用和发展的。它较好地弥补了在加工脆性材料方面的某些不足，并显示出其独特的优越性。

一、超声加工的原理和特点

超声加工也叫超声波加工，是利用产生超声振动的工具，带动工件和工具间的磨料悬浮液冲击和抛磨工件的被加工部位，使局部材料破坏而成粉末，以进行穿孔、切割和研磨等，如图 3-74 所示。加工时工具以一定的静压力压在工件上，在工具和工件之间送入磨料悬浮液（磨料和水或煤油的混合物），超声换能器产生 16kHz 以上的超声频轴向振动，借助于变幅杆把振幅放大到 0.02~0.08mm 左右，迫使工作液中悬浮的磨粒以很大的速度不断地撞击、抛磨被加工表面，把加工区域的材料粉碎成很细的微粒，并从工件上除下来。虽然一次撞击所去除的材料很少，但由于每秒钟撞击的次数多达 16000 次以上，所以仍有一定的加工速度。工作液受工具端面超声频振动作用而产生的高频、交变的液压冲击，使磨料悬浮液在加工间隙中强迫循环，将钝化了的磨料及时更新，并带走从工件上除下来的微粒。随着工具的轴向进给，工具端部形状被复制在工件上。

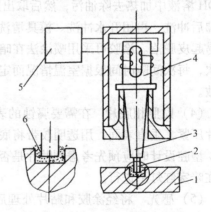

图 3-74　超声加工原理示意图
1—工件　2—工具　3—变幅杆
4—换能器　5—超声发生器　6—磨料悬浮液

由于超声波加工是基于高速撞击原理，因此越是硬脆材料受冲击破坏作用也越大，而韧性材料则由于它的缓冲作用而难以加工。

超声加工工具有以下特点：

1）适于加工硬脆材料（特别是不导电的硬脆材料），如玻璃、石英、陶瓷、宝石、金刚石、各种半导体材料、淬火钢、硬质合金等。

2）由于是靠磨料悬浮液的冲击和抛磨去除加工余量，所以可采用比工件软的材料作工具，加工时不需要使工具和工件作比较复杂的相对运动。因此，超声加工机床的结构比较简单、操作维修也比较方便。

3）由于去除加工余量是靠磨料的瞬时撞击，工具对工件表面的宏观作用力小、热影响小，不会引起变形及烧伤，因此适合于加工薄壁零件及工件的窄槽、小孔。

超声加工的精度一般可达 $0.01 \sim 0.02\text{mm}$，表面粗糙度可达 $R_a = 0.63\mu\text{m}$ 左右，在模具加工中用于加工某些冲模、拉丝模以及抛光模具工作零件的成形表面。

二、影响加工速度和质量的因素

1. 加工速度及其影响因素

超声加工的加工速度（或生产率）是指单位时间内被加工材料的去除量，其单位用 mm^3/min 或 g/min 表示。相对其他特种加工而言，超声加工生产率较低，一般为 $1 \sim 50\text{mm}^3/\text{min}$，加工玻璃的最大速度可达 $400 \sim 2000\text{mm}^3/\text{min}$。影响加工速度的主要因素有：

（1）工具的振幅和频率 提高振幅和频率可以提高加工速度，但过大的振幅和过高的频率会使工具和变幅杆产生大的内应力，因而振幅与频率的增加受到机床功率以及变幅杆、工具材料疲劳强度的限制。通常其振幅范围在 $0.01 \sim 0.1\text{mm}$，频率在 $16 \sim 25\text{kHz}$ 之间。

（2）进给压力 加工时工具对工件所施加的压力的大小，对生产率影响很大，压力过小则磨料在冲击过程中损耗于路程上的能量过多，致使加工速度降低；而压力过大则使工具难以振动，并会使加工间隙减小，磨料和工作液不能顺利循环更新，也会使加工速度降低。因此存在一个最佳的压力值。由于此值与工具形状、材料、工具截面积、磨粒大小等因素有关，一般由实验决定。

（3）磨料悬浮液 磨料的种类、硬度、粒度、磨料和液体的比例及悬浮液本身的粘度等，对超声加工都有影响。磨料硬、磨粒粗则生产率高，但在选用时还应考虑经济性与表面质量要求。一般用碳化硼、碳化硅加工硬质合金，用金刚石磨料加工金刚石和宝石材料。至于一般的玻璃、石英、半导体材料等则采用刚玉（Al_2O_3）作磨料。最常用的工作液是水，磨料与水的较佳配比（重量比）为 $0.8 \sim 1$。为了提高表面质量，有时也用煤油或机油作工作液。

（4）被加工材料 超声加工适于加工脆性材料，材料越脆，承受冲击载荷的能力越差，越容易被冲击碎除，即加工速度越快。如以玻璃的可加工性作标准为 100%，则石英为 50%，硬质合金为 $2\% \sim 3\%$，淬火钢为 1%，而锗、硅半导体单晶为 $200\% \sim 250\%$。

除此之外，工件加工面积、加工深度、工具面积、磨料悬浮液的供给及循环方式对加工速度也都有一定影响。

2. 加工精度及其影响因素

超声加工的精度除受机床、夹具精度影响外，主要与工具制造及安装精度、工具的磨损、磨料粒度、加工深度、被加工材料性质等有关。

超声加工精度较高，可达 $0.01 \sim 0.02\text{mm}$，一般加工孔的尺寸精度可达 $\pm(0.02 \sim 0.05)\text{mm}$。磨料越细，加工精度越高。尤其在加工深孔时，采用细磨粒有利于减小孔的锥度。

工具安装时，要求工具质量中心在整个超声振动系统的轴心线上，否则在其纵向振动时会出现横向振动，破坏成形精度。

工具的磨损直接影响圆孔及型腔的形状精度。为了减少工具磨损对加工精度的影响，可将粗、精加工分开，并相应地更换磨料粒度，还应合理选择工具材料。对于圆孔，采用工具或工件旋转的方法可以减少圆度误差。

3. 表面质量及其影响因素

超声加工具有较好的表面质量，表面层无残余应力，不会产生表面烧伤与表面变质层。表面粗糙度可达 $R_a = 0.63 \sim 0.08 \mu m$。

加工表面质量主要与磨料粒度、被加工材料性质、工具振动的振幅、磨料悬浮液的性能及其循环状况有关。当磨粒较细、工件硬度较高、工具振动的振幅较小时，被加工表面的粗糙度将得到改善，但加工速度会随之下降。工作液的性能对表面粗糙度的影响比较复杂，用煤油或机油作工作液可使表面粗糙度有所改善。

三、工具设计

工具的结构尺寸、质量大小与变幅杆的连接好坏，对超声振动系统的共振频率和工作性能影响较大。同时，工具的形状、尺寸和制造质量，对零件的加工精度有直接影响。通常取工具直径 D_t 为

$$D_t = D - 2d_0$$

式中　　D——加工孔径，单位为 mm；

　　　　d_0——磨料基本磨粒的平均直径，单位为 mm。

加工深孔时，为减小锥度工具后部直径可比前端直径 D_t 稍小些或稍带倒锥。工具长度可按以下情况选取：

1）当工具横截面积比变幅杆输出端截面积小很多，工具连接到变幅杆上对超声系统共振频率影响不大时，可取工具长度 $L_{max} < \lambda/4$（λ 为工作频率下工具中的声波波长），变幅杆的长度也不减短。

2）当工具横截面积与变幅杆输出端横截面积相差不大时，仍取 $L_{max} < \lambda/4$。变幅杆长度应减短，变幅杆减短部分的质量等于工具质量。

对于深孔加工，可取工具长度 $L = \lambda/2$。

通常采用 45 钢和碳素工具钢作工具材料。

工具与变幅杆的连接必须可靠，连接面要紧密接触，以保证声能有效传递。按工具断面尺寸大小可分别采用螺纹联接或焊接。对于一般加工工具通常采用锡焊，以便于工具制造和更换。

作业与思考题

1. 电火花加工的基本条件有哪些？
2. 电火花加工常用哪种工作液？
3. 电火花加工的表面粗糙度与哪些电参数有关？
4. 什么是极性效应？
5. 电火花加工在模具制造中主要用于加工哪些模具零件？
6. 型腔加工常用哪种电极材料？
7. 电火花线切割加工在模具制造中主要用于加工哪些模具零件？
8. 电火花线切割加工模具零件的制造工艺与机械加工模具零件的制造工艺有何不同？
9. 电火花线切割加工常用的电极丝有哪些？
10. 按给定毛坯（图 3-75）分别用 3B 和 ISO 代码编制凸模加工程序。
11. 用 ISO 代码编制图 3-76 所示凸模加工程序。
12. 电铸加工、电解加工、化学加工和超声波加工各有什么特点？分别适用于加工哪些模具零件？

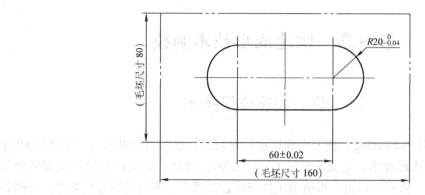

图 3-75　习题 10 图

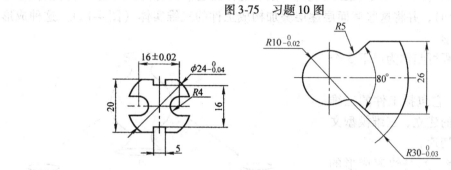

图 3-76　习题 11 图

第四章　快速成形技术制模

第一节　快速成形技术

快速成形（Rapid Prototyping）技术也称快速原型制造，通常简称RP，是20世纪80年代末产生的一种全新成形技术。它集CAD、CAM、CNC、激光、新材料和精密伺服驱动等现代科学技术于一体，依据计算机上构造的工件三维设计模型，对其进行分层切片，得到各层切片的二维轮廓（图4-1b）；按二维轮廓一层层选择性地堆积材料，制成一片片的截面层（图4-1c和图4-1d），并将这些截面层逐层叠加构成工件的三维实体（图4-1a）。这种成形方法也称添加成形。

上述成形过程可归纳为以下3个步骤：

1）前处理。它包括工件的三维计算机模型文件的建立、三维模型文件的近似处理和切片。

2）自由成形。它是快速成形的核心，包括工件的截面层制作与叠加。

3）后处理。工件成形后必须进行的修整工作，它包括支撑结构与工件的分离、工件的后固化、后烧结、打磨、抛光、修补和表面强化处理等。

添加成形不必采用传统的机床、工具和模具，可成形任意形状复杂的

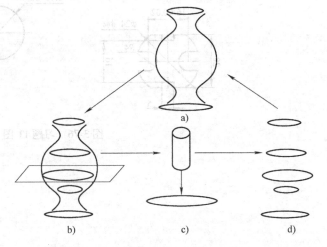

图4-1　三维设计模型与切片层的相互转换
a）三维设计模型　b）分层切片　c）分片制作　d）叠加成体

工件，材料利用率高，制造周期短、成本较低，一般只需传统加工方法10%～30%的工时和20%～35%的成本；但工件精度和表面质量目前还不如去除成形的好。所谓去除成形是将毛坯上多余的材料去除而成形（工件）的方法，如传统的车、铣、刨、钻、磨等加工都属于去除成形，特种加工中的电火花成形加工、电解加工也属于去除成形。

由于应用快速成形技术能显著地缩短新产品的开发时间、降低开发费用、减少新产品开发的投资风险，这种技术一经产生即得到了快速的发展。目前，比较成熟的快速成形工艺方法有十余种，其中液态树脂光固化成形、选择性激光烧结成形、薄材叠层快速成形、熔丝沉积快速成形得到广泛应用，下面分别进行介绍。

一、液态树脂光固化成形

光固化树脂是一种透明、有粘性的光敏液体，当光照射到它上面时，被光照射的部分会发生聚合反应而固化。利用这种光固化技术对液体树脂进行选择性固化，使之逐层成形来制造所需三维实体原型的方法称为光固化成形（Stereo Lithography Apparatus）法，简称SLA或

SL。

　　光固化成形的原理和过程如图 4-2 所示。液槽中盛满光敏树脂，扫描振镜在系统的指令下按成形工件的截面轮廓要求作高速往复摆动，使从激光器发出的激光束反射并聚焦于液槽中光敏树脂的液面上，并沿该面作 X—Y 方向的扫描运动。被扫描的树脂产生光聚合反应而固化，生成第一层固化截面层（图 4-2b）。生成一层固化层后工作台下降一个层厚的距离，在液态树脂流入并覆盖已固化的截面层后，再用括刀将树脂的液面括平，并对新铺上的一层液态树脂进行扫描固化，生成第二层固化截面层（图 4-2c）。新固化的截面层能牢固地粘在前一层上。如此重复直到整个制件加工完毕（图 4-2d）。

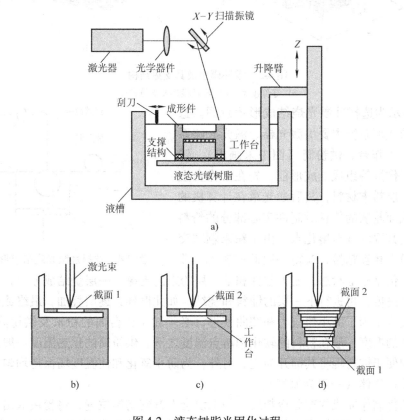

图 4-2　液态树脂光固化过程

a）光固化成形原理图　b）固化第一层　c）固化第二层　d）固化最后一层

　　为了在加工完成后便于将制件从工作台上取下和减少在成形过程中产生的变形，制件轮廓上那些悬伸和薄弱部位应设计出相应的支撑结构。制件和支撑结构构成一个整体（图 4-3），并在成形过程中同时制作这些支撑结构。在树脂固化成完整制件时，从成形机上取下制件，去除支撑，并将制件置于大功率的紫外灯箱中作进一步的内腔固化。此外，制件曲面上存在的因分层制造引起的阶梯纹以及制件表面的其他缺陷需要修补时，可用热塑性塑料、乳胶以细粉调和的腻子进行修补，然后用砂纸打磨、抛光和喷漆。打磨、抛光可根据要求选用不同粒度的砂纸、小型电动或气动打磨机，也可使用喷砂打磨机进行后处理。

二、选择性激光烧结成形

　　选择性激光烧结成形（Selective Laser Sintering），简称 SLS。

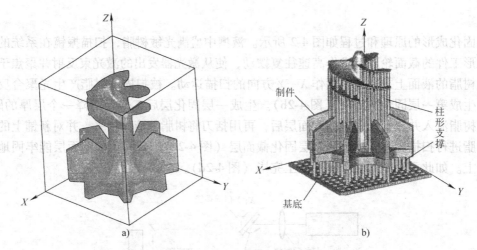

图 4-3　零件模型及其支撑结构

a) 零件模型　b) 零件模型及支撑结构

图 4-4 所示为选择性激光烧结成形示意图。选择性激光烧结成形系统主要由激光器、激光光路系统、扫描镜、工作台、供粉筒（图中未画出）、铺粉辊和升降工作缸等组成。成形前，先在工作台上用铺粉辊铺一层粉末材料，其后激光束在计算机的控制下，按截面轮廓的信息对制件实心部分的粉料进行扫描，使其温度升至熔化点。由于粉末颗粒交界处熔化，粉末相互粘接，获得一层截面轮廓。非

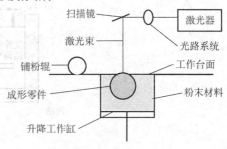

图 4-4　选择性激光烧结成形示意图

烧结区的粉末仍呈松散状态，成为制件和下一层粉末的支撑。一层烧结成形后，工作台下降一个截面层的高度，再进行下一层的铺料和烧结。如此循环，逐层叠加，最终成形为三维制件。在成形过程中为了减小热应力和翘曲变形，必须对工作台面的粉末及供粉筒进行预热。工作台面粉末的温度一般在粉料的软化和熔点温度之下。供粉筒的预热温度一般保持在粉料能自由流动和便于铺粉辊将其铺开为宜。另外，为防止氧化和使温度场保持均匀，成形腔应密封并输入保护气体（一般为氮气）。

在成形制件制作完成并充分冷却后，粉末块会上升到初始位置，将粉块取出放置在一个空的工作台上，用刷子刷掉表面粉末，露出制件部分，其余残留的粉末可用压缩空气去除。除粉最好在密闭空间进行，以免粉尘污染环境。

从理论上讲，任何受热后能够粘接的粉末都可用作激光烧结的原材料。虽然，目前研制成功的可实用的原材料只有十几种，但其范围已覆盖高分子、陶瓷、金属粉末和它们的复合材料。所以，通过 SLS 还可快速获得陶瓷和金属制件，这是其他快速成形技术目前还做不到的。在成形过程中未烧结的粉末可以重复使用，因而，SLS 无材料浪费。由于成形材料的多样性使得 SLS 获得了广泛地应用。

三、薄材叠层快速成形

薄材叠层快速成形（Laminated Object Manufacturing）简称 LOM。薄材叠层快速成形系统主要由计算机、原材料存储及送进机构、热粘压机构、激光切割系统、升降工作台、数控系统和机架等组成（图 4-5）。

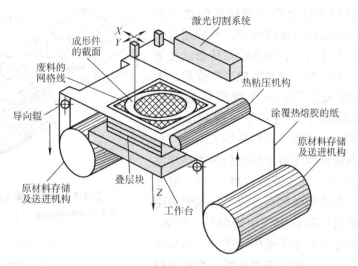

图 4-5　薄材叠层快速成形示意图

这种成形工艺用纸张作原材料，并将其做成纸卷存储于送料机构中。纸的一面涂有热熔胶，工作时涂胶面朝下。在计算机的控制下，自动送料机构将存储的纸逐次送到工作台上方，粘压滚筒滚过工作面，使上、下层纸粘贴在一起，激光切割系统按计算机提供的工件截面轮廓在送入的一层纸上切割出相应的轮廓线，并将非轮廓区域切割成小方网格，以便在成形之后剔除废料。可升降工作台支撑正在成形的制件，并在每层切割之后下降一个纸厚的高度（通常为 $0.1 \sim 0.2 \mathrm{mm}$），以便送入、粘贴和切割新的一层纸材。其工作过程如图 4-6 所示。

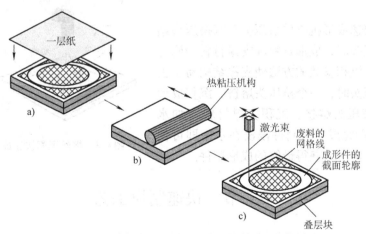

图 4-6　薄材叠层快速成形工作过程

a）工作台下降一层高度送入新一层纸　b）热粘压　c）切割轮廓线和网络线

成形加工完成后从成形机上卸下制件，手工将工件周围被切成小方块的废料去除，获得所需的成形制件，如图 4-7 所示。

四、熔丝沉积快速成形

熔丝沉积快速成形（Fused Deposition Modeling）简称 FDM。其工作原理如图 4-8 所示。在计算机的控制下，根据制件的截面轮廓信息，挤压头沿着 X 轴方向运动，工作台则沿 Y

轴方向运动。丝状热塑性材料由供丝机构送到挤压头，并在挤压头中加热至熔融状态，然后通过喷嘴选择性地喷覆在工作台上，快速冷却后形成加工制件的截面轮廓。制件的一层截面成形完成后，工作台下降（或挤压头上升）一个截面层的高度（一般为 0.1~0.2mm），再进行下一层截面的沉积。如此重复，直至完成整个制件的加工。

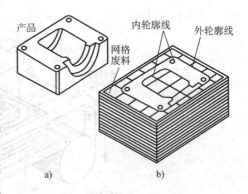

图4-7　截面轮廓及网格废料

a) 已去除废料的制件　b) 未去除废料的制件

熔丝沉积快速成形所用熔丝的材料多为热塑性塑料或蜡，如 ABS 丝、聚碳酸酯（PC）丝、尼龙丝和合成蜡丝等。合成蜡丝可直接成形熔模铸造用的蜡模。上述丝料易于吸收空气中的湿气，因此，存储时应将其密封并保存在干燥的环境中。如果丝料长时间暴露在空气中，则应先将其置于烘箱中烘干，否则成形时会在工件中出现许多气泡。

这种成形方法适合成形中、小塑料件，成形表面有明显的条纹，成形件在垂直方向的强度比较弱，也需要设计支撑结构，需要对整个截平面进行扫描喷覆，其成形时间较长。为避免成形时工件的翘曲变形，必须围绕挤压头和工作台设置封闭的保温室，并使其中的温度在成形过程中保持恒定（一般为 70℃）。

熔丝沉积快速成形机有单挤压头和双挤压头结构。采用单挤压头时，成形材料和支撑材料为同一种材料，用改变沉积参数的方法使支撑结构易于去除。采用双挤压头时，一个挤压头熔挤、沉积成形材料，另一个挤压头熔挤、沉积支撑材料（如水溶性材料）。成形完成后将制件浸没在水中即可使支撑结构软化、溶解，获得最终的成形制件。

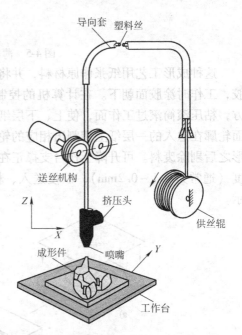

图4-8　熔丝沉积快速成形的原理图

第二节　快速制模工艺

利用快速成形技术获得零件实体原型，再选择适当的工艺方法，快速地制造出成形模具，用这种模具可生产一定数量的塑料零件（或样件）和金属零件。由于制模时所使用的材料不同，制模工艺也不完全相同。

一、硅橡胶模具

用 SLA、LOM、FDM 或 SLS 等技术制造出零件的实体原型，用原型件作母模再通过快速真空注型技术制造硅橡胶模具，可用于 50~500 件以下树脂样品或零件的生产。

硅橡胶模具也称软模，它具有良好的柔韧性和弹性；有良好的成形复制性能。用这种模具能够制作结构复杂、花纹精细、具有较深凹槽的树脂零件。此外，硅橡胶模具具有良好的脱模性能，可成形无拔模斜度甚至具有倒拔模斜度的零件。用硅橡胶制造模具的制作周期短（少则十几小时，多则几天便能完成），材料价格低廉，生产出的制件质量高，因而适宜在新产品试制或者单件小批量生产中采用（特别是在开发新产品时，能使新产品快速投入市场）。

制模用硅橡胶为双组分液态硅橡胶。这种硅橡胶分为聚合型和加成型两类。聚合型硅橡胶在固化时会产生副生成物（酒精），故收缩率比加成型的大。加成型硅橡胶不产生副生成物，线性收缩率小于1%，不受模具厚度限制，可深度硫化，抗张、抗撕拉强度大，橡胶物性的稳定性比较优异，故成为模具硅橡胶中的主品种。

制造硅橡胶模具的主要工艺过程如下：

1）制作母模。用快速成形制造的实体原型为制作硅橡胶模具的母模，而原型在其切片的结合处可能出现阶梯纹，需经过打磨、抛光和进行强化、抗湿、抗热等处理。

2）确定分型线和浇注口。根据实体原型正确选择分型线，以保证树脂制品能够顺利脱模。选择合适尺寸的 ABS 棒固定在原型上，作为后续工序浇注树脂制件的浇注口。

3）制作型框。根据原型尺寸及硅橡胶的使用要求确定型框的形状、尺寸，组合板式型框从四周包围住母模。然后，将准备好的原型固定在型框中，如图 4-9a 所示。要使原型四周与型框的距离均匀。

4）硅橡胶计量、混合。根据原型和型框尺寸计算硅橡胶的用量，并考虑一定的耗损。将计量好的硅橡胶添加适当的固化剂，搅拌均匀后放入真空注型机中排除硅橡胶在搅拌时混入的空气。

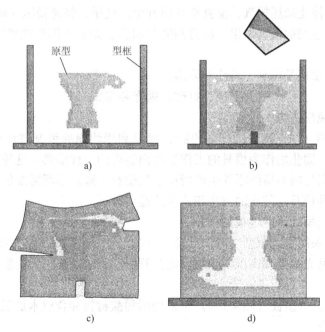

图 4-9　硅橡胶模具制造工艺

a）将原型置入型框　b）注入硅橡胶　c）拆除型框取出母模　d）合模

5）浇注硅橡胶。从真空注型机中取出硅橡胶，注入型框直至母模被完全包围，如图 4-9b 所示。将注入硅橡胶后的型框放入真空注型机脱泡，以排除浇注过程中带入的空气。

6）固化。将注入硅橡胶并脱泡的型框从真空注型机中取出，在室温下放置约24h，硅橡胶可完全固化。加温固化可缩短固化时间，但会引起硅橡胶收缩，应尽量采用室温固化。

7）拆除型框取出母模。当硅橡胶固化后，将型框拆除，去掉浇道棒，参照母模分型线的标记将硅橡胶模具剖开，并取出母模（图4-9c）。

8）合模。将两半模合在一起完成合模，如图4-9d所示。如发现模具有少许缺陷，可用新调配的硅橡胶修补，并进行固化处理。

利用真空注型机向制得的硅橡胶模具中注入选定的双组分树脂，树脂固化后即获得与原型完全相同的树脂零件。树脂零件的力学性能可通过改变树脂中双组分的构成进行调整。

树脂零件的制造过程如下：

1）开排气孔。为了保证注型件填充完全，应在硅橡胶模具的上模上离浇注口较远和型腔的较高位置处或凹入部位开排气孔，并保证其畅通。

2）合模。在合模前应对模具型腔进行必要的清理，去除沟槽内的残留物，检查排气孔是否畅通，并用酒精擦拭分型面，去除分型面上的污渍。对不易脱模的部位要喷上脱模剂，然后送入烘箱烘干。将模具合模后，在分型线处进行密封，夹上模板框，再用胶带将模具固定。

3）计量树脂材料。按比例称出树脂的主剂和固化剂。将计量好的树脂材料置于真空注型机中进行真空脱泡，脱泡时间随树脂种类不同而异。

4）真空混合并浇注。把模具及树脂材料置于真空注型机中，在真空状态下将固化剂注入主剂中，充分搅拌。在真空状态下将混合均匀的材料注入硅橡胶模具。

5）大气加压。停止减压排气，使真空室回升至大气压，将树脂压入模腔内。

6）固化。将浇注完的模具取出，静置到完全固化。如果将模具放置于 60~70℃ 的环境中可提前固化。

7）开模。拆开模框及模具，将注件取出。

8）制件后处理。去除浇口及毛边，打磨、抛光和喷漆等。

二、铝填充环氧树脂模

铝填充环氧树脂（填充铝粉的环氧树脂）模是利用快速原型制件作母模，在室温下浇注铝树脂复合材料，固化后作为模具的工作零件而制得的一种模具。这种模具可直接进行注塑，并保证注塑所用材料与最终零件生产所用工程塑料一致。当所需要的制件只有几十件至上千件时，采用这种模具与传统的方法相比快速经济。

铝填充环氧树脂模的制造过程如下：

1）制作母模。采用快速原型制件作母模，但在尺寸上要考虑材料的收缩等因素。原型表面要进行打磨、抛光等处理，以消除表面的台阶痕和其他缺陷。为使脱模容易原型应有适当的拔模斜度。

2）分型板制作。分型板（图4-10a）可采用丙稀酸材料和合成木加工制作。分型板应和母模及分型面相吻合。

3）涂脱模剂。在母模表面均匀涂上一层很薄的脱模剂。

4）将母模与分型板组合并设置浇注型框，如图4-10b所示。

5）将薄壁铜质冷却管放置在模框中靠近母模的位置。

6）备料。将精细研磨的铝粉与双组分热固性环氧树脂混合，备足必须数量的铝环氧树

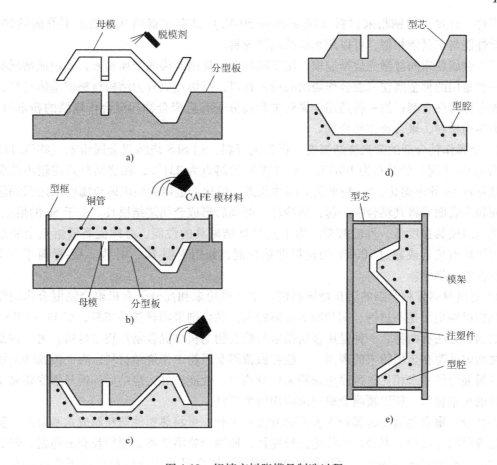

图 4-10　铝填充树脂模具制造过程

a）母模和分型板　b）浇注型腔　c）浇注型芯　d）型芯和型腔　e）与标准模架装配

脂材料，在真空中进行充分脱泡。

7）浇注。在真空状态下将铝填充环氧树脂注入模框中，让其固化。待树脂固化后，将分型板与已固化的树脂半模翻转，取走分型板，在母模的反面与已固化树脂面（即分型面上）涂脱模剂，重复上述过程，完成另一半模具的浇注，如图 4-10c 所示。

8）待第二次浇注树脂的模具部分完成固化后，将其与第一次浇注的部分（型腔）分开，去除母模（图 4-10d）。检查型芯、型腔有无缺陷。

9）完成模具浇注后，在适当位置加工出模具的浇注系统，安装推料板和推料杆，连接冷却管，并最终完成与标准模架的装配，如图 4-10e 所示。

三、直接快速成形金属模具

在前面介绍的几种快速成形制造技术中，可用于直接成形金属模具的主要是选择性激光烧结法（SLS）。用金属粉末进行选择性激光烧结制造模具的方法分为以下两种：

（1）金属粉末直接激光烧结制模　这种方法也称为直接法，一般是用合金粉末作烧结材料，需要大功率的激光器，在保护气氛下进行选择性浇结。据有关资料介绍，已开发出的青铜基粉末材料有两种：DirectMetal 50-V_2 和 DirectMetal 100-V_3。其中，粒度非常细（最大 50μm）的粉末用于烧结 0.05mm 的层厚，而粒度较大（最大 100μm）的粉末用于烧结 0.1mm 的层厚。用这两种材料进行直接激光烧结制造的注塑模具性能优越，可生产数千件注塑零件。开发出的钢粉末材料（DirectSteel 50-V₁）具有比青铜基的粉末更好的热特性，其力学性能与工具钢相似，可以用来烧结压铸模具。

（2）金属粉末间接激光烧结制模 用于间接激光烧结制模的金属粉末，其组成情况有两种。一种是用两种金属粉末混合作烧结的粉末材料，高熔点成分为结构材料或基体材料，低熔点成分称为粘合剂；另一种是用金属粉末和高分子有机聚合物相混合作烧结的粉末材料，金属为结构材料，聚合物作粘合剂。

1）金属作粘合剂的激光烧结制模。据有关资料，用 SLS 烧结双金属粉末（89Cu-11Sn）时，因为 Cu（铜）的熔点为 1083℃，Sn（锡）的熔点为 231℃，在烧结时只需较小的激光功率就可将 Sn 粉末熔化，Cu 粉末仍为固体状态，熔化的金属流到固体金属粉末之间润湿固体金属粉末表面并将其粘合在一起，经冷却、凝固后形成金属烧结模具。由于 Sn 的熔点低，烧出的金属模具强度低，性能较差。为了提高烧结模具的性能，必须提高低熔点金属的熔点，可用熔点接近或超过 1000℃的材料做粘合剂，如用青铜-镍、钢-铜、钢-青铜等金属的粉末混合进行烧结。

2）有机材料作粘合剂的激光烧结制模。用金属粉末和高分子有机聚合物混合作烧结材料，结构材料主要是不锈钢、铜和镍等金属粉末；粘合剂采用热塑性塑料，如 PC 和 PA 等。材料的制备方法有两种，一种是用金属粉末与聚合物的机械混合物作烧结材料，另一种是将聚合物均匀地覆在金属粉末的表面，一般称做覆膜金属粉末作烧结材料。表面覆膜的金属粉末与机械混合的粉末相比，覆膜金属粉末成分均匀，性能较好，烧结后的模具强度要高于机械混合的粉末材料，所以覆膜金属粉末应用较为广泛。

将高分子聚合物覆于金属粉末表面的方法有多种，可将热塑性塑料制成水基溶液，稀释后与处理后的金属粉末混合，不停地进行搅拌，使聚合物溶液将金属粉粒充分包裹，然后干燥、去除水分使聚合物固化，再进行粉碎、筛分，符合尺寸要求的粉末就可进行烧结。此外，还可将聚合物加热熔化，形成雾状，喷在不断搅拌的金属粉末表面。这种方法形成的覆层厚度均匀，聚合物的用量最少，覆膜金属粉末成份均匀，性能较好。但覆膜金属粉末制备工艺复杂，成本非常高，且对环境有一定影响。

研究 SLS 成形机和材料的美国 DTM 公司，已经开发并商品化多种间接成形材料，其中用于快速制模较多的如 RapidSteel 1.0 和 RapidSteel 2.0。

RapidSteel 1.0 所用材料为 1080 碳钢粉末与聚合物，平均粒径 55μm，高分子聚合物均匀覆于金属粉末表面，厚度约 5μm，重量百分比为 0.8%，体积百分比为 5%。后续渗入金属为纯铜或青铜，这种材料主要用于制造铸塑模。

RapidSteel 2.0 是在前一种材料的基础上开发的，其结构材料为不锈钢，粘合剂也作了改进，后续渗入金属为青铜。该材料的粉末颗粒更小，烧结层厚度最小可达 0.075mm，可以获得良好的表面质量，减

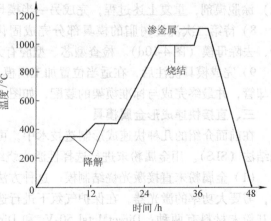

图 4-11 后处理工艺过程（降解、烧结、渗金属）示意图

少表面处理时间。该材料的优点是降低了收缩率，总的收缩率控制在 4% 以内，提高了成形模具的尺寸、形状精度。该材料主要用于制造注塑模，其模具寿命可达 10 万件/副；也可用于制造铝（Al）、镁（Mg）、锌（Zn）等材料的压铸模，其模具寿命一般只有 200~500 件/副。

激光烧结成形的金属模具强度不是很高，必须进行后处理才能成为结构致密的实用模具。后处理包含降解聚合物、高温二次烧结、渗金属 3 个阶段。这 3 个阶段可以在同一加热炉内进行，也可把渗金属放在不同的炉内进行。后处理工艺过程如图 4-11 所示，保护气氛为 70%（体积分数）的 N_2 和 30%（体积分数）的 H_2。

除上述制模方法外，还可以用快速成形技术加工出非金属实体原型，然后借助其他技术将非金属原型翻制成金属模具，再用这些模具生产金属制件。

作业与思考题

1. 与传统成形方法相比快速成形技术有何特点？
2. 一般在什么情况下会采用快速成形技术制模？

第五章 模具工作零件的其他成形方法

随着模具制造技术的发展和模具新材料的出现，对于凸模、凹模等模具工作零件，除采用切削加工和特种加工等方法进行加工外，还可以采用挤压成形、铸造等方法进行加工。这些加工方法各有其特点和适用范围，在应用时可根据模具材料、模具结构特点和生产条件等因素选择。

第一节 挤 压 成 形

模具工作零件可用挤压方法成形，常用的有冷挤压成形和热挤压成形。

一、冷挤压成形

冷挤压成形是在常温条件下，将淬硬的工艺凸模压入模坯，使坯料产生塑性变形，以获得与工艺凸模工作表面形状相同的内成形表面。

冷挤压方法适于加工以有色金属、低碳钢、中碳钢、部分有一定塑性的工具钢为材料的塑料模型腔、压铸模型腔、锻模型腔和粉末冶金压模的型腔。

型腔冷挤压工艺具有以下特点：

1）可以加工形状复杂的型腔，尤其适合于加工某些难于进行切削加工的形状复杂的型腔。

2）挤压过程简单迅速，生产率高；一个工艺凸模可以多次使用。多型腔凹模采用这种方法时，生产效率的提高更明显。

3）加工精度高（可达 IT7 或更高），表面粗糙度小（$R_a = 0.16\mu m$ 左右）。

4）冷挤压型腔的材料纤维未被切断，金属组织更为紧密，型腔强度高。

1. 冷挤压方式

型腔的冷挤压加工分为封闭式冷挤压和敞开式冷挤压。

（1）封闭式冷挤压 封闭式冷挤压是将坯料放在冷挤压模套内进行挤压加工，如图 5-1 所示。在将工艺凸模压入坯料的过程中，由于坯料的变形受到模套的限制，金属只能朝着工艺凸模压入的相反方向产生塑性流动，迫使变形金属与工艺凸模紧密贴合，提高了型腔的成形精度。由于金属的塑性变形受到限制，所以需要的挤压力较大。

对于精度要求较高、深度较大、坯料体积较小的型腔宜采用这种挤压方式加工。

由于封闭式冷挤压是将工艺凸模和坯料约束在导向套与模套内进行挤压，除使工艺凸模获得良好的导向外，还能防止凸模断裂或坯料崩裂飞出。

（2）敞开式冷挤压 敞开式冷挤压在挤压型腔毛坯外面不加模套，如图 5-2 所示。这种

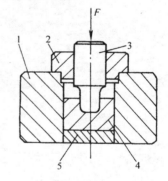

图 5-1 封闭冷挤压
1—模套 2—导向套 3—工艺凸模 4—模坯 5—垫板

方式在挤压前的工艺准备比封闭式冷挤压的简单。被挤压金属的塑性流动不但沿工艺凸模的轴线方向，也沿半径方向（图 5-2 中箭头所示）流动。因此，敞开式冷挤压只宜在模坯的端面积与型腔在模坯端面上的投影面积之比较大、模坯厚度和型腔深度之比较大的情况下采用。否则，坯料将向外胀大或产生很大翘曲，使型腔的精度降低甚至使坯料开裂报废。所以，敞开式冷挤压只在加工要求不高的浅型腔时采用。

2. 冷挤压的工艺准备

（1）冷挤压设备的选择　型腔冷挤压所需的力与冷挤压方式、模坯材料及其性能、挤压时的润滑情况等许多因素有关，一般采用下列公式计算：

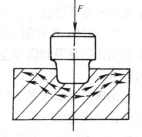

$$F = pA$$

式中　F——挤压力，单位为 N；

A——型腔投影面积，单位为 mm^2；

p——单位挤压力，单位为 MPa，见表 5-1。

图 5-2　敞开式冷挤压

表 5-1　坯料抗拉强度与单位挤压力的关系

坯料抗拉强度 σ_b/MPa	250～300	300～500	500～700	700～800
单位挤压力 p/MPa	1500～2000	2000～2500	2500～3000	3000～3500

由于型腔冷挤压所需的工作运动简单、行程短、挤压工具和坯料体积小、单位挤压力大、挤压速度低，所以冷挤压一般选用结构不太复杂的小型专用油压机作为挤压设备。要求油压机刚性好、活塞运动时导向准确；工作平稳，能方便观察挤压情况和反映挤入深度；有安全防护装置（防止工艺凸模断裂或坯料崩裂时飞出）。

（2）工艺凸模和模套设计

1）工艺凸模。工艺凸模在工作时要承受极大的挤压力，其工作表面和流动金属之间作用着极大的摩擦力。因此，工艺凸模应有足够的强度、硬度和耐磨性。在选择工艺凸模材料及结构时，应满足上述要求。此外，凸模材料还应有良好的切削加工性。表 5-2 列出了根据型腔要求选用工艺凸模材料及所能承受的单位挤压力。其热处理硬度应达到 61～64HRC。

表 5-2　工艺凸模材料的选用

工艺凸模形状	选用材料	能承受的单位挤压力 p/MPa
简　　　单	T8A、T10A、T12A	2000～2500
中　　　等	CrWMn、9CrSi	
复　　　杂	Cr12V、Cr12MoV、CrTiV	2500～3000

工艺凸模的结构如图 5-3 所示。它由以下 3 部分组成：

①工作部分（图 5-3 中的 L_1 段）。工作时这部分要挤入型腔坯料中，因此，这部分的尺寸应和型腔设计尺寸一致，其精度比型腔精度高一级，表面粗糙度 $R_a = 0.32～0.08\mu m$。一般将工作部分长度取为型腔深度的 1.1～1.3 倍，端部圆角半径 r 不应小于 0.2mm。为了便于脱模，在可能情况下将工作部分作出 1:50 的拔模斜度。

②导向部分（图 5-3 中的 L_2 段）。导向部分用来和导向套的内孔配合，以保证工艺凸模和工作台面垂直，在挤压过程中可防止凸模偏斜，

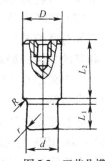

图 5-3　工艺凸模

保证正确压入。一般取 $D = 1.5d$；$L_2 > (1 \sim 1.5)$ D。外径 D 与导向套配合为 H8/h7，表面粗糙度 $R_a = 1.25\mu m$。端部的螺孔是为了便于将工艺凸模从型腔中脱出而设计的。脱模情况如图 5-4 所示。

③过渡部分。过渡部分是工艺凸模工作端和导向端的连接部分，为减少工艺凸模的应力集中、防止挤压时断裂，过渡部分应采用较大半径的圆弧平滑过渡，一般 $R \geqslant 5mm$。

2）模套。在封闭式冷挤压时，将型腔毛坯置于模套中进行挤压。模套的作用是限制模坯金属的径向流动，防止坯料破裂。模套有以下两种：

①单层模套（图 5-5）实验证明，对于单层模套，比值 r_2/r_1 越大则模套强度越大；但当 $r_2/r_1 > 4$ 以后，即使再增加模套的壁厚，强度的增大也不明显，所以实际应用中常取 $r_2 = 4r_1$。

②双层模套（图 5-6）。将有一定过盈量的内、外层模套压合成为一个整体，使内层模套在尚未使用前预先受到外层模套的径向压力而形成一定的预应力。这样就可以比同样尺寸的单层模套承受更大的挤压力。由实践和理论计算证明，双层模套的强度约为单层模套的 1.5 倍。各层模套尺寸分别为：$r_3 = (3.5 \sim 4)r_1$；$r_2 = (1.7 \sim 1.8)r_1$。内模套与坯料接触部分的表面粗糙度 $R_a = 1.25 \sim 0.16\mu m$。

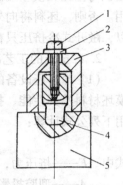

图 5-4 螺钉脱模
1—脱模螺钉 2—垫圈
3—脱模套 4—工艺凸模
5—模坯

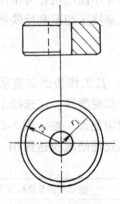

图 5-5 单层模套

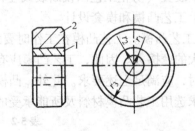

图 5-6 双层模套
1—内模套 2—外模套

单层模套和内模套的材料一般选用 45 钢、40Cr 等材料制造，热处理硬度 43 ~ 48HRC。外层模套材料为 Q235 或 45 钢。

（3）模坯准备 冷挤压加工时，模坯材料的性能、组织以及模坯的形状、尺寸和表面粗糙度等对型腔的加工质量都有直接影响。为了便于进行冷挤压加工，模坯材料应具有低的硬度和高的塑性，型腔成形后其热处理变形应尽可能小。

宜于采用冷挤压加工的材料有：铝及铝合金、铜及铜合金、低碳钢、中碳钢、部分工具钢及合金钢，如 10、20、20Cr、T8A、T10A、3Cr2W8V 等。

坯料在冷挤压前必须进行热处理（低碳钢退火至 100 ~ 160HBW，中碳钢球化退火至 160 ~ 200HBW），提高材料的塑性、降低强度以减小挤压时的变形抗力。

在决定模坯的形状尺寸时，应同时考虑模具的设计尺寸要求和工艺要求，模坯的厚度尺寸与型腔的深度及模坯的端面积与型腔在端面上投影面积之间的比值要足够大，以防止在冷挤压时模坯产生翘曲或开裂。

封闭式冷挤压坯料的外形轮廓一般为圆柱体或圆锥体，其尺寸按以下经验公式确定（图5-7a）：

$$D = (2 \sim 2.5)d$$

$$h = (2.5 \sim 3)h_1$$

式中　D——坯料直径，单位为mm；

　　　d——型腔直径，单位为mm；

　　　h——坯料高度，单位为mm；

　　　h_1——型腔深度，单位为mm。

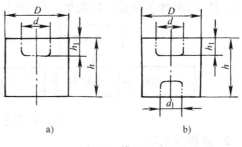

图5-7　模坯尺寸
a) 无减荷穴模坯　b) 有减荷穴模坯

有时为了减小挤压力，可在模坯底部加工出减荷穴，如图5-7b所示。减荷穴的直径 $d_1 = (0.6 \sim 0.7)d$，减荷穴处切除的金属体积约为型腔体积的60%。当型腔底面需要同时挤出图案或文字时，坯料不能设置减荷穴，相反地应将模坯顶面作成球面，如图5-8a所示，或在模坯底面垫一块和图案大小一致的垫块，如图5-8b所示，以使图案文字清晰。

3. 冷挤压时的润滑

在冷挤压过程中，工艺凸模与坯料通常要承受2000～3500MPa的单位挤压力。为了提高型腔的表面质量和便于脱模，以及减小工艺凸模和模坯之间的摩擦力，从而减少工艺凸模破坏的可能性，应当在凸模与坯料之间施以必要的润滑。为保证良好润滑，防止在高压下润滑剂被挤出润滑区，最简便的润滑方法是将经过去油清洗的工艺凸模与坯料在硫酸铜饱和溶液中浸渍3～4s，并涂以凡士林或机油稀释的二硫化钼润滑剂。

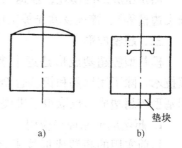

图5-8　有图案或文字的模坯
a) 模坯顶面为球面　b) 模坯底面加垫块

另一种较好的润滑方法是将工艺凸模进行镀铜或镀锌处理，而将坯料进行除油清洗后，放入磷酸盐溶液中进行浸渍，使坯料表面产生一层不溶于水的金属磷酸盐薄膜。其厚度一般为5～15μm，这层金属磷酸盐薄膜与基体金属结合十分牢固，能承受高温（其耐热能力可达600℃）、高压，具有多孔性组织，能储存润滑剂。挤压时再用机油稀释的二硫化钼作润滑，涂于工艺凸模和模坯表面，就可以保证高压下坯料与工艺凸模隔开，防止在挤压过程中产生凸模和坯料粘附的现象。在涂润滑剂时，要避免润滑剂在文字或花纹内堆积，影响文字、图形的清晰。

二、热挤压成形

将毛坯加热到锻造温度，用预先准备好的工艺凸模压入毛坯而挤压出型腔的制模方法称为热挤压法或热反印法。热挤压制模方法简单、周期短、成本低，所成形的模具内部纤维连续、组织致密，因此耐磨性好、强度高、寿命长；但由于热挤压温度高，型腔尺寸不易掌握，且表面容易出现氧化，故常用于尺寸精度要求不高的锻模制造。其制模工艺过程如图5-9所示。

1. 工艺凸模

　　热挤压成形可采用锻件做工艺凸模。由于未考虑冷缩量，作出的锻模只能加工形状、尺寸精度要求较低的锻件，如起重吊钩、吊环螺钉等产品。零件较复杂而精度要求较高时，必须事先加工好工艺凸模。工艺凸模材料可用 T7、T8 或 5CrMnMo 等。所有尺寸应按锻件尺寸放出锻件本身及型腔的收缩量，一般取 1.5% ~ 2.0%，并作出拔模斜度。在高度方向应加放 5 ~ 15mm 的加工余量，以便加工分型面。

图 5-9　热挤压法制模工艺过程

2. 热挤压工艺

　　图 5-10 所示为热挤压法制造吊钩锻模的示意图。以锻件成品作工艺凸模，先用砂轮打磨表面并涂以润滑剂；按要求加工出锻模上、下模坯，经充分加热保温后，去掉氧化皮，入在锤砧上；将工艺凸模置于上、下模坯之间，施加压力锻出型腔。

3. 后续加工

　　热挤压成形的模坯，经退火、机械加工（刨分型面、铣飞边槽等）、淬火及磨光等工序制成模具。

三、超塑成形

　　模具型腔超塑成形是近十多年来发展起来的一种制模技术，除了用锌基和铝基合金超塑性成形塑料模具外，钢基型腔超塑成形也取得了进展。

1. 超塑成形原理和应用

　　目前实用的超塑成形技术多是在组织结构上经过处理的金属材料，这种材料具有晶粒直径在 $5\mu m$ 以下的稳定超细晶粒，它在一定的温度和变形速度下，具有很小的变形抗力和远远超过普通金属材料的塑性——超塑性，其伸长率可达 100% ~ 2000%。凡伸长率超过 100% 的材料均称为超塑性材料。

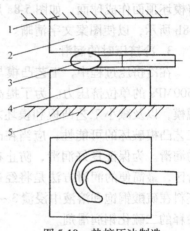

图 5-10　热挤压法制造
吊钩锻模的示意图
1—上砧　2—上模坯　3—工艺凸模
4—下模坯　5—下砧

　　利用工艺凸模慢慢挤压具有超塑性的模具坯料，并保持一定的温度就可在较小的压力下获得与凸模工作表面吻合很好的型腔，这就是模具型腔超塑成形的基本原理。

　　用超塑成形制造型腔，是以超塑性金属为型腔坯料，在超塑性状态下将工艺凸模压入坯料内部，以实现成形加工的一种工艺方法。采用这种方法制造型腔，由于材料变形抗力低，不会因大的塑性变形而断裂，也不硬化，对获得形状复杂的型腔十分有利，与型腔冷挤压相比，可大大降低挤压力。此外，模具从设计到加工都得到简化。

　　锌铝合金 ZnAl22、ZnAl27、ZnAl14 等均具有优异的超塑性能。ZnAl22 是制作塑料模具的材料。利用超塑成形制造型腔对缩短制造周期、提高塑料制品质量、降低产品成本、加速新产品的研制都有突出的技术、经济效益。

　　近年来，国内将超塑性挤压技术应用于模具钢获得成功，Cr12MoV、3Cr2W8V 等钢的锻模型腔用超塑性挤压方法可一次压成，经济效益十分显著。

2. 超塑性合金 ZnAl22 的性能

超塑性合金 ZnAl22 的成分和性能见表 5-3。这种材料为锌基中含铝（$w_{Al} = 22\%$），在 275℃以上时是单相的 α 固溶体，冷却时分解成两相，即 α（Al）+ β（Zn）的层状共析组织（也称为珠光体）。如在单相固溶体时（通常加热到 350℃）快速冷却，可以得到 5μm 以下的粒状两相组织。在获得 5μm 以下的超细晶粒后，当变形温度处于 250℃时，其伸长率 δ 可达 1000% 以上，即进入超塑性状态。在这种状态下将工艺凸模压入（挤压速度在 0.01 ~ 0.1mm/min）合金材料内部，能使合金产生任意的塑性变形，其成形压力远小于一般冷挤压时所需的压力。经超塑性成形后，再对合金进行强化处理获得两相层状共析组织，其强度 σ_b 可达 400 ~ 430MPa。超塑合金 ZnAl22 的超塑性和强化处理工艺如图 5-11 和图 5-12 所示。

表 5-3　ZnAl22 的主要成分和性能

主要成分(%)				性　　　能								
w_{Al}	w_{Cu}	w_{Mg}	w_{Zn}	熔点 $\theta/℃$	密度 $\rho/$ (g/cm³)	在 250℃时		恢复正常温度时			强化处理后		
						σ_b/MPa	$\delta(\%)$	σ_b/MPa	$\delta(\%)$	HBW	σ_b/MPa	$\delta(\%)$	HBW
20 ~24	0.4 ~1	0.001 ~0.1	余量	420 ~500	5.4	8.6	1125	300 ~330	28 ~33	60 ~80	400 ~430	7 ~11	86 ~112

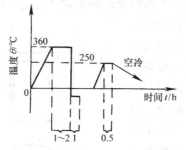

图 5-11　ZnAl22 超塑性处理工艺

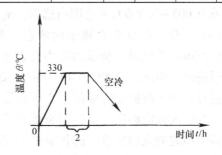

图 5-12　ZnAl22 强化处理工艺

与常用的各种钢料相比，ZnAl22 的耐热性能和承压能力比较差，所以多用于制造塑料注射成形模具。为增强模具的承载能力，常在超塑性合金外围用钢制型框加固。在注射成形模具温度较高的浇口部位采用钢制镶件结构来弥补合金熔点较低的缺点。

3. 超塑性成形工艺

用 ZnAl22 制造塑料模型腔的工艺过程如下：

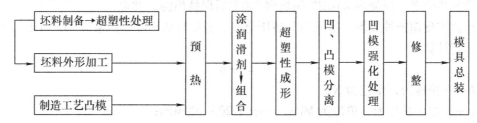

（1）坯料准备　以 ZnAl22 为型腔材料的凹模大都做成组合结构。型腔的坯料尺寸可按体积不变原理（即模坯成形前后的体积不变），根据型腔的结构尺寸进行计算。在计算时应考虑适当的切削加工余量（压制成形后的多余材料用切削加工方法去除）。坯料与工艺凸模

接触的表面，其表面粗糙度 $R_a < 0.63\mu m$。

一般 ZnAl22 合金在出厂时均已经过超塑性处理，因此只需选择适当类型的原材料，切削加工成型腔坯料后即可进行挤压。若材料规格不能满足要求，可将材料经等温锻造成所需形状，在特殊情况下还可用浇铸的方法来获得大规格的坯料，但是，经重新锻造或浇注的ZnAl22 已不具有超塑性能，必须进行超塑性处理。

（2）工艺凸模　工艺凸模可以采用中碳钢、低碳钢、工具钢或 HPb59—1 等材料制造。工艺凸模一般可不进行热处理，其制造精度和表面粗糙度的要求应比型腔的要求高一级。在确定工艺凸模的尺寸时，要考虑模具材料及塑料制件的收缩率，其计算公式如下：

$$d = D\left[1 - \alpha_{l_1} t_1 + \alpha_{l_2}(t_1 - t_2) + \alpha_{l_3} t_2\right]$$

式中　d——工艺凸模的尺寸，单位为 mm；

　　　D——塑料制件尺寸，单位为 mm；

　　　α_{l_1}——凸模的线（膨）胀系数，单位为 $℃^{-1}$；

　　　α_{l_2}——ZnAl22 的线（膨）胀系数，单位为 $℃^{-1}$；

　　　α_{l_3}——塑料的线（膨）胀系数，单位为 $℃^{-1}$；

　　　t_1——挤压温度，单位为 $℃$；

　　　t_2——塑料注射温度，单位为 $℃$。

α_{l_2} 可在 $0.003 \sim 0.006℃$ 的范围内选取，α_{l_1}、α_{l_2} 可按照工艺凸模及塑料类别从有关手册查得。

（3）护套　ZnAl22 在超塑性状态屈服强度低、伸长率高，工艺凸模压入毛坯时，金属因受力会发生自由的塑性流动而影响成形精度。因此，应按图 5-13 所示使型腔的成形过程在防护套内进行。由于防护套的作用，变形金属的塑性流动方向与工艺凸模的压入方向相反，使变形金属与凸模表面紧密贴合，从而提高了型腔的成形精度。防护套的内部尺寸由型腔的外部形状尺寸决定，可比坯料尺寸大 $0.1 \sim 0.2mm$，内壁表面粗糙度 $R_a < 0.63\mu m$，并加工成 1:50 的锥度，以保证易于脱模。防护套可采用普通结构钢制造，壁厚不小于 25mm。护套高度应略高于模坯高度。护套的热处理硬度为 42HRC 以上。

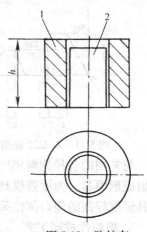

图 5-13　防护套
1—护套　2—坯料

（4）挤压设备及挤压力的计算　对 ZnAl22 的挤压可以在液压机上进行。根据合金材料的特性和工艺要求，压制型腔的液压机必须设置加热装置，以便将 ZnAl22 加热到 250℃ 后保持恒温，并以一定的压力实现超塑性成形。挤压力与挤压速度、型腔复杂程度等因素有关，可采用下列经验公式进行计算：

$$F = pA\eta$$

式中　F——挤压力，单位为 N；

　　　p——单位挤压力，单位为 MPa，一般在 $20 \sim 100MPa$；

　　　A——型腔的投影面积，单位为 mm^2；

　　　η——修正系数 $\eta = \eta_1 \eta_2 \eta_3$；$\eta_1$ 根据型腔的形状复杂程度在 $1 \sim 1.2$ 的范围内选取；η_2 根据型腔的大小在 $1 \sim 1.3$ 的范围内选取；η_3 根据挤压速度在 $1 \sim 1.6$ 的范围内选取。

（5）润滑　合理的润滑可以减小 ZnAl22 流动时与工艺凸模之间的摩擦阻力，降低单位挤压力，同时可以防止金属粘附，易于脱模，以获得理想的型腔尺寸和表面粗糙度。所用润滑剂应能耐高温，常用的有 295 硅脂、201 甲基硅油、硬脂酸锌等。使用时其用量不能过多，并应涂抹均匀，否则在润滑剂堆积部位不能被 ZnAl22 充满，影响型腔精度。

图 5-14a 所示为用 ZnAl22 注射模制作的尼龙齿轮。制造尼龙齿轮注射模型腔的加工过程如图 5-14b 所示。

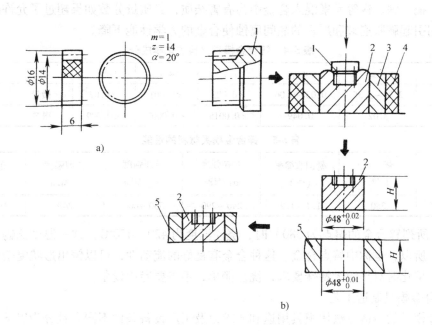

图 5-14　尼龙齿轮型腔的加工过程

a）尼龙齿轮　b）型腔加工过程

1—工艺凸模　2—模坯　3—护套　4—电阻式加热圈　5—固定板

第二节　铸　造　成　形

一、锌合金模具

用锌合金材料制造工作零件的模具称为锌合金模具。锌合金可以用于制造冲裁、弯曲、成形、拉深、注塑、吹塑、陶瓷等模具的工作零件，一般采用铸造方法进行制造。大量实践证明，用铸造方法代替机械加工方法（特别是对形状复杂的立体曲面的加工）制造模具零件，可以缩短模具制造周期，简化模具结构，降低模具成本。这种制模技术对新产品试制、老产品改型、中小批量、多品种产品的生产具有显著的经济效益。但锌合金的抗压强度不高，所能承受的工作温度低，这也使它的应用受到一定的局限。

1. 模具用锌合金的性能

用于制造模具的材料必须具有一定的强度、硬度和耐磨性，同时还必须满足制造工艺方面的要求（如流动性、偏析、高温状态下形成裂纹的倾向等）。制造模具的锌合金以锌为基体，由锌、铜、铝、镁等元素组成，其物理、力学性能受合金中各元素质量分数的影响。因此，使用时必须对各元素的质量分数进行适当选择。表5-4是两种用作模具材料的化学成分。表5-5列出了锌合金模具材料的性能。

锌是一种质软、在常温下呈脆性的金属。加入铜可以提高合金的强度、硬度、耐磨性，但是对合金的塑性和流动性有一定影响。加入铝，可以明显地提高合金的强度、冲击韧度、抑制脆性化合物锌化铁的产生，提高合金的流动性，细化晶粒；但是过量的铝将使合金的耐磨性变差。加入微量镁可以有效地抑制晶间腐蚀，同时还可以细化晶粒，提高合金的强度和硬度。铅、镉、铁、锡等元素混入合金中为有害杂质，其质量分数如果超过了允许限量，会因时效作用引起膨胀崩裂和严重的晶间腐蚀使合金的力学性能下降。

表5-4 锌合金模具材料的化学成分 （%）

w_{Al}	w_{Cu}	w_{Mg}	w_{Pb}	w_{Cd}	w_{Fe}	w_{Sn}	w_{Zn}
3.9~4.2	2.85~3.35	0.03~0.06	<0.003	<0.001	<0.02	微量	其余
4.10	3.02	0.049	<0.0015	<0.0007	<0.009	微量	其余

表5-5 锌合金模具材料的性能

密度 $\rho/(g/cm^3)$	熔点 $t_r/℃$	凝固收缩率 （%）	抗拉强度 σ_b/MPa	抗压强度 $\sigma_压/MPa$	抗剪强度 τ/MPa	布氏硬度 HBW
6.7	380	1.1~1.2	240~290	550~600	240	100~115

表5-5所列锌合金的熔点为380℃时，浇注温度为420~450℃，这一温度比锡、铋低熔点合金高，所以，也称中熔点合金。这种合金有良好的流动性，可以铸出形状复杂的立体曲面和花纹。熔化时对热源无特殊要求，浇注简单，不需要专用设备。

2. 锌合金模具制造工艺

锌合金模具的铸造方法按模具用途和要求以及工厂设备条件不同大致分为以下几种：

（1）砂型铸造法 砂型铸造锌合金模具与普通铸造方法相似，不同之处是它采用敞开式铸型。

（2）金属型铸造法 金属型铸造法是直接用金属制件或用加工好的凸模（或凹模）作为铸型铸造模具的方法。在某些情况下也可用容易加工的金属材料制作一个样件作铸型。

（3）石膏型铸造法 利用样件（或制件）翻制出石膏型，用石膏型浇注锌合金凸模或凹模。石膏型适于铸造有精细花纹或图案的型腔模。

铸件的表面粗糙度主要取决于铸型的表面粗糙度或铸型材料的粒度，粒度越细，铸件表面的 R_a 值越小、越美观。

图5-15所示为锌合金冲裁凹模的铸造。凸模采用高硬度的金属材料制作，刃口锋利。凹模采用锌合金材料。

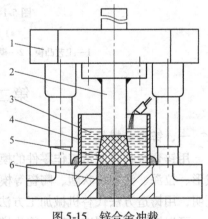

图5-15 锌合金冲裁凹模的铸造
1—模架 2—凸模 3—锌合金凹模 4—型框 5—漏料孔芯 6—干砂

在铸造之前应作好下列准备工作：按设计要求加工好凸模，经检验合格后将凸模固定在上模座上；在下模座上安放型框（应保证凸模位于型框中部），正对凸模安放漏料孔芯；在型框外侧四周填上湿沙并压实，防止合金熔液泄漏；将型框内杂物清理干净后，按以下工艺顺序完成凹模的浇注和装配调试工作：

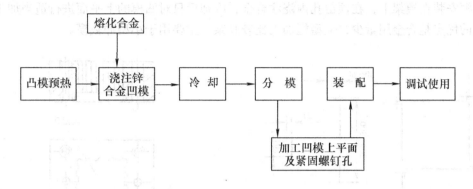

这种浇注方法称为模内浇注法，适用于合金用量在20kg以下的冷冲模的浇注。浇注合金用量在20kg以上的模具，冷凝时所散发的热量较大，为了防止模架受热变形，可以在模架外的平板上单独将凹模（或凸模）浇出后再安装到模架上去，这种方法称为模外浇注法。模内浇注法与模外浇注法没有本质上的区别，主要区别在于浇注时是否使用模架，后者用平板代替模架的下模座。这两种方法适用于浇注形状简单、冲裁各种不同板料厚度的冲裁模具。

1）熔化合金。可采用坩埚或薄钢板焊成的熔锅，将锌合金砸成碎块，放在锅中用箱式电炉、焦碳炉等加热熔化（熔化容器、搅拌、除渣等与合金接触的工具都必须涂刷一层膨润土或氧化锌，以防止合金与铁合金工具直接接触）。因合金在熔化过程中要不断吸收气体，温度越高吸收越多，因此为了避免在合金凝固时不能完全析出所吸收的气体，待合金完全熔化之后，需加入干燥的氯化锌或氯化铵进行除气精炼处理，以防合金模具出现气孔（其用量为合金重量的0.1% ~0.3%）。除气剂必须干燥，以免发生爆溅。精炼时可在合金表面覆盖一层木炭粉。合金的熔化温度应控制在450~500℃，温度过高时锌容易与铁起作用形成锌化铁（脆性化合物），导致合金性能下降，使镁烧损严重，吸气过多，流动性变差。

2）预热。在浇注前必须预热凸模，以保证浇注质量。预热温度同浇注方式和浇注合金的用量有关。通常预热温度控制在150~200℃最佳。可以采用氧-乙炔焰、喷灯直接对凸模进行预热，或者将凸模浸放在合金熔液中预热。对于形状复杂的凸模预热，温度要稍高些，以防止因温度过低出现浇不满和过大的铸造圆角，增加凹模上平面机械加工的工作量，还可以防止出现凹模竖壁高度过小，使模具报废的现象。采用氧-乙炔焰预热时火焰温度不宜过高，特别是凸模的细小、尖角部位温度不宜过高。

3）浇注。合金的浇注温度应控制在420~450℃。浇注时应将浮渣清除干净，搅拌合金，防止合金产生偏析和叠层等缺陷。考虑到合金冷凝时的收缩，凹模的浇注厚度要增加约10mm，以补偿合金冷凝时产生的收缩。

浇注锌合金凹模的型框可采用2~4mm厚的钢板焊接而成，其长、宽、高尺寸根据凹模的设计尺寸确定；也可用1.5~2mm厚的钢板作成4个"Γ"形件，用"U"形卡子固定，组成型框，如图5-16所示。这种型框的尺寸大小可以根据凹模尺寸作相应的调整，使用方便、制作简单、通用性好，可反复使用。也可根据凹模外形尺寸的大小和模具结构，单独加工一个钢制厚型框，并预先在该型框上加工出紧固螺钉孔、销孔和预留孔，如图 5-17 所示。将此型框安装在模架上，在预留孔内浇注合金，冷却后只对凹模的上平面进行适当加工。这种型框的优点是合金用量少，但型框加工比较复杂，主要用于小型冲裁模。

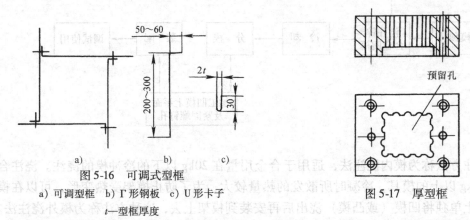

图 5-16　可调式型框

a) 可调型框　b) Γ形钢板　c) U 形卡子

t—型框厚度

图 5-17　厚型框

锌合金凹模的漏料孔可采用机械加工方法获得，也可在浇注时使用漏料孔芯浇出。漏料孔芯可用耐火砖或红砖磨制而成（此法简单、易行，但铸造后表面粗糙），也可用型砂制造（此法制作过程复杂，但形状准确，表面平整光滑）。砂芯在合金冷却收缩时，对收缩的阻力较小，可以降低收缩产生的内应力，防止合金凹模收缩胀裂。此外，还可采用铁芯或用 1.5～2mm 的钢板弯制成漏料孔芯框架，内填干沙做漏料孔芯，后者主要用于模外浇注法铸造中型模具。

图 5-18 所示为鼓风机叶片冲模。采用金属型铸造。其工艺过程为：

1）制作样件。样件的形状及尺寸精度、表面质量等直接影响锌合金模具的精度和表面质量，所以样件是制模的关键。样件厚度应和制件厚度一致，当用手工敲制样件时，对某些样件还要考虑合金的冷却收缩对尺寸的影响。图 5-18a 所示鼓风机叶片的样件可以用板料经手工敲制后拼接而成。但这样制得的样件，形状及尺寸精度都比较低，对钣金工的技术水平要求比较高。比较简单的办法是用原有的制件制成样件。

样件必须有足够的刚度和强度，以防止在存放或浇注时产生变形而影响模具精度。如果样件刚度不足，可采用加固圈和局部焊接加强筋的办法来提高刚度。

为了便于分模和取出样件，样件上的垂直表面应光滑平整，不允许有凹陷，最好有一定的拔模斜度。

2）铸型制作。制作铸型可按以下顺序进行：将样件置于型砂内并找正。把样件下部的型砂撞紧撞实，清除分型面上的型砂，撒上分型砂，如图 5-18b 所示。将另一砂箱置于砂箱1 上制成铸型，如图 5-18c 所示。将上、下砂箱打开，把预先按尺寸制造的铁板型框放上，并压上防止型框移位的压铁，如图 5-18d、e 所示。

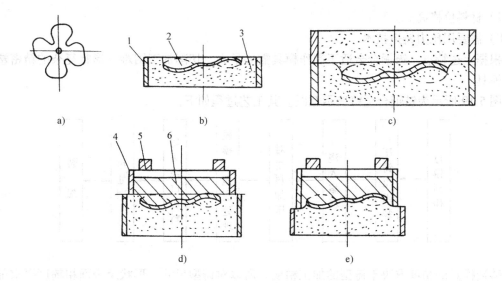

图 5-18　鼓风机叶片冲模

a) 鼓风机叶片　b)、c) 铸型制作　d)、e) 浇注

1—砂箱　2—模样（或样件）　3—型砂　4—型框　5—压铁　6—锌合金

3）浇注合金。考虑到合金冷凝时的收缩，浇注合金的厚度应为所需厚度的 2～3 倍。当开始冷凝时要用喷灯在上面及周围加热使其均匀冷凝固化。完成图 5-18d 所示的浇注后取出样件，将其放入图 5-18e 所示的型框内浇注，即可制成鼓风机叶片冲压模的工作零件。

最后进行落砂、清理和修整，即得模具的成品零件。

二、铍铜合金模具

铍铜合金也称铍青铜（工业上把除锌以外的其他元素的铜合金称为青铜）。铍青铜是一种由质量分数为 0.5%～3% 的铍和钴、硅组成的铜基合金。铍青铜模具材料的化学成分见表 5-6。铍青铜经过热处理后可获得较好的综合力学性能，除具有高的强度及硬度（高于中碳钢）、弹性、耐磨性、耐腐蚀性和耐疲劳性外，还具有高的导电性、导热性、无磁性等特性。

表 5-6　铍青铜模具材料化学成分　　　　　　　　　　　　　　　　　　　　（%）

代　　号	w_{Be}	w_{Co}	w_{Si}	w_{Cu}
QBe2	1.90～2.15	0.35～0.65	0.20～0.35	其余
QBe2.75	2.50～2.75	0.35～0.65	0.20～0.35	其余

铍铜合金主要用来制造塑料模。铍铜合金模具具有以下特点：

1）导热性好。

2）可缩短模具制造时间。

3）热处理后强度均匀。

4）耐腐蚀。

5）铸造性好，可铸成复杂形状的模具。

6）模样精度要求高。

7）材料价格高。

8）需要用压力铸造技术。

根据上述特点，铍铜合金适于制作模具需要量大、切削加工困难、形状复杂的精密塑料成型模具。

图 5-19 所示为铍铜合金铸造示意图。其工艺过程如下：

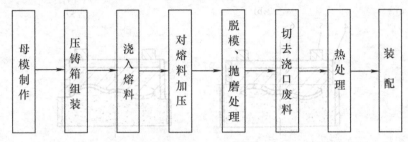

$$母模制作 \rightarrow 压铸箱组装 \rightarrow 浇入熔料 \rightarrow 对熔料加压 \rightarrow 脱模、抛磨处理 \rightarrow 切去浇口废料 \rightarrow 热处理 \rightarrow 装配$$

铸造模具的精度取决于铸型的加工精度，所以对铸型尺寸、形状及表面粗糙度要求都比较高。模样设计时要考虑拔模斜度、收缩量、加工余量等因素。由于合金熔点较高，一般在880℃左右，所以模样材料宜选用耐热模具钢（3Cr2W8V），热处理硬度为 42～47HRC。

三、陶瓷型铸造

陶瓷型铸造是在砂型铸造的基础上发展起来的一种铸造工艺。陶瓷型是用质地较纯、热稳定性较高的耐火材料制作而成的，用这种铸型铸造出来的铸件具有较高的尺寸精度（IT8～IT10），表面粗糙度可达 10～1.25μm。所以，这种铸造方法也称陶瓷型精密铸造。目前，陶瓷型铸造已成为铸造大型厚壁精密铸件的重要方法。在模具制造中陶瓷型铸造常用于铸造形状特别复杂、图案花纹精致的模具，如塑料模、橡胶膜、玻璃模、锻模、压铸模和冲模等。用这种工艺生产的模具，其使用寿命往往接近或超过机械加工生产的模具。但是，由于陶瓷型铸造的精度和表面粗糙度还不能完全满足模具的设计要求，因此对要求较高的模具可与其他工艺结合起来应用。

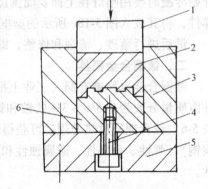

图 5-19 铍铜合金铸造示意图

1—加压装置 2—铍铜合金凹模
3—铸造型框 4—脱模螺钉
5—垫板 6—母模

1. 陶瓷层材料

制陶瓷型所用的造型材料包括耐火材料、粘结剂、催化剂、脱模剂、透气剂等。

（1）耐火材料 陶瓷型所用耐火材料要求杂质少、熔点高、高温热膨胀系数小。可用作陶瓷型耐火材料的有刚玉粉、铝钒土、碳化硅及锆砂（$ZrSiO_4$）等。

（2）粘结剂 陶瓷型常用的粘结剂是硅酸乙酯水解液。硅酸乙酯的分子式为 $(C_2H_5O)_4Si$，它不能起粘结剂的作用，只有水解后成为硅酸溶胶才能用作粘结剂。所以，可将溶质硅酸乙酯和水在溶剂酒精中通过盐酸的催化作用发生水解反应，得到硅酸溶液（即硅酸乙酯水解液），以用作陶瓷型的粘结剂。为了防止陶瓷型在喷烧及焙烧阶段产生大的裂纹，水解时往往还要加入质量分数为 0.5% 左右的醋酸或甘油。

（3）催化剂　硅酸乙酯水解液的 pH 值通常在 0.2 ~ 0.26 之间，其稳定性较好，当与耐火粉料混合成浆料后，并不能在短时间内结胶。为了使陶瓷浆能在要求的时间内结胶，必须加入催化剂。所用的催化剂有氢氧化钙、氧化镁、氢氧化钠以及氧化钙等。

通常用氢氧化钙和氧化镁作催化剂，加入方法简单、易于控制。其中氢氧化钙的作用较强烈，氧化镁则较缓慢。加入量随铸型大小而定。对大型铸件，氢氧化钙的加入量为每 100mL 硅酸乙酯水解液约 0.35g，其结胶时间为 8 ~ 10min，中小型铸件用量为 0.45g，结胶时间为 3 ~ 5min。

（4）脱模剂　硅酸乙酯水解液对模型的附着性能很强，因此在造型时为了防止粘模、影响型腔表面质量，需用脱模剂使模型与陶瓷型容易分离。常用的脱模剂有上光蜡、变压器油、机油、有机硅油及凡士林等。上光蜡与机油同时使用效果更佳，使用时应先将模型表面擦干净，用软布蘸上光蜡，在模型表面涂成均匀薄层，然后用干燥软布擦至均净光亮，再用布蘸上少许机油涂擦均匀，即可进行灌浆。

（5）透气剂　陶瓷型经喷烧后，表面能形成无数显微裂纹，在一定程度上增进了铸件的透气性，但与砂型比较，它的透气性还是很差，故需往陶瓷浆料中加入透气剂以改善陶瓷型的透气性能。生产中常用的透气剂是双氧水。双氧水加入后会迅速分解放出氧气，形成微细的气泡，使陶瓷型的透气性提高。双氧水的加入量为耐火粉质量的 0.2% ~ 0.3%，其用量不可过多，否则，会使陶瓷型产生裂纹、变形及气孔等缺陷。使用双氧水时应注意安全，不可接触皮肤，以防灼伤。

2. 工艺过程及特点

（1）工艺过程　因为陶瓷型所用的材料一般为刚玉粉、硅酸乙酯等，这些材料都比较贵，所以只有小型陶瓷型才全部采用陶瓷浆料灌制。如果大型陶瓷型也全部采用陶瓷浆造型则成本太高。为了节约陶瓷浆料、降低成本，常采用带底套的陶瓷型，即与液体金属直接接触的面层用陶瓷材料灌注，而其余部分采用砂底套（或金属底套）代替陶瓷材料。因浆料中所用耐火材料的粒度很细、透气性很差，而采用砂套可使这一情况得到改善，使铸件的尺寸精度提高、表面粗糙度减小。带砂底套陶瓷型铸造的工艺过程如下：

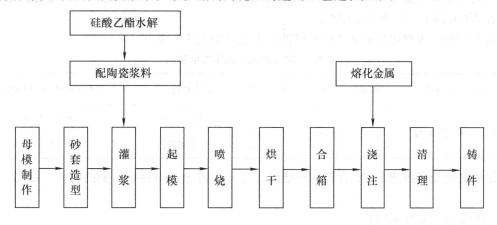

图 5-20 所示为采用水玻璃砂底套的陶瓷型的造型过程。

1）母模制作。用来制造陶瓷型的模样称为母模。因母模的表面粗糙度对铸件的表面粗糙度有直接影响，故母模的表面粗糙度应比铸件的表面粗糙度小（一般铸件要求 $R_a = 10 \sim$

$2.5\mu m$，母模表面要求 $R_a = 2.5 \sim 0.63\mu m$）。制造带砂底套的陶瓷型需要粗、精两个母模，如图 5-20a 所示。A 是用于制造砂底套用的粗母模，B 是用于浇注陶瓷浆料的精母模。粗母模轮廓尺寸应比精母模尺寸均匀增大或缩小，两者间相应尺寸之差就决定了陶瓷层的厚度（一般为 10mm 左右）。为简单起见，也可在精母模与陶瓷浆接触的表面贴一层橡皮泥或粘土后作为粗母模使用。

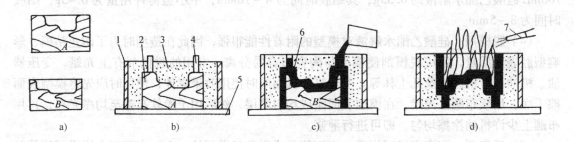

图 5-20　带砂底套的陶瓷型造型工艺
a) 模样　b) 砂套造型　c) 浇注　d) 起模喷烧
1—砂箱　2—母模　3—水玻璃砂　4—侧冒口及浇注系统　5—垫板　6—陶瓷浆　7—空气喷嘴

2) 砂套造型。如图 5-20b 所示，将粗母模置于平板上，外面套上砂箱，在母模上面竖两根圆棒后填水玻璃砂，击实后起模，并在砂套上打小气孔，吹注二氧化碳使其硬化，即得到所需的水玻璃砂底套。砂底套顶面的两孔，一个作浇注陶瓷液的浇注系统，另一个是浇注时的侧冒口。

3) 浇注和喷烧。为了获得陶瓷层，在精母模外套上砂底套，使两者间的间隙均匀，将预先搅拌均匀的陶瓷材料从浇注系统注入，充满间隙，如图 5-20c 所示。待陶瓷浆液结胶、硬化后起模，点火喷烧，并吹压缩空气助燃，使陶瓷型内残存的水分和少量的有机物质去除，并使陶瓷层强度增加，如图 5-20d 所示。火焰熄灭后移入高温炉中焙烧，带水玻璃砂底套的陶瓷型焙烧温度为 $300 \sim 600℃$，升温速度约 $100 \sim 300℃/h$，保温 $1 \sim 3h$ 左右。出炉温度应在 $250℃$ 以下，以免产生裂纹。

对不同的耐火材料与硅酸乙酯水解液的配比可按表 5-7 选择。

表 5-7　耐火材料与水解液的配比

耐火材料种类	耐火材料(kg):水解液(L)	耐火材料种类	耐火材料(kg):水解液(L)
刚玉粉或碳化硅粉	2:1	铝矾土粉	10:(3.5~4)
		石英粉	5:2

最后将陶瓷型按图 5-21a 合箱，经浇注、冷却、清理即得到所需要的铸件，如图 5-21b 所示。

(2) 陶瓷型铸造的特点

1) 铸件尺寸精度高，表面粗糙度小。由于陶瓷型采用热稳定性高、粒度细的耐火材料，灌浆层表面光滑，故能铸出表面粗糙度较小的铸件。其表面粗糙度可达 $R_a = 10 \sim 1.25\mu m$。由于陶瓷型在高温下变形较小，故铸件尺寸精度也高，可达 IT8 ~ IT10。

2）投资少、生产准备周期短。陶瓷型铸造的生产准备工作比较简易，不需复杂设备，一般铸造车间只要添置一些原材料及简单的辅助设备，很快即可投入生产。

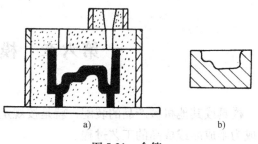

3）可铸造大型精密铸件。熔模铸造虽也能铸出精密铸件，但由于自身工艺的限制，浇注的铸件一般比较小，最大铸件只有几十公斤，而陶瓷型铸件最大可达十几吨。

图 5-21　合箱

a）备浇注的陶瓷型　b）铸件

此外，由于陶瓷所用的耐火材料的热稳定性高，所以能铸造高熔点、难于机械加工的精密零件。但是硅酸乙酯、刚玉粉等原材料价格较贵，铸件精度还不能完全满足模具要求。

作业与思考题

1. 在什么条件下选用锌合金或低熔点合金制造模具？
2. 简述锌合金模具的制造工艺。
3. 陶瓷型精密铸造主要用于制造哪种模具零件？
4. 简述陶瓷型铸造模具的制造工艺。

第六章 模具装配工艺

模具或其他机械产品的装配，就是按规定的技术要求将零件或部件进行配合和连接，使之成为半成品或成品的工艺过程。

当许多零件装配在一起（构成零件组）直接成为产品的组成时，称为部件；当零件组是部件的直接组成时，称为组件。把零件装配成组件、部件和最终产品的过程分别称为组件装配、部件装配和总装。根据产品的生产批量不同，装配过程可采用表 6-1 所列的不同组织形式。

表 6-1 装配的组织形式

形 式		特 点	应用范围
固定装配	集中装配	从零件装配成部件或产品的全过程均在固定工作地点，由一组（或一个）工人来完成。对工人技术水平要求较高，工作地面积大，装配周期长	1) 单件和小批生产 2) 装配高精度产品，调整工作较多时适用
	分散装配	把产品装配的全部工作分散为各种部件装配和总装配，各分散在固定的工作地上完成，装配工人增多，生产面积增大，生产率高，装配周期短	成批生产
移动装配	产品按自由节拍移动	装配工序是分散的。每一组装配工人完成一定的装配工序，每一装配工序无一定的节拍。产品是经传送工具自由地（按完成每一工序所需时间）送到下一工作地点，对装配工人的技术要求较低	大批生产
	产品按一定节拍周期移动	装配的分工原则同前一种组织形式。每一装配工序是按一定的节拍进行的。产品经传送工具按节拍周期性（断续）地到下一工作地点，对装配工人的技术水平要求低	大批和大量生产
	产品按一定速度连续移动	装配分工原则同上。产品通过传送工具以一定速度移动，每一工序的装配工作必须在一定的时间内完成	大批和大量生产

模具生产属于单件小批生产，适合于采用集中装配。

完成装配的产品应按装配图保证配合零件的配合精度，有关零件之间的位置精度要求，具有相对运动的零（部）件的运动精度要求和其他装配要求。

由于模具或其他机械产品大多由许多零件装配而成，因此零件的精度将直接影响产品的精度。当某项装配精度是由若干个零件的制造精度所决定时，就出现了误差累积的问题。要分析产品有关组成零件的精度对装配精度的影响，就要用到装配尺寸链。

第一节 装配尺寸链

一、装配尺寸链的概念

装配的精度要求与影响该精度的尺寸构成的尺寸链，称为装配尺寸链。如图 6-1a 所示的落料冲模的工作部分，装配时要求保证的凸、凹模冲裁间隙为：$Z_{min} = 0.10mm$，$Z_{max} = 0.14mm$。按图示凸、凹模的制造公差能否达到装配要求呢？要回答这一问题，就需应用装配尺寸链。由 A_1、A_2、Z 构成的尺寸链，称为装配尺寸链。显然，在模具零件的制造过程中，直接控制的尺寸为：$A_1 = 29.74^{+0.024}_{0}$mm，$A_2 = 29.64^{0}_{-0.016}$mm，它们是尺寸链的组成环。冲裁间隙是在装配时间接获得的，是尺寸链的封闭环。根据相关尺寸绘出尺寸链图，如图 6-1b所示。

二、用极值法解装配尺寸链

装配尺寸链的极值解法与工艺尺寸链的极值解法相类似。以图 6-1 所示落料冲模为例，用极值解法来判断凸模和凹模型孔的制造精度能否保证装配要求。

在图示尺寸链中 A_1 为增环，A_2 为减环。

先根据各组成环的尺寸及偏差计算封闭环的尺寸及偏差。

计算封闭的基本尺寸：

$$A_\Sigma = Z = \sum_{i=1}^{m} \vec{A_i} - \sum_{i=m+1}^{n-1} \overleftarrow{A_i}$$

$$= (29.74 - 29.64)\text{mm} = 0.10\text{mm}$$

计算封闭环的上、下偏差：

$$ESA_\Sigma = \sum_{i=1}^{m} ES\vec{A_i} - \sum_{i=m+1}^{n-1} EI\overleftarrow{A_i}$$

$$= [(+0.024) - (-0.016)]\text{mm} = 0.04\text{mm}$$

$$EIA_\Sigma = \sum_{i=1}^{m} EI\vec{A_i} - \sum_{i=m+1}^{n-1} ES\overleftarrow{A_i} = 0$$

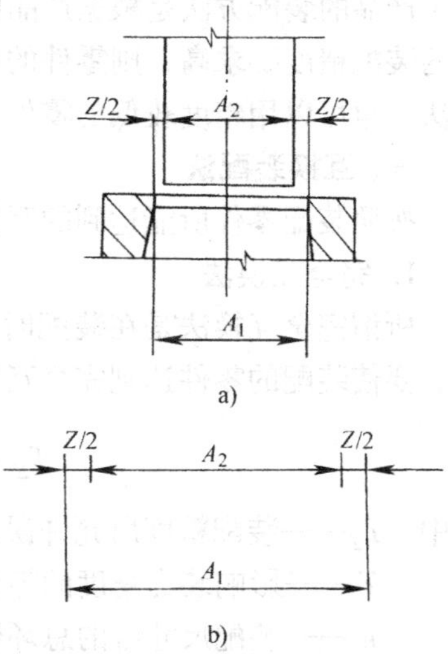

图 6-1　凸、凹模的冲裁间隙
a) 凸、凹模装配简图　b) 装配尺寸链

求出冲裁间隙的尺寸及偏差为 $0.10^{+0.040}_{0}$mm，能满足 $Z_{min} = 0.10$mm，$Z_{max} = 0.14$mm。所以，凸模和凹模型孔按设计精度制造能保证冲裁间隙的要求。

如果冲裁间隙的允许范围较小，如在上述实例中要求保证的凸、凹模冲裁间隙为 $Z_{min} = 0.030$mm，$Z_{max} = 0.042$mm。凸模和凹模型孔仍按图示精度制造，将出现

$$Z_{max} - Z_{min} = 0.012\text{mm}$$

$$T_1 + T_2 = (0.024 + 0.016)\text{ mm} = 0.040\text{mm}$$

$$Z_{max} - Z_{min} < T_1 + T_2$$

即在尺寸链中各组成环的公差之和大于封闭环的公差。凸模和凹模在装配时产生较大的误差累积，有可能使冲裁间隙超出允许范围，使装配精度达不到设计要求。当出现此种情况时，可用以下方法解决：

1）缩小凸模和凹模型孔的制造公差，使 $Z_{max} - Z_{min} = T_1 + T_2$。这样做会使凸、凹模的加工精度提高、加工困难、制造费用增加，一般不采用。

2）按设计要求先加工出凹模，按凹模型孔的实际尺寸配作凸模，保证冲裁间隙。这样作加工容易、经济，是广泛采用的加工方法。

用极值法解装配尺寸链是以尺寸链中各环的极限尺寸来进行计算的。这种方法未充分考虑成批和大量生产中零件尺寸的分布规律，以致当装配精度要求较高或装配尺寸链的组成环数较多时，计算出各组成环的公差过于严格，增加了加工和装配的困难，甚至用现有工艺方法很难达到，故在大批大量生产的情况下应采用概率法解装配尺寸链。

第二节　装配方法及其应用范围

产品的装配方法是根据产品的产量和装配的精度要求等因素来确定的。一般情况下，产品的装配精度要求高，则零件的精度要求也高。但是，根据生产的实际情况采用合理的装配方法，也可以用精度较低的零件来达到较高的装配精度。常用的装配方法有以下几种。

一、互换装配法

按照装配零件所能达到的互换程度，互换装配法分为完全互换法和不完全互换法。

1. 完全互换法

所谓完全互换法是在装配时各配合零件不经修理、选择和调整即可达到装配的精度要求。要使装配的零件达到完全互换，装配的精度要求和被装配零件的制造公差之间应满足

$$T_\Sigma \geqslant T_1 + T_2 + \cdots + T_{n-1} = \sum_{i=1}^{n-1} T_i$$

式中　T_Σ——装配精度所允许误差范围，单位为 μm；

　　　T_i——影响装配精度的零件尺寸的制造公差，单位为 μm；

　　　n——装配尺寸链的总环数。

例如图 6-1 所示冲模，要实现完全互换必须满足

$$T_\Sigma = T_1 + T_2$$

采用完全互换法进行装配时，如果装配的精度要求较高（T_Σ 小时），以及当装配尺寸链的组成环较多时，各组成环的公差必然很小，将使零件加工困难。但是采用完全互换装配法，具有装配工作简单、对装配工人的技术水平要求不高、装配质量稳定、易于组织流水作业、生产率高、产品维修方便等许多优点。因此，这种方法在实际生产中获得了广泛地应用。

2. 不完全互换法

采用完全互换装配法是按 $T_\Sigma = \sum_{i=1}^{n-1} T_i$ 分配装配尺寸链中各组成环的尺寸公差。但在某些情况下计算出的零件尺寸公差往往使精度要求偏高，制造困难。不完全互换法则是按 $T_\Sigma = \sqrt{\sum_{i=1}^{n-1} T_i^2}$ 确定装配尺寸链中各组成零件的尺寸公差，这样可使尺寸链中各组成环的公差增大，使产品零件的加工变得容易和经济，但这样做的结果是将有 0.27% 的零件不能互换，不过这一数值是很小的。这种方法被称为不完全互换装配法。

不完全互换法充分考虑了零件尺寸的分布规律，适合于在成批和大量生产中采用。

二、分组装配法

分组装配法是在成批和大量生产中，将产品各配合副的零件按实测尺寸分组，装配时按组进行互换装配以达到装配精度的方法。

当产品的装配精度要求很高时，装配尺寸链中各组成环的公差必然很小，致使零件加工困难，还可能使零件的加工精度超出现有工艺所能实现的水平，在这种情况下可采用分组装配法。先将零件的制造公差扩大数倍，按经济精度进行加工，然后将加工出来的零件按扩大前的公差大小分组进行装配。图 6-2 所示的汽车发动机活塞和连杆组装图中，活塞销与连杆小头孔的配合间隙最大为 0.0055mm，最小为 0.0005mm。按配合要求确定活塞销外径的尺

寸偏差为 $\phi 25^{-0.0100}_{-0.0125}$mm，连杆小头的孔径尺寸及偏差为 $\phi 25^{-0.0070}_{-0.0095}$mm。这样高的精度，加工很困难，往往因生产率太低，很难满足大量生产的需要。因此，在生产中可将两者的公差都扩大4倍，即活塞销的直径尺寸及偏差为 $\phi 25^{-0.0025}_{-0.0125}$mm，连杆小头孔径为 $\phi 25^{+0.0005}_{-0.0095}$mm。公差扩大以后，活塞销外径可采用无心磨床加工，连杆小头孔可以用金刚镗等高效率的加工方法来达到其精度要求。对加工出来的零件再采用气动量仪进行测量，并按尺寸大小分成四组，用不同颜色区别，以便按组别进行装配。其分组情况见表6-2。

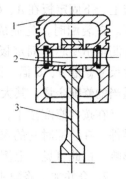

图 6-2　活塞、
连杆组装图
1—活塞　2—活塞销
3—连杆

由表6-2可以看到，各组零件的尺寸公差和配合间隙与原设计的装配精度要求相同，所以分组装配法扩大了组成零件的制造公差，使加工容易；在同一个装配组内既能完全互换，又能达到很高的装配精度要求。

表 6-2　分组装配零件的尺寸分组

组别	标志颜色	活塞销尺寸	连杆小头孔尺寸	配合情况	
				最大间隙	最小间隙
第一组	白	$\phi 25^{-0.0025}_{-0.0050}$	$\phi 25^{+0.0005}_{-0.0020}$		
第二组	绿	$\phi 25^{-0.0050}_{-0.0075}$	$\phi 25^{-0.0020}_{-0.0045}$	0.0055	0.0005
第三组	黄	$\phi 25^{-0.0075}_{-0.0100}$	$\phi 25^{-0.0045}_{-0.0070}$		
第四组	红	$\phi 25^{-0.0100}_{-0.0125}$	$\phi 25^{-0.0070}_{-0.0095}$		

采用分组装配法时应注意以下几点：

1）每组配合尺寸的公差要相等，以保证分组后各组的配合精度和配合性质都能达到原来的设计要求。因此，扩大配合尺寸的公差时要向同方向扩大，扩大的倍数就是以后分组的组数，如图6-3所示。

2）分组不宜过多（一般分为4~5组），否则零件的测量、分组和保管工作会较复杂。

3）分组装配法不宜用于组成环很多的装配尺寸链。因为尺寸链的环数如果太多，也和分组过多一样会使装配工作复杂化，一般只适宜尺寸链的环数 $n<4$ 的情况。

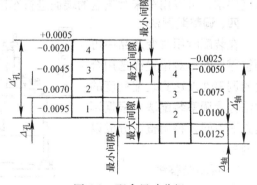

图 6-3　配合尺寸分组

三、修配装配法

在装配时修去指定零件上的预留修配量以达到装配精度的方法称为修配法。这种装配方法在单件、小批生产中被广泛采用。常见的修配方法有以下3种。

1. 按件修配法

按件修配法是在装配尺寸链的组成环中预先指定一个零件作为修配件（修配环），装配时再用切削加工改变该零件的尺寸以达到装配精度要求。

例如图6-4所示热固性塑料压模，装配后要求上、下型芯在 B 面上，凹模的上、下平面

与上、下固定板在 A、C 面上同时保持接触。为了使零件的加工和装配简单，选凹模为修配
环。在装配时，先完成上、下型芯与固定板的装配，
并测量出型芯对固定板的高度尺寸。按型芯的实际高
度尺寸修磨 A、C 面。凹模的上、下平面在加工中应留
适当的修配余量，其大小可根据生产经验或计算确定。

在按件修配法中，选定的修配件应是易于加工的
零件，在装配时它的尺寸改变对其他尺寸链不致产生
影响。由此可见，上例选凹模为修配环是恰当的。

2. 合并加工修配法

合并加工修配法把两个或两个以上的零件装配在
一起后再进行机械加工，以达到装配精度要求。将零
件组合后所得尺寸作为装配尺寸链的一个组成环看待，
可使尺寸链的组成环数减少，公差扩大，更容易保证
装配精度。

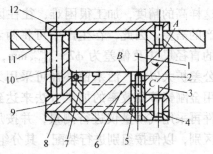

图 6-4　热固性塑料压模
1—上型芯　2—嵌件螺杆　3—凹模
4—铆钉　5—型芯拼块　6—下型芯
7—型芯拼块　8、12—支承板
9—下固定板　10—导柱
11—上固定板

如图 6-5 所示凸模和固定板联接后，要求凸模的上端面和固定板的上平面共面。在加工
凸模和固定板时，对尺寸 A_1、A_2 并不严格控制，而是将两者装配在一起磨削上平面，以保
证装配要求。

3. 自身加工修配法

用产品自身所具有的加工能力对修配件进行加工达到装配
精度的方法称为自身加工修配法。这种修配方法可在机床制造
中采用。例如牛头刨床在装配时，它的工作台面可用刨床自身
来进行刨削（图 6-6a），以达到滑枕运动方向对工作台面的平行
度要求。又如，为了保证车床花盘的端面与主轴回转轴线的垂
直度要求，可以用车床对花盘的端面进行车削，如图 6-6b 所示。

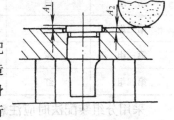

图 6-5　磨凸模和固定板
的上平面

四、调整装配法

在装配时用改变产品中可
调整零件的相对位置或选用合
适的调整件以达到装配精度的
方法称为调整装配法。根据调
整方法不同，将调整法分成以
下两种。

1. 可动调整法

在装配时用改变调整件位
置达到装配精度的方法称为可
动调整法。图 6-7a 所示为用
螺钉调整件调整滚动轴承的配

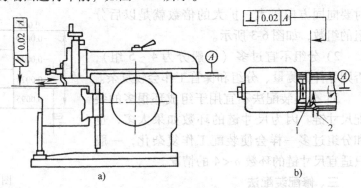

a)

图 6-6　自身加工修配法
a) 刨床工作台的加工　b) 车床花盘的车削加工
1—花盘　2—车刀

合间隙。转动螺钉可使轴承外环相对于内环作轴向位移，使外环、滚动体、内环之间保持适
当的间隙。图 6-7b 所示为移动调整套筒 1 的轴向位置，使间隙 N 达到装配精度要求。当间
隙调整好后，用止动螺钉将套筒固定在机体上。

这种装配方法在模具装配中也常被应用。如冲裁模装配过程中为使冲裁间隙保持均匀，可先装好凹模后再进行凸模装配，并以凹模型孔为基准，调整凸模的相对位置，使间隙均匀后，用定位销钉将凸模固定板定位在模座上。或者与上述情况相反，先装配好凸模后再进行凹模装配，并以凸模为基准，调整凹模的相对位置，使间隙均匀后用销钉将凹模定位在模座上。

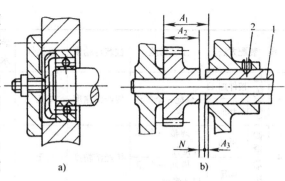

图 6-7　可动调整法

a) 用螺钉调整　b) 用套筒调整

1—调整套筒　2—定位螺钉

可动调整法在调整过程中不需拆卸零件，比较方便，在机械及模具装配中应用较广。

2. 固定调整法

在装配过程中选用合适的调整件达到装配精度的方法称为固定调整法。图 6-8a 所示为用垫圈式调整零件调整轴向间隙。调整垫圈的厚度尺寸 A_3 根据尺寸 A_1、A_2、N 来确定。由于 A_1、A_2、N 是在它们各自的公差范围内变动的，所以需要准备不同厚度尺寸的垫圈（A_3）。这些垫圈可以在装配前按一定的尺寸间隔做好，装配时根据预装时对间隙的测量结果选择一个厚度适当的垫圈进行装配，以得到所要求的间隙 N。

图 6-8b 所示为用调整垫片调整滚动轴承的间隙。在装配时，当轴承间隙过大（或小）不能满足其运动要求时，可选择一个厚度比原垫片适当减薄（或增厚）的垫片替换原垫片，使轴承外环沿轴向适当位移，以使轴承间隙满足其运动要求。

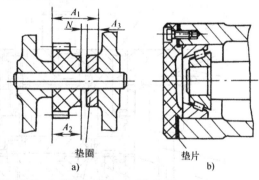

图 6-8　固定调整法

a) 用垫圈调整　b) 用垫片调整

比较修配装配法和调整装配法，两者的共同之处是能用精度较低的组成零件达到较高的装配精度。调整装配法是用更换调整零件或改变调整件位置的方法达到装配精度，而修配装配法是从修配件上切除一定的修配余量达到装配精度。

不同的装配方法，对零件的加工精度、装配技术水平要求、生产效率也不相同。因此，在选择装配方法时，应从产品装配的技术要求出发，根据生产类型和实际生产条件合理进行选择。不同装配方法的比较见表 6-3。

表 6-3　装配方法比较

序号	装配方法		工艺措施	被装件精度	互换性	装配技术水平要求	装配组织工作	生产效率	生产类型	对环数要求	装配精度
1	互换装配法	完全	按极值法确定零件公差	较高或一般	完全互换	低	—	高	各种类型	环数少	较高
										环数多	低
		不完全	利用概率论原理确定零件公差	较低	多数互换	低	—	高	大批大量	较多	较高
2	分组装配法		零件测量分组	按经济精度	组内互换	较高	复杂	较高	大批大量	少	高

（续）

序号	装配方法		工艺措施	被装件精度	互换性	装配技术水平要求	装配组织工作	生产效率	生产类型	对环数要求	装配精度
3	修配装配法	按件加工	修配一个零件	按经济精度	无	高	一	低	单件成批	一	高
		合并加工									
4	调整装配法	可动	调整一个零件位置	按经济精度	无	高	一	较低	各种类型	一	高
		固定	增加一个定尺寸零件				较复杂	较高	大批大量		

说明：表中"一"表示无明显性特征或无明显要求。

第三节　冲裁模的装配

模具装配是按照模具的设计要求把模具零件连接或固定起来，达到装配的技术要求，并保证加工出合格的制件。对于冲裁模，即使模具零件的加工精度已经得到保证，但是在装配时如果不能保证冲裁间隙均匀，也会影响制件的质量和模具的使用寿命。因此，模具装配是模制造过程的重要组成部分。

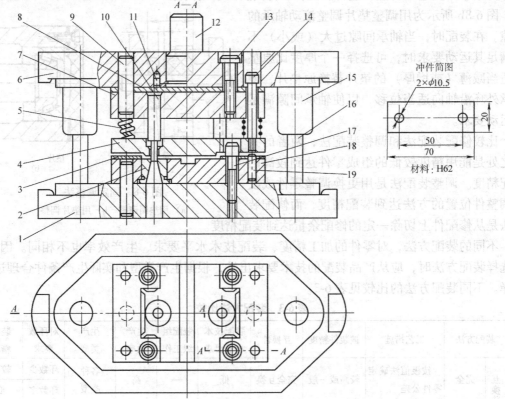

图 6-9　冲裁模

1—下模座　2—凹模　3—定位板　4—弹压卸料板　5—弹簧　6—上模座　7、18—固定板　8—垫板
9、11、19—销钉　10—凸模　12—模柄　13、17—螺钉　14—卸料螺钉　15—导套　16—导柱

以图 6-9 所示冲裁模为例，说明冲裁模的装配方法。

在进行装配之前，要仔细研究设计图样，按照模具的结构及技术要求确定合理的装配顺序及装配方法，选择合理的检测方法及测量工具。

一、冲裁模装配的技术要求

1) 装配好的冲模，其闭合高度应符合设计要求。

2) 模柄⊖（活动模柄除外）装入上模座后，其轴心线对上模座上平面的垂直度误差，在全长范围内不大于 0.05mm。

3) 导柱和导套装配后，其轴心线应分别垂直于下模座的底平面和上模座的上平面，其垂直度误差应符合表 6-4 的规定。

表6-4　模架分级技术指标

项	检 查 项 目	被测尺寸 /mm	模架精度等级	
			0Ⅰ、Ⅰ级	0Ⅱ、Ⅱ级
			公差等级	
A	上模座上平面对下模座下平面的平行度	≤400	5	6
		>400	6	7
B	导柱轴心线对下模座下平面的垂直度	≤160	4	5
		>160	5	6

注：公差等级按 GB1184。

4) 上模座的上平面应和下模座的底平面平行，其平行度误差应符合表 6-4 的规定。

5) 装入模架的每对导柱和导套的配合间隙值（或过盈量）应符合表 6-5 的规定。

表6-5　导柱、导套配合间隙（或过盈量）

配合形式	导柱直径	模架精度等级		配合后的过盈量
		Ⅰ级	Ⅱ级	
		配合后的间隙值		
滑动配合	≤18	≤0.010	≤0.015	—
	>18~30	≤0.011	≤0.017	
	>30~50	≤0.014	≤0.021	
	>50~80	≤0.016	≤0.025	
滚动配合	>18~35	—	—	0.01~0.02

注：Ⅰ级精度的模架必须符合导套、导柱配合精度为 H6/h5 时，按表给定的配合间隙值。

　　Ⅱ级精度的模架必须符合导套、导柱配合精度为 H7/h6 时，按表给定的配合间隙值。

6) 装配好的模架，其上模座沿导柱上、下移动应平稳，无阻滞现象。

7) 装配后的导柱，其固定端面与下模座下平面应保留 1~2mm 的距离。选用 B 型导套时，装配后其固定端面应低于上模座上平面 1~2mm。

8) 凸模和凹模的配合间隙应符合设计要求，沿整个刃口轮廓应均匀一致。

9) 定位装置要保证定位正确可靠。

10) 卸料及顶件装置活动灵活、正确，出料孔畅通无阻以保证制件及废料不卡在冲模内。

⊖　市场出售的成套标准模架一般不装配模柄。

11）模具应在生产的条件下进行试验，冲出的制件应符合设计要求。

由于模具制造属于单件小批生产，在装配工艺上多采用修配法和调整装配法来保证装配精度。

二、模架的装配

1. 模柄的装配

模柄用来将模具的活动部分与压力机滑块相连接。模柄有多种结构形式，它与模座的连接方式也各不相同。图 6-9 所示冲裁模采用压入式模柄，模柄与上模座的配合为 H7/m6。在装配凸模固定板和垫板之前应先将模柄压入模座内（图 6-10a），用角尺检查模柄圆柱面与上模座上平面的垂直度，其误差不大于 0.05mm。模柄垂直度经检查合格后再加工骑缝销孔（或螺孔），装入骑缝销（或螺钉），然后将端面在平面磨床上磨平，如图 6-10b 所示。

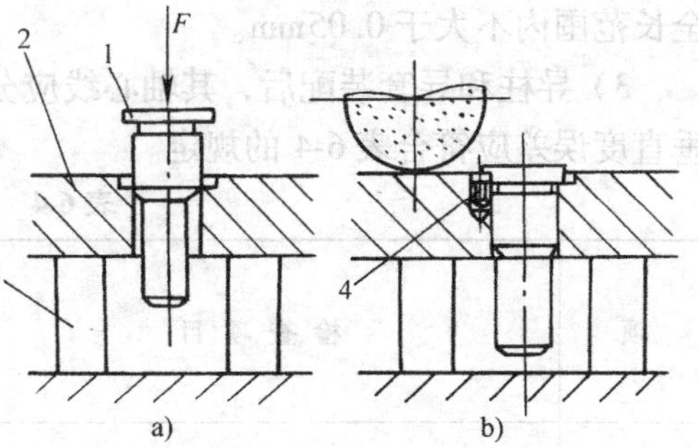

2. 导柱和导套的装配

图 6-9 所示冲模的导柱、导套与上、下模座均采用压入式连接。导套、导柱与模座的配合分别为 H7/r6 和 R7/r6，压入时要注意校正导柱对模座底面的垂直度。装配好的导柱的固定端面与下模座底面的距离不小于 1~2mm。

导套的装配如图 6-11 所示。将上模座反置套在导柱上，再套上导套，用千分表检查导套配合部分内、外圆柱面的同轴度，使同轴度的最大偏差 Δ_{max} 处在导柱中心连线的垂直方向（图 6-11a）。把帽形垫块放在导套上，将导套的一部分压入上模座，取走下模座，继续将导套的配合部分全部压入（图 6-11b）。这样装配可以减小由于导套内、外圆不同轴而引起的孔中心距变化对模具运动性能的影响。

导柱装配后的垂直度误差采用比较测量进行检验，如图 6-12b 所示。图中右侧是测量工具的示意图。测量前将圆柱角尺置于平板上，对测量工具进行校正，如图 6-12a 所示。由于导柱对模座底面的垂直度具有方向性，因此应在相互垂直的两个方向上进行测量，并按下式计算出导柱的最大误差值 Δ：

$$\Delta = \sqrt{\Delta x^2 + \Delta y^2}$$

式中　Δx、Δy——在相互垂直的方向上测量的导柱垂直度误差，单位为 μm；

　　　　Δ——导柱的垂直度误差，单位为 μm。

采用类似的方法在导套孔内插入锥度 0.015/200 芯棒也可以检查导套孔轴线对上模座顶面的垂直度。

导柱的垂直度误差不应超出表 6-4 的规定。否则，

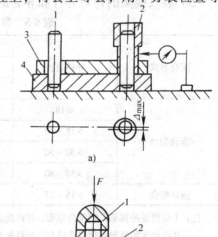

图 6-10　模柄的装配与磨平

a）模柄装配　b）磨平模柄端面

1—模柄　2—上模座　3—等高垫铁　4—骑缝销

图 6-11　导套的装配

a）装导套　b）压入导套

1—帽形垫块　2—导套
3—上模座　4—下模座

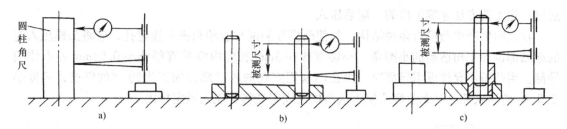

图 6-12　导柱、导套的垂直度检测

a）校正测量工具　b）检测导柱　c）检测导套孔

应查明原因并予以消除。

　　将装配好导套和导柱的模座组合在一起，在上、下模座之间垫入一球头垫块支撑上模座，垫入垫块的高度必须控制在被测模架闭合高度范围内，然后用百分表沿上模座周界对角线测量被测表面，如图 6-13 所示。根据被测表面大小可移动模座或百分表座。在被测表面内取百分表的最大与最小读数之差，作为被测模架的平行度误差。

三、凹模和凸模的装配

　　图 6-9 所示模具的凹模为组合式结构，凹模与固定板的配合常采用 H7/n6 或 H7/m6。总装前应先将凹模压入固定板内，在平面磨床上将上、下平面磨平。

　　图 6-9 所示凸模与固定板的配合常采用 H7/n6 或 H7/m6。凸模装入固定板后，其固定端的端面应和固定板的支承面处于同一平面内。凸模应和固定板的支承面垂直，其垂直度公差见表 6-6。

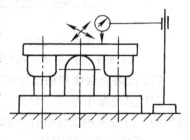

图 6-13　模架平行度的检查

表 6-6　凸模垂直度推荐数据

间隙值/mm	垂直度公差等级	
	单凸模	多凸模
薄料、无间隙（≤0.02）	5	6
>0.02~0.06	6	7
>0.06	7	8

注：间隙值指凸、凹模间隙值的允许范围。

　　装配时，在压力机（手搬压力机或油机）上调整好凸模与固定板的垂直度，将凸模压入固定板内（图 6-14）少许，再检查垂直度是否符合要求。当压入 1/3 时再做一次垂直度检查。凸模对固定板支承面的垂直度经检查合格后用锤子和凿子将凸模的上端铆合，并在平面磨床上将凸模的上端面和固定板一起磨平，如图 6-15a 所示。为了保持凸模的刃口锋利，应以固定板的支承面定位，将凸模工作端的端面磨平，如图 6-15b 所示。

　　固定端带台肩的凸模如图 6-16 所示。其装配过程与铆合固定的凸模基本相似。压入时应保证端面 C 和固定板上的沉窝底面均匀贴合，否则，因受力不均可能引起台肩断裂。

　　要在固定板上压入多个凸模时，一般应先压入容易定位和便于作为其他凸模安装基准的凸模。凡较难定位或要依赖其他零件

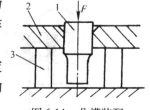

图 6-14　凸模装配

1—凸模　2—固定板

3—等高垫块

通过一定工艺方法才能定位的，应后压入。

在实际生产中凸模有多种结构，为使凸模在装配时能顺利进入固定孔，应将凸模压入时的起始部位加工出适当的小圆角、小锥度或在 3mm 长度内将其直径磨小 0.03mm 左右作引导部。当凸模不允许设引导部时，可在凸模固定孔的入口部位加工出约 1° 的斜度，高度小于 5mm 的导入部。对无凸肩凸模可从凸模的固定端将其压入固定板内。

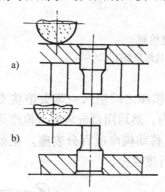

图 6-15　磨平

a) 磨支承面　b) 磨凸模工作端

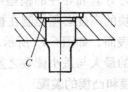

图 6-16　带凸肩的凸模

四、低熔点合金和粘结技术的应用

在模具装配中导柱、导套、凸模与凹模的固定方式较多，下面以凸模和凸模固定板的连结为例，讲授采用低熔点合金和粘结技术固定的装配方法。

1. 低熔点合金固定法

低熔点合金是用铋、铅、锡、锑等金属元素配制的一种合金，按不同的使用要求，各金属元素在合金中的质量分数也不相同。模具制造中常用的低熔点合金见表 6-7。

表 6-7　模具制造用低熔点合金

合金成分					性　　能					适　用　范　围						
$w_{Sb} \times 100$	$w_{Pb} \times 100$	$w_{Cd} \times 100$	$w_{Bi} \times 100$	$w_{Sn} \times 100$	合金熔点 θ_r /℃	合金硬度 HBS	σ_b/Pa	σ_{bc}/Pa	合金冷膨胀值	固定凸模	固定凹模	固定导套	卸料板导向孔	固定电极	浇电气靠模	浇成形模
9	28.5	—	48	14.5	120	—	8.83×10^7	10.79×10^7	0.002	适用	适用	适用	适用	—	—	—
5	35	—	45	15	100	—				适用	适用	适用	适用	—	—	—
—	—	—	58	42	135	18~20	7.85×10^7	8.53×10^7	0.00051							适用
1	—	—	57	42	135	21	7.55×10^7	9.32×10^7								适用
—	27	10	50	13	70	9~11	3.92×10^7	7.26×10^7						适用	适用	—

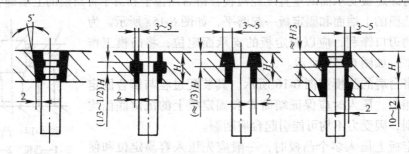

图 6-17　用低熔点合金固定的凸模

图6-17 所示是用低熔点合金固定的凸模。它将熔化的低熔点合金浇入凸模和固定板间的间隙内，利用合金冷凝时的体积膨胀，将凸模固定在凸模固定板上。因此对凸模固定板精度要求不高，加工容易。将凸模的固定部位和固定板上的固定孔做出锥度或凹槽是为了使凸模固定得更牢固可靠。浇注前凸模和固定板的浇注部分应用丙酮等清洗剂进行清洗，去除油污，再以凹模的型孔作定位基准安装凸模，并保证凸、凹模间隙均匀，用螺钉和平行夹头将凸模、凸模固定板和托板固定，如图6-18 所示。

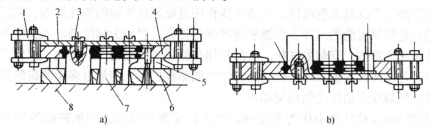

图6-18　浇注低熔点合金

a）固定凸模　b）浇注低熔点合金

1—平行夹头　2—托板　3—螺钉　4—凸模固定板　5—等高垫铁　6—凹模　7—凸模　8—平板

浇注前应预热凸模及固定板的浇注部位，预热温度以 100～150℃ 为宜。在浇注过程中及浇注后，凸、凹模等零件均不能触动，以防错位。一般要放置约24h 进行充分冷却。

熔化合金的用具事先必须严格烘干。合金熔化时温度不能过高，约200℃为宜，以防合金氧化变质、晶粒粗大影响质量。熔化过程中应及时搅拌并去除浮渣。

2. 环氧树脂固定法

图6-19 所示为用环氧树脂粘结法固定凸模的形式。在凸模与凸模固定板的间隙内浇入环氧树脂粘结剂，经固化后即将凸模固定。

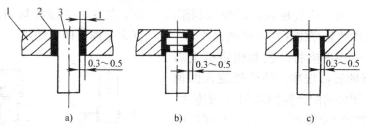

图6-19　用环氧树脂粘结法固定凸模的形式

1—凸模固定板　2—环氧树脂　3—凸模

环氧树脂粘结剂的主要成分是环氧树脂，并在其中加入适量的增塑剂、硬化剂、稀释剂及各种填料以改善树脂的工艺和力学性能。粘结凸模常用的环氧树脂粘结剂有以下几种：

配方一	634（E—42）环氧树脂	100g
	磷苯二甲酸二丁酯	20g
	氧化铝	50g
	乙二胺	8g
配方二	6101（E—44）环氧树脂	100g
	磷苯二甲酸二丁酯	10～15g
	氧化铝	30～40g

	乙二胺	8g
配方三	6101（E—44）环氧树脂	100g
	磷苯二甲酸二丁酯	20g
	铁粉	100g
	乙二胺	10g

环氧树脂是琥珀色或淡黄色粘稠物质，粘性极大，是基本的粘结剂。

磷苯二甲酸二丁酯是无色液体。它的主要作用是使环氧树脂的塑性增加、粘度降低，便于操作，同时使环氧树脂的耐冲击性能和抗弯强度提高，它作为增塑剂加入粘结剂中。

乙二胺是无色液体，有刺激气味。它的作用是使环氧树脂凝固、硬化，它作为硬化剂加入粘结剂中。乙二胺的用量对环氧树脂的力学性能影响极大，用量过多会使树脂发脆，过少则不易硬化，所以应严格按比例用量加入。

氧化铝和铁粉在粘结剂中作为填充剂。加入填充剂可以减少环氧树脂的用量，降低成本，同时还可以改善环氧树脂粘结剂的机械强度、热膨胀系数、收缩率等物理、力学性能。

稀释剂属于辅助材料，未列入以上配方中。常用的稀释剂有：环氧丙烷苯基醚、丙酮、甲苯、二甲苯等。加入稀释剂的目的在于降低粘结剂的粘度，浸润胶合剂的表面，提高粘结能力。对于不同稀释剂，其加入量如下：

环氧丙烷苯基醚	10%～20%⊖
丙酮	5%～20%
甲苯	5%～20%
二甲苯	5%～20%

配制环氧树脂粘结剂时，应按配方中的用量，先将环氧树脂倒入清洁、干燥的容器内加热（其温度不超过80℃），使流动性增加。再依次将增塑剂和填充剂放入，搅拌均匀。固化剂只能在粘结前放入，而且在放入时要控制温度（30℃左右）并搅拌均匀，用肉眼观察，当容器的壁部无油状悬浮物存在时再稍置片刻，使气泡大量逸出即可使用。

粘结前，应先用丙酮将凸模和固定板上需要浇注环氧树脂的表面洗净，将凸模装入凹模型孔内，使凸、凹模的配合间隙均匀（用垫片、涂层或镀层），如图6-20a所示。将调好间隙的凸、凹模翻转，把凸模的固定部分插入凸模固定板的孔中，并使凸模处于垂直位置，端面与平板贴合，如图6-20b所示。最后将调配好的环氧树脂粘结剂浇注到凸模和固定板之间的间隙内，在室温下静置24h进行固化。

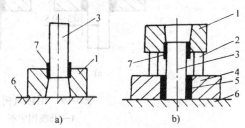

图6-20　用环氧树脂粘结凸模
a）调凸、凹模间隙　b）浇注环氧树脂
1—凹模　2—垫块　3—凸模　4—固定板
5—环氧树脂　6—平台　7—垫片

由于胺类固化剂毒性较大，因此要在通风良好的情况下进行操作，以防止有毒气体损害健康。要戴乳胶手套，防止皮肤受树脂固化剂的腐蚀。

3. 无机粘结法

⊖　表示稀释剂占环氧树脂重量的百分比。

无机粘结法和环氧树脂粘结法类似，但采用氢氧化铝的磷酸溶液与氧化铜粉末混合作为粘结剂，填充在凸模和凸模固定孔之间的间隙内，经化学反应固化将凸模粘结在固定板上。为了获得高的粘结强度，粘结部分的配合间隙常在 0.1~1.25mm（单面间隙）的范围内选择，粘结表面的粗糙度 $R_a < 10\mu m$。

在粘结剂中氧化铜与磷酸溶液加入量之比用下式表示：

$$R = \frac{\text{氧化铜}}{\text{磷酸溶液}^{\ominus}} = 3 \sim 4.5\text{g/ml}$$

比值 R 越大，粘接强度越高，凝固速度也越快。当 $R > 5$ 时，粘结剂化学反应极快、急速凝固，使用困难。在我国江南地区，一般冬天可用 $R = 4\text{g/ml}$，夏天可用 $R = 3\text{g/ml}$。

在计算比值 R 时氧化铜以 g 为单位，磷酸溶液以 ml 为单位。

采用无机粘结的工艺顺序为：清洗——→安装定位——→调粘结剂——→粘结及固化。

1）清洗。去除零件表面的污、尘、锈。清洗剂可采用丙酮、甲苯。

2）安装定位。将清洗后的模具零件，按装配要求进行安装定位，有时需采用专用夹具。

3）调粘结剂。按比例剂量将氧化铜粉$^{\ominus}$置于铜板上，中间留坑。用量杯倒入磷酸溶液，用竹片缓慢调匀，约 2~3min 后呈浓胶状，可拉出 10~20mm 长丝，即可进行粘结。其调制温度一般应在 25℃ 以下。

4）粘结及固化。将调制好的粘结剂用竹片涂在各粘结面上，上下移动粘结零件，充分排出气体，注意保证零件的正确位置，在粘结剂未固化前，不再移动零件。固化时应注意保温和掌握固化时间，用密度小的磷酸配制的粘结剂固化较快，在 20℃ 下约需 45h 可基本固化。密度大的磷酸在 20℃ 下不易干燥，可在室温下固化 1~2h，再加热到 60~80℃，保温 3~8h 以缩短固化时间。

无机粘结操作简便，粘接部位耐高温（可达 600℃），抗剪强度可达 $(8 \sim 10) \times 10^7\text{Pa}$，但承受冲击的能力差，不耐酸、碱腐蚀。

低熔点合金和粘结技术还可用于固定模具的其他零件。图 6-21、图 6-22 所示为用低熔点合金固定的镶拼式凹模和导套。图 6-23 所示为用环氧树脂固定的导柱和导套。此外，环氧树脂可用来浇注卸料板上有导向作用的型孔，如图 6-24 所示。为了防止凸模和环氧树脂粘合，可在凸模表面涂一层汽车蜡（或自行车蜡）后，再涂一层极薄的脱模剂。脱模剂的成分如下：

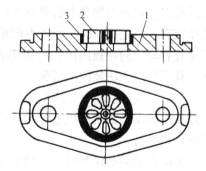

图 6-21　用低熔点合金
固定的凹模拼块

1—下模座　2—凹模拼块
3—低熔点合金

汽油（或松节油）	9g
石蜡	1g

配制时可在水浴中微微加热并搅拌均匀。

采用环氧树脂浇注卸料板可使卸料板的加工精度要求降低、加工容易、生产周期缩短。

$\ominus$　磷酸溶液中的氢氧化铝与磷酸用量之比为：$\dfrac{\text{氢氧化铝}}{\text{磷酸}} = \dfrac{5 \sim 8}{100}$（g/ml）。

$\ominus$　用前要在 200℃ 烘 0.5~1h，在密封容器内冷却，以免吸潮。

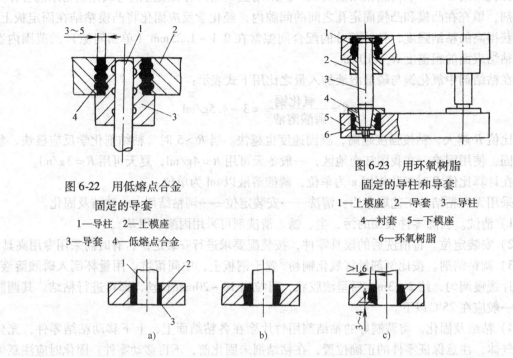

图 6-22 用低熔点合金
固定的导套
1—导柱 2—上模座
3—导套 4—低熔点合金

图 6-23 用环氧树脂
固定的导柱和导套
1—上模座 2—导套 3—导柱
4—衬套 5—下模座
6—环氧树脂

图 6-24 用环氧树脂浇注卸料板的几种结构
1—凸模 2—卸料板 3—环氧树脂

五、总装

图 6-9 所示冲模在使用时，下模座部分被压紧在压力机的工作台上，是模具的固定部分。上模座部分通过模柄和压力机的滑块连为一体，是模具的活动部分。模具工作时，安装在活动部分和固定部分上的模具工作零件必须保持正确的相对位置，才能使模具获得正常的工作状态。装配模具时，为了方便地将上、下两部分的工作零件调整到正确位置，使凸模、凹模具有均匀的冲裁间隙，应正确安排上、下模的装配顺序。否则，在装配中可能出现困难，甚至出现无法装配的情况。

上、下模的装配顺序应根据模具的结构来决定。对于无导柱的模具，凸、凹模的配合间隙是在模具安装到压力机上时才进行调整，上、下模的装配先后对装配过程不会产生影响，可以分别进行。

装配有模架的模具时，一般是先将模架装配好，再进行模具工作零件和其他结构零件的装配。先装配上模部分还是下模部分，应根据上模和下模上所安装的模具零件在装配和调整过程中所受限制的情况来决定。如果上模部分的模具零件在装配和调整时所受的限制最大，应先装上模部分，并以它为基准调整下模上的模具零件，保证凸、凹模配合间隙均匀。反之，则先装模具的固定部分，并以它为基准调整模具活动部分的零件。

图 6-9 所示冲模在完成模架和凸、凹模装配后可进行总装，该模具宜先装下模，其装配顺序如下：

1）把组装好凹模的固定板安放在下模座上，按中心线找正固定板 18 的位置，用平行夹头夹紧，通过螺钉孔在下模座上钻出锥窝。拆去凹模固定板，在下模座上按锥窝钻螺纹底孔并攻丝。再重新将凹模固定板置于下模座上找正，用螺钉紧固。钻铰销孔，打入销钉定位。

2）在组装好凹模的固定板上安装定位板。

3）配钻卸料螺钉孔。将弹压卸料板 4 套在已装入固定板的凸模 10 上，在固定板上钻出锥窝，拆开后按锥窝钻固定板上的螺钉过孔。

4）将已装入固定板的凸模 10 插入凹模的型孔中。在凹模 2 与固定板 7 之间垫入适当高度的等高垫铁，将垫板 8 放在固定板 7 上。再以套柱导套定位安装上模座，用平行夹头将上模座 6 和固定板 7 夹紧。通过凸模固定板孔在上模座上钻锥窝，拆开后按锥窝钻孔，然后用螺钉将上模座、垫板、凸模固定板稍加紧固。

5）调整凸、凹模的配合间隙。将装好的上模部分套在导柱上，用锤子轻轻敲击固定板 7 的侧面，使凸模插入凹模的型孔。再将模具翻转，从下模板的漏料孔观察凸、凹模的配合间隙，用手锤敲击凸模固定板 7 的侧面进行调整使配合间隙均匀。这种调整方法称为透光法。为便于观察可用手灯从侧面进行照射。

经上述调整后，以纸作冲压材料，用锤子敲击模柄，进行试冲。如果冲出的纸样轮廓齐整，没有毛刺或毛刺均匀，说明凸、凹模间隙是均匀的；如果只有局部毛刺，则说明间隙是不均匀的，应重新进行调整直到间隙均匀为止。

6）调好间隙后，将凸模固定板的紧固螺钉拧紧。钻铰定位销孔，装入定位销钉。装入定位销钉将弹压卸料板 4 套在凸模上，装上弹簧和卸料螺钉，检查卸料板运动是否灵活。在弹簧作用下卸料板处于最低位置时，凸模的下端面应缩在弹压卸料板 4 的孔内约 $0.5 \sim 1\text{mm}$。

装配好的模具经试冲、检验合格后即可使用。

在模具装配时，保证凸、凹模之间的配合间隙均匀十分重要。凸、凹模的配合间隙是否均匀，不仅影响冲模的使用寿命，而且对于保证冲件质量也十分重要。调整冲裁间隙的方法除上面讲过的透光法外，还有以下几种：

1）测量法。这种方法是将凸模插入凹模型孔内，用塞尺检查凸、凹模不同部位的配合间隙，根据检查结果调整凸、凹模之间的相对位置，使两者在各部分的间隙一致。测量法只适用于凸、凹模配合间隙（单边）在 0.02mm 以上的模具。

2）垫片法。这种方法是根据凸、凹模配合间隙的大小，在凸、凹模的配合间隙内垫入厚度均匀的纸条（易碎不可靠）或金属片，使凸、凹模配合间隙均匀，如图 6-25 所示。

3）涂层法。在凸模上涂一层涂料（如磁漆或氨基醇酸绝缘漆等），其厚度等于凸、凹模的配合间隙（单边），再将凸模插入凹模型孔，获得均匀的冲裁间隙。此法简便，对于不能用垫片法（小间隙）进行调整的冲模很适用。

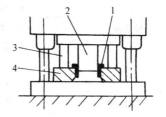

图 6-25　用垫片法调整
凸、凹模配合间隙
1—垫片　2—凸模
3—等高垫铁　4—凸模

4）镀铜法。镀铜法和涂层法相似，在凸模的工作端镀一层厚度等于凸、凹模单边配合间隙的铜层代替涂料层，使凸、凹模获得均匀的配合间隙。镀层厚度用电流及电镀时间来控制，其厚度均匀易保证模具冲裁间隙均匀。镀层在模具使用过程中可以自行剥落而在装配后不必去除。

镀铜工艺比较复杂，在平面与尖角部分常出现镀层不等的现象。

此外，还可采用其他方法使凸、凹模配合间隙均匀，不再赘述。

六、试模

冲模装配完成后，在生产条件下进行试冲。通过试冲可以发现模具的设计和制造缺陷，找出产生原因。对模具进行适当的调整和修理后再进行试冲，直到模具能正常工作，冲出合格的制件，模具的装配过程即告结束。

上述装配过程可归纳为：

模柄装配 ──→ 导套装配 ╲
                          ╲──→ 模架 ──→ 装配下模部分 ──→ 装配上模部分 ──→ 试模
           导柱装配 ╱

冲裁模试冲的常见缺陷、产生原因及调整方法见表6-8。

表 6-8　冲裁模试冲的常见缺陷、产生原因及调整方法

试冲的缺陷	产 生 原 因	调 整 方 法
送料不通畅或料被卡死	1) 两导料板之间的尺寸过小或有斜度 2) 凸模与卸料板之间的间隙过大，使搭边翻扭 3) 用侧刀定距的冲裁模导料板的工作面和侧刃不平行形成毛刺，使条料卡死，如图6-26a所示 4) 侧刀与侧刀挡块不密合形成方毛刺，使条料卡死，如图6-26b所示	1) 根据情况修整或重装导料板 2) 根据情况采取措施减小凸模与卸料板的间隙 3) 重装导料板 4) 修整侧刃挡块消除间隙
卸料不正常退不下料	1) 由于装配不正确，卸料机构不能动作，如卸料板与凸模配合过紧，或因卸料板倾斜而卡紧 2) 弹簧或橡皮的弹力不足 3) 凹模和下模座的漏料孔没有对正，凹模孔有倒锥度造成工作堵塞，料不能排出 4) 顶出器过短或卸料板行程不够	1) 修整卸料板、顶板等零件 2) 更换弹簧或橡皮 3) 修整漏料孔，修整凹模 4) 顶出器的顶出部分加长或加深卸料螺钉沉孔的深度
凸、凹模的刃口相碰	1) 上模座、下模座、固定板、凹模、垫板等零件安装面不平行 2) 凸、凹模错位 3) 凸模、导柱等零件安装不垂直 4) 导柱与导套配合间隙过大使导向不准 5) 卸料板的孔位不正确或歪斜，使冲孔凸模位移	1) 修整有关零件，重装上模或下模 2) 重新安装凸、凹模，使之对正 3) 重装凸模或导柱 4) 更换导柱或导套 5) 修理或更换卸料板
凸模折断	1) 冲裁时产生的侧向力未抵消 2) 卸料板倾斜	1) 在模具上设置靠块来抵消侧向力 2) 修整卸料板或使凸模加导向装置
凹模被胀裂	凹模孔有倒锥度现象（上口大下口小）	修磨凹模孔，消除倒锥现象
冲裁件的形状和尺寸不正确	凸模与凹模的刃口形状及尺寸不正确	先将凸模和凹模的形状及尺寸修准，然后调整冲模的间隙
落料外形和冲孔位置不正，成偏位现象	1) 挡料钉位置不正 2) 落料凸模上导正钉尺寸过小 3) 导料板和凹模送料中心线不平行，使孔位偏隙 4) 侧刃定距不准	1) 修正挡料钉 2) 更换导正钉 3) 修正导料板 4) 修磨或更换侧刃

（续）

试冲的缺陷	产 生 原 因	调 整 方 法
冲压件不平	1）落料凹模有上口大、下口小的倒锥，冲件从孔中通过时被压弯 2）冲模结构不当，落料时没有压料装置 3）在连续模中，导正钉与预冲孔配合过紧，将工件压出凹陷，或导正钉与挡料销之间的距离过小，导正钉使条料前移，被挡料销挡住	1）修磨凹模孔，去除倒锥度现象 2）加压料装置 3）修小挡料销
冲裁件的毛刺较大	1）刃口不锋利或淬火硬度低 2）凸、凹模配合间隙过大或间隙不均匀	1）修磨工作部分刃口 2）重新调整凸、凹模间隙，使其均匀

图 6-9 所示模具在总装时是先装下模部分，但对有些模具则应先装上模部分，以上模工作零件为基准调整下模上的工作零件，则较为方便。如图 6-27 所示垫圈冲裁复合模，当模具的活动部分向下运动，冲孔凸模 1 进入凸凹模，完成冲孔加工，同时凸凹模 9 进入落料凹模 4 内，完成落料加工。由于该模具的凸模和凹模是用同一组螺钉与销钉进行连结和定位，为便于装配和调整，总装时应先装上模。将凸凹模插在凸模和凹模之间来调整好两者的相对位置，完成冲孔凸模和落料凹模的装配后，再以它们为基准装配凸凹模。

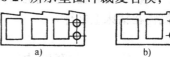

图 6-26　由侧刃引起的毛刺
a）侧刃和导料板工作面不平行
b）侧刃与侧刃挡块不密合

对于连续模，由于在一次行程中有多个凸模同时工作，保证各凸模与其对应型孔都有均匀的冲裁间隙，是装配的关键所在。为此，应保证固定板与凹模上对应孔的位置尺寸一致，同时使连续模的导柱、导套比单工序导柱模有更好的导向精度。为了保证模具有良好的工作状态，卸料板与凸模固定板上的对应孔的位置尺寸也应保持一致。所以，在加工凹模、卸料板和凸模固定板时，必须严格保证孔的位置尺寸精度，否则将给装配造成困难，甚至无法装配。在可能的情况下，采用低熔点合金和粘结技术固定凸模，以降低固定板的加工要求；或将凹模作成镶拼结构，以使装配时调整方便。

为了保证冲裁件的加工质量，在装配连续模时要特别注意保证送料长度和凸模间距（步距）之间的尺寸要求。

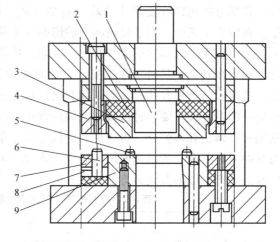

图 6-27　复合模
1—冲孔凸模　2—卸料橡胶
3—顶件环　4—落料凹模
5—导销　6—挡料销
7—卸料板　8—弹簧片
9—凸凹模

模具装配是一项技术性很强的工作，传统的装配作业主要靠手工操作，机械化程度低。在装配过程中常常要反复多次将上、下模搬运、翻转、装卸、启合、调整、试模，劳动强度大。对那些结构复杂，精度要求高（如复合模、级进模）、大型模具，则越显突出。为了减轻劳动强度，提高模具装配的机械化程度和装配质量，缩短装配周期，国外进行模具装配时较广泛地采用模具装配机（也有称模具翻转机的），国内也有开发使用。

模具装配机应根据所装配模具的大小进行选用。

模具装配机主要由床身、上台板、工作台（下台板）及传动机构等组成。装配时在上台板及工作台上可分别固定上、下模座，使其具有可以分别装配模具零件的功能。上台板上的滑块可根据上模座的大小确定位置，通过螺钉和压板将上模座固定在适当位置上。

上台板通过左、右支架以及四根导柱与工作台和床身连接，通过相关机构可使上台板在360°范围内任意翻转、平置定位；沿导柱上、下升降，从而能调整模具的闭合高度以及对准上下模、合模、调整凸、凹模配合间隙。模具可在装配机上进行试冲。

模具装配机的床身底部装有滚轮，便于搬运拖动。

有的模具装配机还设置有钻孔装置，可以在模具装配正确后直接在装配机上钻销钉孔。但是，不设钻孔装置的装配机结构简单，装配时自由空间较大，装配更为方便，钻销钉孔的操作则需在钻床上进行。

第四节　弯曲模和拉深模的装配特点

一、弯曲模

弯曲模的作用是使坯料在塑性变形范围内进行弯曲，由弯曲后材料产生的永久变形获得所要求的形状。一般情况下，弯曲模的导套、导柱的配合要求可略低于冲裁模，但凸模与凹模工作部分的粗糙度要求比冲裁模要高（$R_a < 0.63\mu m$），以提高模具寿命和制件的表面质量。在弯曲工艺中，由于材料回弹的影响，常使弯曲件在模具中弯成的形状与取出后的形状不一致，从而影响制件的形状和尺寸要求。影响回弹的因素较多，很难用设计计算来加以消除，因此在制造模具时，常要按试模时的回弹值修正凸模（或凹模）的形状。为了便于修整，弯曲模的凸模和凹模多在试模合格以后才进行热处理。另外，弯曲属于变形加工，有些弯曲件的毛坯尺寸要经过试验才能最后确定。所以，弯曲模进行试冲的目的除了找出模具的缺陷加以修正和调整外，再一个目的就是为了最后确定制件的毛坯尺寸。由于这一工作涉及材料的变形问题，所以弯曲模的调整工作比一般冲裁模要复杂得多。弯曲模在试冲时常出现的缺陷、产生原因及调整方法见表6-9。

表6-9　弯曲模试冲时出现的缺陷、产生原因及调整方法

试冲的缺陷	产　生　原　因	调　整　方　法
制件的弯曲角度不够	1）凸、凹模的弯曲回弹角制造过小 2）凸模进入凹模的深度太浅 3）凸、凹模之间的间隙过大 4）校正弯曲的实际单位校正力太小	1）修正凸、凹模，使弯曲角度达到要求 2）加深凹模深度，增大制件的有效变形区域 3）按实际情况采取措施，减小凸、凹的配合间隙 4）增大校正力或修正凸（凹）模形状，使校正力集中在变形部位
制件的弯曲位置不合要求	1）定位板位置不正确 2）弯曲件两侧受力不平衡使制件产生滑移 3）压料力不足	1）重新装定位板，保证其位置正确 2）分析制件受力不平衡的原因并加以克服 3）采取措施增大压料力

试冲的缺陷	产 生 原 因	调 整 方 法
制件尺寸过长或不足	1）间隙过小，将材料拉长 2）压料装置的压料力过大使材料伸长 3）设计计算错误或不正确	1）根据实际情况修整凸、凹模，增大间隙值 2）根据情况采取措施，减少压料装置的压料力 3）落料尺寸在弯曲模试模后确定
制件表面擦伤	1）凹模圆角半径过小，表面粗糙度不合要求 2）润滑不良使板料粘附在凹模上 3）凸、凹模之间的间隙不均匀	1）增大凹模圆角半径，降低表面粗糙度 2）合理润滑 3）修整凸、凹模，使间隙均匀
制件弯曲部位产生裂纹	1）板料的塑性差 2）弯曲线与板料的纤维方向平行 3）剪切断面的毛刺在弯曲的外侧	1）将坯料退火后再弯曲 2）改变落料排样，使弯曲线与板料纤维方向成一定的角度 3）使毛刺在弯曲的内侧，亮带在外侧

二、拉深模

拉深工艺是使金属板料（或空心坯料）在模具作用下产生塑性变形，变成开口的空心制件。和冲裁模相比，拉深模具有以下特点：

1）冲裁模凸、凹模的工作端部有锋利的刃口，而拉深模凸、凹模的工作端部则要求有光滑的圆角。

2）通常拉深模工作零件的表面粗糙度（一般 $R_a = 0.32 \sim 0.04\mu m$）要求比冲裁模的要高。

3）冲裁模所冲出的制件尺寸容易控制，如果模具制造正确，冲出的制件一般是合格的。而拉深模即使组成零件制造很精确，装配得也很好，但由于材料弹性变形的影响，拉深出的制件不一定合格。因此，在模具试冲后常常要对模具进行修整加工。

拉深模试冲的目的有两个：

1）通过试冲发现模具存在的缺陷，找出原因并进行调整、修正。

2）最后确定制件拉深前的毛坯尺寸。为此应先按原来的工艺设计方案制作一个毛坯进行试冲，并测量出试冲件的尺寸偏差，根据偏差值确定是否对毛坯进行修改。如果试冲件不能满足原来的设计要求，应对毛坯进行适当修改，再进行试冲，直至压出的试件符合要求。

拉深模在试冲时常出现的缺陷、产生原因及调整方法见表6-10。

表6-10 拉深模试冲时出现的缺陷、产生原因及调整方法

试冲的缺陷	产 生 原 因	调 整 方 法
制件拉深高度不够	1）毛坯尺寸小 2）拉深间隙过大 3）凸模圆角半径太小	1）放大毛坯尺寸 2）更换凸模与凹模，使间隙适当 3）加大凸模圆角半径
制件拉深高度太大	1）毛坯尺寸太大 2）拉深间隙太小 3）凸模圆角半径太大	1）减小毛坯尺寸 2）整修凸、凹模，加大间隙 3）减小凸模圆角半径
制件壁厚和高度不均	1）凸模与凹模间隙不均匀 2）定位板或挡料销位置不正确 3）凸模不垂直 4）压料力不均 5）凹模的几何形状不正确	1）重装凸模和凹模，使间隙均匀一致 2）重新修整定位板及挡料销位置，使之正确 3）修整凸模后重装 4）调整托杆长度或弹簧位置 5）重新修整凹模

（续）

试冲的缺陷	产 生 原 因	调 整 方 法
制件起皱	1）压边力太小或不均 2）凸、凹模间隙太大 3）凹模圆角半径太大 4）板料太薄或塑性差	1）增加压边力或调整顶件杆长度、弹簧位置 2）减小拉深间隙 3）减小凹模圆角半径 4）更换材料
制件破裂或有裂纹	1）压料力太大 2）压料力不够，起皱引起破裂 3）毛坯尺寸太大或形状不当 4）拉深间隙太小 5）凹模圆角半径太小 6）凹模圆角表面粗糙 7）凸模圆角半径太小 8）冲压工艺不当 9）凸模与凹模不同心或不垂直 10）板料质量不好	1）调整压料力 2）调整顶杆长度或弹簧位置 3）调整毛坯形状和尺寸 4）加大拉深间隙 5）加大凹模圆角半径 6）修整凹模圆角，降低表面粗糙度 7）加大凸模圆角半径 8）增加工序或调换工序 9）重装凸、凹模 10）更换材料或增加退火工序，改善润滑条件
制件表面拉毛	1）拉深间隙太小或不均匀 2）凹模圆角表面粗糙度大 3）模具或板料不清洁 4）凹模硬度太低，板料有粘附现象 5）润滑油质量太差	1）修整拉深间隙 2）修光凹模圆角 3）清洁模具及板料 4）提高凹模硬度进行镀铬及氮化处理 5）更换润滑油
制件底面不平	1）凸模或凹模（顶出器）无出气孔 2）顶出器在冲压的最终位置时顶力不足 3）材料本身存在弹性	1）钻出气孔 2）调整冲模结构，使冲模达到闭合高度时，顶出器处于刚性接触状态 3）改变凸模、凹模和压料板形状

第五节　塑料模的装配

塑料模装配与冷冲模装配有许多相似之处，但在某些方面其要求更为严格。如塑料模闭合后要求分型面均匀密合。在有些情况下，动模和定模上的型芯也要求在合模后保持紧密接触。类似这些要求常常会增加修配的工作量。

一、型芯的装配

由于塑料模的结构不同，型芯在固定板上的固定方式也不相同，常见的固定方式如图6-28所示。

图6-28a所示的固定方式其装配过程与装配带台肩的冷冲凸模类似。在压入过程中要注意保证型芯的垂直度、不切坏孔壁和不使固定板产生变形。在型芯和型腔的配合要求经修配合格后，在平面磨床上磨平端面 A（用等高垫铁支承）。

为保证装配要求应注意以下几点：

1）检查型芯高度及固定板厚度（装配后能否达到设计尺寸要求），型芯台肩平面应与型芯轴线垂直。

2）固定板通孔与沉孔平面的相交处一般为90°角，而型芯上与之相应的配合部位往往呈圆角（磨削时砂轮损耗形成），装配前应将固定板的上述部位修出圆角，使之不对装配产生不良影响。

图 6-28b 所示固定方式常用于热固性塑料压模。对某些有方向要求的型芯，当螺纹拧紧后型芯的实际位置与理想位置之间常常出现误差，如图 6-29 所示。α 是理想位置与实际位置之间的夹角。型芯的位置误差可以通过修磨 a 或 b 面来消除。为此，应先进行预装并测出角度 α 的大小，其修磨量 $\Delta_{修磨}$ 按下式计算：

$$\Delta_{修磨} = \frac{P}{360°}\alpha$$

式中　α——误差角，单位为（°）；

　　　P——连接螺纹的螺距，单位为 mm。

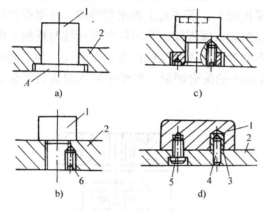

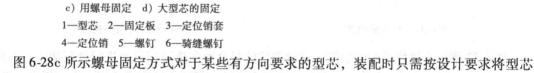

图 6-28　型芯的固定方式

a）采用过渡配合　b）用螺纹固定

c）用螺母固定　d）大型芯的固定

1—型芯　2—固定板　3—定位销套

4—定位销　5—螺钉　6—骑缝螺钉

图 6-29　型芯的位置误差

图 6-28c 所示螺母固定方式对于某些有方向要求的型芯，装配时只需按设计要求将型芯调整到正确位置后，用螺母固定，使装配过程简便。这种固定形式适合于固定外形为任何形状的型芯，以及在固定板上同时固定几个型芯的场合。

图 6-28b、c 所示型芯固定方式，在型芯位置调好并紧固后要用骑缝螺钉定位。骑缝螺钉孔应安排在型芯淬火之前加工。

大型芯的固定方式如图 6-28d 所示。装配时可按下列顺序进行：

1）在加工好的型芯上压入实心的定位销套。

2）根据型芯在固定板上的位置要求将定位块用平行夹头夹紧在固定板上，如图 6-30 所示。

3）在型芯螺孔口部抹红粉，把型芯和固定板合拢，将螺钉孔位置复印到固定板上取下型芯，在固定板上钻螺钉过孔及锪沉孔；用螺钉将型芯初步固定。

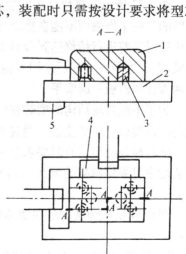

图 6-30　大型芯与固定板的装配

1—型芯　2—固定板　3—定位销套

4—定位块　5—平行夹头

4）通过导柱导套将卸料板、型芯和支承板装合在一起，将型芯调整到正确位置后拧紧固定螺钉。

5）在固定板的背面划出销孔位置线。钻、铰销孔，打入销钉。

二、型腔的装配

除了简易的压塑模以外，一般注射模、压塑模的型腔多采用镶拼或拼块结构。图 6-31 所示为圆形整体型腔的镶嵌形式。型腔和动、定模板镶合后，其分型面上要求紧密无缝，因此，对于压入式配合的型腔，其压入端一般都不允许有斜度，而将压入时的导入部设在模板上，可在型腔固定孔的入口处加工出 1° 的导入斜度，其高度不超过 5mm。对于有方向要求的型腔，为了保证型腔的位置要求，在型腔压入模板一小部分后应采用百分表检测型腔的直线部位。如果出现位置误差，可用管钳等工具将其旋转到正确位置后，再压入模板。如果有方向要求的型腔的方向要求精度不高，可在模板的上、下平面上画出对准线，在型腔的压入端面上画出相应的对准线并将线引至侧面。型腔放入模板固定孔时将其侧面线与模板上的对准线对准。待型腔压入后，还可从模板上平面的对准线观察型腔位置的正确性。为了调整方便，也可考虑使型腔与模板间保持 0.01 ~ 0.02mm 的配合间隙，在型腔装入模板后将位置找正，再用定位销定位，如图 6-31 所示。

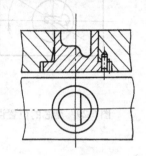

图 6-31　整体式型腔

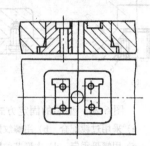

图 6-32　拼块结构的型腔

图 6-32 所示为拼块结构的型腔。这种型腔的拼合面在热处理后要进行磨削加工，因此，型腔的某些工作表面不能在热处理前加工到要求尺寸，只能在装配后采用电火花机床、坐标磨床等对型腔进行精修达到设计要求。如果热处理后硬度不高（如调质处理至刀具能加工的硬度），亦可在装配后采用其他切削方法加工。拼块两端均应留余量，待装配完毕后，再将两端面和模板一起磨平。

为了不使拼块结构的型腔在压入模板的过程中，各拼块在压入方向上产生错位，应在拼块的压入端放一块平垫板，通过平垫板推动各拼块一起移动，如图 6-33 所示。

塑料模装配后，有时要求型芯和型腔表面或动、定模上的型芯在合模状态下紧密接触，在装配中可采用修配装配法来达到其要求。它是模具制造中广泛采用的一种经济有效的方法。

图 6-34 所示为装配后在型芯端面与加料室底平面间出现间隙（Δ），可采用下列方法消除：

1）修磨固定板平面 A。修磨时需要拆下型芯，磨去的金属层厚度等于间隙值 Δ。

2）修磨型腔上平面 B。修磨时不需要拆卸零件，比较方便。

当一副模具有几个型芯时，由于各型芯在修磨方向上的尺寸不可能绝对一致，因此，不

论修磨 A 面或 B 面都不可能使各型芯和型腔表面在合模时同时保持接触，所以对具有多个型芯的模具不能采用这样的修磨方法。

3）修磨型芯（或固定板）台肩 C。采用这种修磨法应在型芯装配合格后再将支承面 D 磨平。此法适用于多型芯模具。

图 6-35a 所示为装配后型腔端面与型芯固定板间有间隙（Δ）。为了消除间隙可采用以下修配方法：

1）修磨型芯工作面 A（只适用于型芯端面为平面的情况）。

2）在型芯台肩和固定板的沉孔底部垫入垫片，如图 6-35b 所示。此方法只适用于小模具。

3）在固定板和型腔的上平面之间设置垫块，如图 6-35c 所示，垫块厚度不小于 2mm。

三、浇口套的装配

浇口套与定模板的配合一般采用 H7/m6。它压入模板后，其台肩应和沉孔底面贴紧。装配的浇口套的压入端与配合孔间应无缝隙。所以，浇口套的压入端不允许有导入斜度，应将导入斜度开在模板上浇口套配合孔的入口处。为了防止在压入时浇口套将配合孔壁切坏，常将浇口套的压入端倒成小圆角。在浇口套加工时应留有去除圆角的修磨余量 Z，压入后使圆角突出在模板之外，如图 6-36 所示。然后在平面磨床上磨平，如图 6-37 所示。最后再把修磨后的浇口套稍微退出，将固定板磨去 0.02mm，重新压入后成为图 6-38 所示的形式。台肩对定模板的高出量 0.02mm 亦可采用修磨来保证。

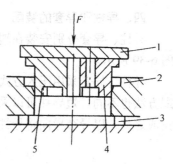

图 6-33　拼块结构型腔的装配
1—平垫板　2—模板　3—等
高垫板　4、5—型腔拼块

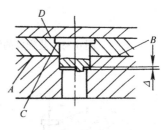

图 6-34　型芯端面与加料室
底平面间出现间隙

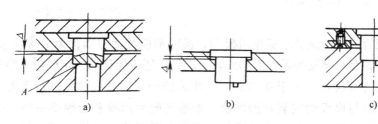

图 6-35　消除型腔端面与型芯固定板间的间隙

a）型腔端面与固定板间有间隙　b）在沉孔底部垫垫片　c）在固定板上设垫块

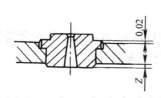

图 6-36　压入后的浇口套

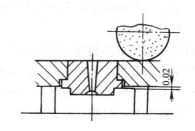

图 6-37　修磨浇口套

232

四、导柱和导套的装配

导柱、导套分别安装在塑料模的动模和定模部分上,是模具合模和启模的导向装置,如图 6-39 所示。

导柱、导套采用压入方式装入模板的导柱和导套孔内。对于不同结构的导柱所采用的装配方法也不同。短导柱可以采用图 6-40 所示的方法压入。长导柱应在定模板上的导套装配完成之后,以导套导向将导柱压入动模板内,如图 6-41 所示。

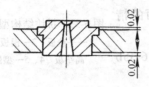

图 6-38 装配好的浇口套

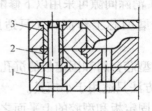

图 6-39 装配好的导柱、导套
1—导柱 2、3—导套

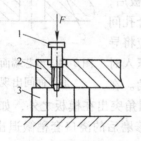

图 6-40 短导柱的装配
1—导柱 2—模板 3—平行垫铁

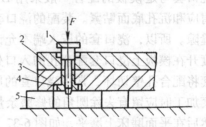

图 6-41 长导柱的装配
1—导柱 2—固定板 3—定模板
4—导套 5—平行垫铁

导柱、导套装配后,应保证动模板在启模和合模时都能灵活滑动,无卡滞现象。因此,加工时除保证导柱、导套和模板等零件间的配合要求外,还应保证动、定模板上导柱和导套安装孔的中心距一致(其误差不大于 0.01mm)。压入前应对导柱、导套进行选配。压入模板后,导柱和导套孔应与模板的安装基面垂直。如果装配后启模和合模不灵活,有卡滞现象,可用红粉涂于导柱表面,往复拉动动模板,观察卡滞部位,分析原因,然后将导柱退出,重新装配。在两根导柱装配合格后再装配第 3、第 4 根导柱。每装入一根导柱均应做上述观察。最先装配的应是距离最远的两根导柱。

五、推杆的装配

推杆的作用是推出制件,其结构如图 2-14 所示。推杆应运动灵活,尽量避免磨损。推杆由推杆固定板及推板带动运动,由导向装置对推板进行支承和导向。

导柱、导套导向的圆形推杆可按下列顺序进行装配:

(1) 配作导柱、导套孔 将推板、推杆固定板、支承板重叠在一起,配镗导柱、导套孔。

(2) 配作推杆孔及复位杆孔 将支承板与动模板(型腔、型芯)重叠,配钻复位杆孔,按型腔（型芯）上已加工好的推杆孔，配钻支承板上的推杆孔。配钻时以固定板和支承板的定位销定位。再将支承板、推杆固定板重叠，按支承板上的推杆孔和复位杆孔配钻推杆及复位杆固定孔。配钻前应将推板、导套及导柱装配好，以便用于定位。

（3）推杆装配　装配按下列步骤操作：

1）将推杆孔入口处和推杆顶端倒出小圆角或斜度；当推杆数量较多时，应与推杆孔进行选择配合，保证滑动灵活、不溢料。

2）检查推杆尾部台肩厚度及推板固定板的沉孔深度，保证装配后有 0.05mm 的间隙，对过厚者应进行修磨。

3）将推杆及复位杆装入固定板，盖上推板，用螺钉紧固。

4）检查及修磨推杆及复位杆顶端面。当模具处于闭合状态时，推杆顶面应高出型面 0.05 ~ 0.10mm，复位杆端面低于分型面 0.02 ~ 0.05mm。上述尺寸要求受垫块和限位钉影响。所以，在进行测量前应将限位钉装入动模座板，并将限位钉和垫块磨到正确尺寸。将装配好的推杆、动模（型腔或型芯）、支承板、动模座板组合在一起。当推板复位到与限位钉接触时，若有推杆低于型面则修磨垫块。如果推杆高出型面，则可修磨推板底面。推杆和复位杆顶面的修磨可在平面磨床上进行，修磨时可采用 V 形铁或三爪自定心卡盘装夹。

六、滑块抽芯机构的装配

滑块抽芯机构（图 2-18）装配后，应保证滑块型芯与凹模达到所要求的配合间隙，滑块运动灵活、有足够的行程、正确的起止位置。

滑块装配常常要以凹模的型面为基准。因此，它的装配要在凹模装配后进行。其装配顺序如下：

（1）装配凹模（或型芯）　将凹模镶块压入固定板，磨上、下平面并保证尺寸 A，如图 6-42 所示。

（2）加工滑块槽　将凹模镶块退出固定板，精加工滑块槽。其深度按 M 面决定，如图 6-42 所示，N 为槽的底面。T 形槽按滑块台肩实际尺寸精铣后，钳工最后修正。

（3）钻型芯固定孔　利用定中心工具在滑块上压出圆形印迹，如图 6-43 所示。按印迹找正，钻、镗型芯固定孔。

（4）装配滑块型芯　在模具闭合时滑块型芯应与定模型芯接触，如图 6-44 所示。一般都在型芯上留出余量通过修磨来达到。其操作过程如下：

1）将型芯端部磨成和定模型芯相应部位吻合的形状。

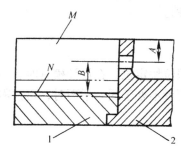

图 6-42　凹模装配
1—凹模固定板　2—凹模镶块

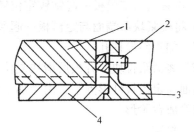

图 6-43　型芯固定孔压印图
1—侧型芯滑块　2—定中心工具
3—凹模镶块　4—凹模固定板

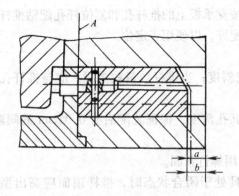

图 6-44　型芯修磨量的测量

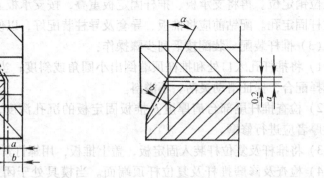

图 6-45　滑块斜面的修磨量

2）将滑块装入滑块槽，使端面与型腔镶块的 A 面接触，测得尺寸 b。

3）将型芯装入滑块并推入滑块槽，使滑块型芯与定模型芯接触，测得尺寸 a。

4）修磨滑块型芯，其修磨量为 b－a－（0.05~0.1）mm。（0.05~0.1）mm 为滑块端面与型腔镶块 A 之间的间隙。

5）将修磨正确的型芯与滑块配钻销钉孔后用销钉定位。

（5）楔紧块的装配　在模具闭合时，楔紧块斜面必须和滑块斜面均匀接触，并保证有足够的锁紧力。为此，在装配时要求在模具闭合状态下，分型面之间应保留 0.2mm 的间隙，如图 6-45 所示，此间隙靠修磨滑块斜面预留的修磨量来保证。此外，楔紧块在受力状态下不能向闭模方向松动，所以，楔紧块的后端面应与定模板处于同一平面。

根据上述要求，楔紧块的装配方法如下：

1）用螺钉紧固楔紧块。

2）修磨滑块斜面，使与楔紧块斜面密合。其修磨量为

$$b = (a - 0.2\text{mm})\sin\alpha$$

式中　b——滑块斜面的修磨量，单位为 mm；

　　　a——闭模后测得的分型面实际间隙，单位为 mm；

　　　α——楔紧块的斜度，单位为（°）。

3）楔紧块与定模板一起钻铰定位销孔，装入定位销。

4）将楔紧块后端面与定模板一起磨平。

（6）加工斜导柱孔。

（7）修磨限位块　开模后滑块复位的起始位置由限位块定位。在设计模具时，一般使滑块后端面与定模板外形齐平，由于加工中的误差而使两者不处于同一平面时，可按需要将限位块修磨成台阶形。

七、总装

1. 总装图

图 6-46 所示为热塑性塑料注射模的装配图，其装配要求如下：

1）装配后模具安装平面的平行度误差不大于 0.05mm。

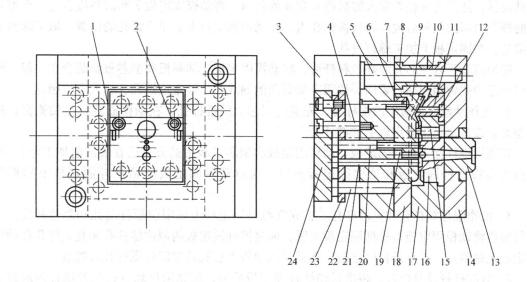

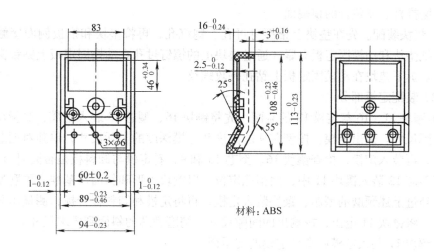

材料：ABS

图 6-46　热塑性塑料注射模的装配图

1—矩形推杆　2—嵌件螺杆　3—垫块　4—限位螺杆　5—导柱　6—销套　7—动模固定板
8、10—导套　9、12、15—型芯　11、16—镶块　13—浇口套　14—定模座板　17—定模
18—卸料板　19—拉料杆　20、21—推杆　22—复位杆　23—推杆固定板　24—推板

2）模具闭合后分型面应均匀密合。

3）导柱、导套滑动灵活，推件时推杆和卸料板动作必须保持同步。

4）合模后，动模部分和定模部分的型芯必须紧密接触。

在进行总装前，模具已完成导柱、导套等零件的装配并检查合格。

2. 模具的总装顺序

（1）装配动模部分

1）装配型芯。在装配前，钳工应先修光卸料板 18 的型孔，并与型芯作配合检查，要求滑动灵活，然后将导柱 5 穿入卸料板导套 8 的孔内，将动模固定板 7 和卸料板合拢。在型芯上的螺孔口部涂红粉后放入卸料板型孔内，在动模固定板上复印出螺孔的位置。取下卸料板和型芯，在固定板上加工螺钉过孔。

把销钉套压入型芯并装好拉料杆后，将动模固定板、卸料板和型芯重新装合在一起，调整好型芯的位置后用螺钉紧固。按固定板背面的划线钻、铰定位销孔，打入定位销。

2）配作动模固定板上的推杆孔。先通过型芯上的推杆孔，在动模固定板上钻锥窝；拆下型芯，按锥窝钻出固定板上的推杆孔。

将矩形推杆穿入推杆固定板、动模固定板和型芯（板上的方孔已在装配前加工好）。用平行夹头将推杆固定板和动模固定板夹紧，通过动模固定板配钻推杆固定板上的推杆孔。

3）配作限位螺杆孔和复位杆孔。首先在推杆固定板上钻限位螺杆孔和复位杆孔，用平行夹板将动模固定板与推杆固定板夹紧，通过推杆固定板的限位螺杆孔和复位杆孔在动模固定板上钻锥窝，拆下推杆固定板，在动模固定板上钻孔并对限位螺杆孔攻螺纹。

4）装配推杆及复位杆。将推板和推杆固定板叠合，配钻限位螺钉过孔及推杆固定板上的螺孔并攻螺纹。将推杆、复位杆装入固定板后盖上推板用螺钉紧固，并将其装入动模，检查及修磨推杆、复位杆的顶端面。

5）垫块装配。先在垫块上钻螺钉过孔、锪沉孔，再将垫块和推板侧面接触，然后用平行夹头把垫块和动模固定板夹紧，通过垫块上的螺钉过孔在动模固定板上钻锥窝，并钻、铰销钉孔。拆下垫块在动模固定板上钻孔并攻螺纹。

（2）装配定模部分

1）镶块 11、16 与定模 17 的装配。先将镶块 16、型芯 15 装入定模，测量出两者突出型面的实际尺寸。退出定模，按型芯 9 的高度和定模深度的实际尺寸，单独对型芯和镶块进行修磨后，再装入定模，检查镶块 16、型芯 15 和 9，看定模与卸料板是否同时接触。

将型芯 12 装入镶块 11 中，用销孔定位。以镶块外形和斜面作基准，预磨型芯斜面。

将经过上述预磨的型芯、镶块装入定模，再将定模和卸料板合拢，测量出分型面的间隙尺寸后，将镶块 11 退出，按测出的间隙尺寸，精磨型芯的斜面到要求尺寸。

将镶块 11 装入定模后磨平定模的支承面。

2）定模和定模座板的装配。在定模和定模座板装配前，浇口套与定模座板已组装合格。因此，可直接将定模与定模座板叠合，使浇口套上的浇道孔和定模上的浇道孔对正后，用平行夹头将定模和定模座板夹紧，通过定模座板孔在定模上钻锥窝及钻、铰销孔。然后将两者拆开，在定模上钻孔并攻螺纹。再将定模和定模座板叠合，装入销钉后将螺钉拧紧。

八、试模

模具装配完成以后，在交付生产之前，应进行试模。试模的目的有两个：其一是检查模具在制造上存在的缺陷，并查明原因加以排除；其二是可以对模具设计的合理性进行评定并对成形工艺条件进行探索，这将有益于模具设计和成形工艺水平的提高。

试模应按下列顺序进行。

1. 装模

在模具装上注射机之前，应按设计图样对模具进行检验，以便及时发现问题，进行修理，减少不必要的重复安装和拆卸。在对模具的固定部分和活动部分进行分开检查时，要注意方向记号，以免合拢时搞错。

模具尽可能整体安装，吊装时要注意安全，操作者要协调一致密切配合。当模具定位圈装入注射机上定模板的定位圈座后，可以以极慢的速度合模，由动模板将模具轻轻压紧，然后装上压板。通过调节螺钉，将压板调整到与模具的安装基面基本平行后压紧，如图 6-47 所示。压板位置绝不允许像图中双点画线所示。压板的数量根据模具的大小进行选择，一般为 4~8 块。

在模具被紧固后可慢慢启模，直到动模部分停止后退，这时应调节机床的顶杆，使模具上的推杆固定板和动模支承板之间的距离不小于 5mm，以防止顶坏模具。

为了防止制件溢边，又保证型腔能适当排气，合模的松紧程度很重要。由于目前还没有锁模力的测量装置，因此对注射机的液压柱塞——肘节锁模机构主要是凭目测和经验调节，即在合模时，肘节先快后慢，既不很自然也不太勉强的伸直时，合模的松紧程度就正好合适。对于需要加热的模具，应在模具达到规定温度后再校正合模的松紧程度。

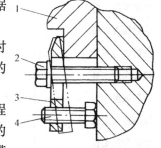

图 6-47　模具的紧固
1—座板　2—压紧螺钉
3—压板　4—调节螺钉

最后，接通冷却水管或加热线路。对于采用液压或电动机分型模具的也应分别进行接通和检验。

2. 试模

经过以上的调整、检查，做好试模准备后选用合格原料，根据推荐的工艺参数将料筒和喷嘴加热。由于制件大小、形状和壁厚的不同，以及设备上热电偶位置的深度和温度表的误差也各有差异，因此资料上介绍的加工某一塑料的料筒和喷嘴温度只是一个大致范围，还应根据具体条件调试。判断料筒和喷嘴温度是否合适的最好办法是将喷嘴和主流道脱开，用较低的注射压力使塑料自喷嘴中缓慢地流出，观察料流。如果没有硬头、气泡、银丝、变色，料流光滑明亮，即说明料筒和喷嘴温度是比较合适的，可以开机试模。

在开始注射时，原则上选择在低压、低温和较长的时间条件下成型。如果制件未充满，通常是先增加注射压力。当大幅度提高注射压力仍无效果时，才考虑变动时间和温度。延长时间实质上是使塑料在料筒内的受热时间增长，注射几次后若仍然未充满，最后才提高料筒温度。但料筒温度的上升以及它与塑料温度达到平衡需要一定的时间（一般约 15min 左右），需要耐心等待，不要过快地把料筒温度升得太高，以免塑料过热甚至发生降解。

注射成型时可选用高速和低速两种工艺。一般在制件壁薄而面积大时采用高速注射；而塑件壁厚面积小时采用低速注射；在高速和低速都能充满型腔的情况下，除玻璃纤维增强塑料外，均宜采用低速注射。

对粘度高和热稳定性差的塑料，采用较慢的螺杆转速和略低的背压加料及预塑，而粘度低和热稳定性好的塑料可采用较快的螺杆转速和略高的背压。在喷嘴温度合适的情况下，采用喷嘴固定形式可提高生产率。但是，当喷嘴温度太低或太高时，需要采用每次注射后向后移动喷嘴的形式（喷嘴温度低时，由于后加料时喷嘴离开模具，减少了散热，故可使喷嘴温度升高；而喷嘴温度太高时，后加料时可挤出一些过热的塑料）。

试模过程中易产生的缺陷及原因见表 6-11。

表 6-11　试模时易产生的缺陷及原因

原因＼缺陷	制件不足	溢边	凹痕	银丝	熔接痕	气泡	裂纹	翘曲变形
料筒温度太高		✓	✓	✓				✓
料筒温度太低	✓				✓	✓		
注射压力太高		✓					✓	
注射压力太低	✓				✓			
模具温度太高								
模具温度太低	✓		✓		✓	✓		
注射速度太慢	✓							
注射时间太长						✓		
注射时间太短	✓					✓		
成型周期太长								
加料太多		✓						
加料太少	✓		✓					
原料含水分过多				✓		✓		
分流道或铸口太小	✓		✓	✓	✓			
模穴排气不好					✓	✓		
制件太薄	✓							
制件太厚或变化大			✓		✓	✓		✓
成型机能力不足	✓		✓					
成型机锁力不足		✓						

　　在试模过程中应详细记录，并将结果填入试模记录卡，注明模具是否合格。如需返修，应提出返修意见。在记录卡中应摘录成型工艺条件及操作注意要点，最好能附上注射成型的制件，以供参考。

　　对试模后合格的模具，应清理干净，涂上防锈油后入库。

作业与思考题

1. 模具生产常采用怎样的组织形式来进行装配，为什么？
2. 模具装配时常采用哪些装配方法？为什么采用这些方法？
3. 模架装配后应保证哪些技术要求？各项技术指标怎样检测？
4. 有时模具装配采用低熔点合金和环氧树脂固定模具零件，和压入式固定法相比有何特点？
5. 为保证冲裁间隙均匀，常采用哪些方法对凸、凹模进行调整？这些方法各有何特点？
6. 冲裁模装配时如何判断其冲裁间隙是否均匀？
7. 拟订图 6-27 所示冷冲模的装配顺序。
8. 试简述斜销抽心机构的装配顺序和装配要点。
9. 拟订图 6-48 所示塑料注射模的装配顺序。
10. 模具装配完成后进行试模的目的是什么？

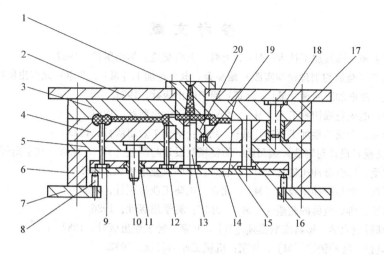

a)

b)

图 6-48　塑料注射模

1—浇口套　2—定模座板　3、4—凹模　5—支承板　6—垫块　7—动模板
8—限位钉　9、12—推杆　10、18—导柱　11、17—导套　13—拉料杆
14—推板　15—推杆固定板　16—复位杆　19—骑缝螺钉　20—型芯

参 考 文 献

[1] 吉田弘美．模具加工技术［M］．上海：上海交通大学出版社，1987.
[2] 北京市《金属切削理论与实践》编委会．电火花加工［M］．北京：北京出版社，1980.
[3] 井上．放电加工原理［M］．北京：原子能出版社，1983.
[4] 王绕．电火花线切割工艺［M］．北京：原子能出版社，1987.
[5] 曹乃光．金属塑性加工原理［M］．北京：冶金工业出版社，1983.
[6] 《简便模具设计与制造》编写组．简便模具设计与制造［M］．北京：北京出版社，1985.
[7] 郑智受．锌合金冲压模具［M］．北京：中国农业出版社，1983.
[8] 张廷汉．新型冷冲压模具［M］．北京：国防工业出版社，1985.
[9] 何景素，等．金属的超塑性［M］．北京：科学出版社，1986.
[10] 成都科技大学．塑料成型模具［M］．北京：轻工业出版社，1982.
[11] 宫克强．特种铸造［M］．北京：机械工业出版社，1982.
[12] 《实用数控加工技术》编委会．实用数控加工技术［M］．北京：兵器工业出版社，1995.
[13] 树志．数控机床程序编制［M］．北京：科学出版社，1978.
[14] 黄毅宏，李明辉．模具制造工艺［M］．北京：机械工业出版社，1996.
[15] 李天佑．冲模图册［M］．北京：机械工业出版社，1988.
[16] 金庆同．特种加工［M］．北京：航空工业出版社，1988.
[17] 许发越．模具标准应用手册［M］．北京：机械工业出版社，1994.
[18] 《模具制造手册》编写组．模具制造手册［M］．北京：机械工业出版社，1996.
[19] 莫健华．快速成形及快速制模［M］．北京：电子工业出版社，2006.
[20] 杨建明．数控加工工艺与编程［M］．北京：北京理工大学出版社，2006.
[21] 邓明，等．现代模具制造技术［M］．北京：化学工业出版社，2005.
[22] 李宝．快速成形技术（高级）［M］．北京：中国劳动社会保障出版社，2006.
[23] 许发樾．实用模具设计与制造手册［M］．2版．北京：机械工业出版社，2005.
[24] 张建华．精密与特种加工技术［M］．北京：机械工业出版社，2006.
[25] 周旭光，等．电切割及电火花编程与操作实训教程［M］．北京：清华大学出版社，2006.